数字化转型理论与实践系列丛书

数字
航图

数字化转型百问

（第二辑）

点亮智库·中信联
数字化转型百问联合工作组 ｜ 编著

电子工业出版社
Publishing House of Electronics Industry
北京·BEIJING

内 容 简 介

当今世界正处于从工业经济向数字经济加速转型的大变革时代，全面推进数字化转型已经成为新时代企业生存和发展的必答题。本书创新性地以问答的形式，围绕数字化转型"为什么""是什么""干什么""怎么干"等方面，以100个转型的共性问题为牵引，通过共创的方式形成集"问题+关键知识点+典型案例+解决方案"为一体的知识体系，服务于企业、服务机构、科研院所、行业组织、政府部门等，以形成推进数字化转型的广泛共识，促进形成转型工作合力。

本书由点及面、深入浅出，既可作为广大读者全面认知数字化转型的知识读本，也可作为社会各界系统推进数字化转型的常备工具书。

图书在版编目（CIP）数据

数字航图：数字化转型百问：第二辑 / 点亮智库·中信联数字化转型百问联合工作组编著.
—北京：电子工业出版社，2023.2

（数字化转型理论与实践系列丛书）

ISBN 978-7-121-44788-4

Ⅰ.①数… Ⅱ.①点… Ⅲ.①数字技术－应用－问题解答 Ⅳ.①TN911.72-44

中国版本图书馆CIP数据核字（2022）第249158号

责任编辑：柴　燕　　文字编辑：魏子钧（weizj@phei.com.cn）
印　　刷：河北鑫兆源印刷有限公司
装　　订：河北鑫兆源印刷有限公司
出版发行：电子工业出版社
　　　　　北京市海淀区万寿路173信箱　　邮编　100036
开　　本：720×1000　1/16　印张：19.75　字数：379.2千字
版　　次：2023 年 2 月第 1 版
印　　次：2023 年 5 月第 2 次印刷
定　　价：158.00元

特别鸣谢

工业和信息化部信息技术发展司
国务院国有资产监督管理委员会科技创新局

鸣　谢

（排名不分先后）

中国航空工业集团有限公司　　　　中国船舶集团有限公司

中国兵器工业集团有限公司　　　　中国兵器装备集团有限公司

中国电子科技集团有限公司　　　　中国航空发动机集团有限公司

中国石油化工集团有限公司　　　　中国海洋石油集团有限公司

国家电网有限公司　　　　　　　　中国南方电网有限责任公司

中国华能集团有限公司　　　　　　中国大唐集团有限公司

中国华电集团有限公司　　　　　　国家电力投资集团有限公司

中国长江三峡集团有限公司　　　　国家能源投资集团有限责任公司

中国电信集团有限公司　　　　　　中国移动通信集团有限公司

中国电子信息产业集团有限公司　　中国第一汽车集团有限公司

东风汽车集团有限公司　　　　　　中国机械工业集团有限公司

中国东方电气集团有限公司　　　　中国宝武钢铁集团有限公司

中国铝业集团有限公司　　　　　　中国南方航空集团有限公司

中国中化控股有限责任公司　　　　中国五矿集团有限公司

中国通用技术（集团）控股有限责任公司　　中国建筑集团有限公司

招商局集团有限公司　　　　　　　华润（集团）有限公司

中国商用飞机有限责任公司　　　　中国节能环保集团有限公司

中国中煤能源集团有限公司　　　　中国中钢集团有限公司

中国中车集团有限公司　　　　　　　　中国铁道建筑集团有限公司

中国民航信息集团有限公司　　　　　　中国电力建设集团有限公司

中国黄金集团有限公司　　　　　　　　中国广核集团有限公司

中国国新控股有限责任公司　　　　　　中国中信股份有限公司

联想控股股份有限公司　　　　　　　　河钢集团有限公司

湖南华菱湘潭钢铁有限公司　　　　　　江西铜业集团有限公司

云南中烟工业有限责任公司　　　　　　潍柴动力股份有限公司

徐工集团工程机械有限公司　　　　　　建业控股有限公司

中国银河金融控股有限责任公司　　　　中国企业联合会

中国电子工业标准化技术协会　　　　　中国电子信息行业联合会

北京大学　　　　　　　　　　　　　　中国科学院大学

清华大学　　　　　　　　　　　　　　北京航空航天大学

北京邮电大学　　　　　　　　　　　　北京理工大学

中国矿业大学　　　　　　　　　　　　哈尔滨工业大学

同济大学　　　　　　　　　　　　　　中国政法大学

华东政法大学　　　　　　　　　　　　中国工程院战略咨询中心

中国科学院软件研究所　　　　　　　　国务院国有资产监督管理委员会信息中心

国家信息中心　　　　　　　　　　　　国家工业信息安全发展研究中心

工业和信息化部电子第五研究所　　　　上海质量管理科学研究院

物联网智库　　　　　　　　　　　　　华为技术有限公司

海尔卡奥斯物联生态科技有限公司　　　阿里巴巴集团控股有限公司

深圳市腾讯计算机系统有限公司　　　　用友网络科技股份有限公司

金蝶软件（中国）有限公司　　　　　　浪潮集团有限公司

广东盘古信息科技股份有限公司　　　　深圳华龙讯达信息技术股份有限公司

石化盈科信息技术有限责任公司　　　　广东美云智数科技有限公司

上海优也信息科技有限公司　　　　　　北京数码大方科技股份有限公司

美林数据技术股份有限公司　　　　　　深信服科技股份有限公司

安世亚太科技股份有限公司　　　　　　成都智慧企业发展研究院有限公司

江苏敏捷创新经济管理研究院　　　　　36 氪商学院

鉴微数字科技（重庆）有限公司　　　　北京瑞太智联技术有限公司

北斗应用发展研究院

百问专家工作体系

顾 问 组

组 长

张平文　中国科学院院士，武汉大学校长、党委副书记

副组长

肖　华　工业和信息化部电子科技委副主任委员，中国工程院
　　　　战略咨询中心特聘专家

胡　燕　中国电子工业标准化技术协会理事长，工业和信息化
　　　　部科技司原司长

李　颖　中国科学院大学应急管理科学与工程学院院长，工业
　　　　和信息化部信息技术发展司原一级巡视员

朱卫列　国务院国有资产监督管理委员会国资监管信息化专家组
　　　　副组长，中国华能集团有限公司原首席信息师

李德芳　石油化工管理干部学院党委书记，中国石油化工集团
　　　　有限公司信息化管理部原主任

孙迎新　中国电子信息产业集团有限公司规划科技部主任

吴张建　中国电力建设集团有限公司信息化管理部主任

李　红　中钢资产管理有限责任公司执行董事

委　员　组

知识域	主任委员		副主任委员	
总体认识域	李　清	清华大学自动化系教授	宁连举	北京邮电大学经济管理学院教授、博士生导师，大数据与商业模式研究中心主任
			李灿强	国家信息中心公共技术服务部咨询评估处副处长
			李　君	国家工业信息安全发展研究中心交流合作处处长
战略布局域	李　红	中钢资产管理有限责任公司执行董事	李剑峰	中国石油化工集团有限公司信息和数字化管理部副总经理
			杨富春	中国建筑集团有限公司信息化管理部副总经理
			吴张建	中国电力建设集团有限公司信息化管理部主任
			文欣荣	中铝智能科技发展有限公司总工程师
			袁　泉	中国节能环保集团有限公司信息化工作处处长
能力建设域	李德芳	石油化工管理干部学院党委书记，中国石油化工集团有限公司信息化管理部原主任	郑小华	成都智慧企业发展研究院有限公司总经理
			苗建军	中国航空综合技术研究所副总工程师

知识域	主任委员		副主任委员	
能力建设域			王叶忠	金蝶软件（中国）有限公司数字化转型首席专家
			窦 伟	阿里巴巴集团控股有限公司公共事务部战略规划总监
技术应用域	朱卫列	国务院国有资产监督管理委员会国资监管信息化专家组副组长，中国华能集团有限公司原首席信息师	郭朝晖	上海优也信息科技有限公司首席科学家
			陶 飞	北京航空航天大学科学技术研究院副院长
			赵振锐	河钢集团唐钢公司信息自动化首席专家
			王 瑞	华为云 CTO 办公室行业数字化总监
管理变革域	张文彬	中国企业联合会创新工作部主任	陈南峰	中航电测仪器股份有限公司首席技术专家
			陈 明	同济大学教授
			马冬妍	国家工业信息安全发展研究中心信息化所所长
业务转型域	吴张建	中国电力建设集团有限公司信息化管理部主任	阮开利	中国长城科技集团股份有限公司总裁助理
			李 凯	用友网络科技股份有限公司助理总裁
			陈 溯	中国海洋石油集团有限公司科技信息部副总经理
			邹来龙	中国广核集团有限公司信息技术中心副主任

知识域	主任委员		副主任委员	
业务转型域			严义君	中国电子科技集团有限公司第四十七所副所长
			何瑞娟	中国五矿集团有限公司信息化管理部副部长
			窦宏冰	中国铁建股份有限公司信息化管理部副总经理
			蔡铧霆	36氪商学院副院长
			李旭昶	金蝶软件（中国）有限公司高级副总裁、数字化转型负责人
			杜培峰	浪潮集团有限公司大企业本部CTO、首席咨询顾问
			陈江宁	鉴微数字科技（重庆）有限公司高级副总裁
数据要素域	王 晨	清华大学大数据系统软件国家工程研究中心总工程师	陈 彬	中国南方电网有限责任公司数字化部信息化管理经理
安全可靠域	杨 晨	中国科学院软件研究所研究员	赵金元	北京瑞太智联技术有限公司总经理

编写委员会

主　编

周　剑　中关村信息技术和实体经济融合发展联盟副理事长兼秘书长

副主编（按姓名音序排序）

陈　杰　北京国信数字化转型技术研究院执行院长

李德芳　石油化工管理干部学院党委书记，中国石油化工集团有限公司信息化管理部原主任

李　红　中钢资产管理有限责任公司执行董事

李　清　清华大学自动化系教授

邱君降　北京国信数字化转型技术研究院研究总监

王　晨　清华大学大数据系统软件国家工程研究中心总工程师

王　瑞　华为云 CTO 办公室行业数字化总监

吴张建　中国电力建设集团有限公司信息化管理部主任

杨　晨　中国科学院软件研究所研究员

张　健　北京国联视讯信息技术股份有限公司高级副总裁

张文彬　中国企业联合会创新工作部主任

郑小华　成都智慧企业发展研究院有限公司总经理

朱卫列　国务院国有资产监督管理委员会国资监管信息化专家组副组长，中国华能集团有限公司原首席信息师

编写组 （按姓名音序排序）

曹　翙　英飞凌半导体（无锡）有限公司信息技术总监

柴森春　北京理工大学教授、院长助理

陈　彬　中国南方电网有限责任公司数字化部信息化管理经理

陈　溯　中国海洋石油集团有限公司科技信息部副总经理

陈　希　中关村信息技术和实体经济融合发展联盟副秘书长

陈　旭　中国东方电气集团有限公司东方电机有限公司高级工程师

陈　悦　石化盈科信息技术有限责任公司咨询规划部总经理

程宏斌　美林数据技术股份有限公司执行总裁

崔　莹　北京国信数字化转型技术研究院研究员

戴静远　北京国信数字化转型技术研究院研究员

丁小欧　哈尔滨工业大学讲师

窦宏冰　中国铁建股份有限公司信息化管理部副总经理

杜牧真　中国政法大学民商经济法学院博士后，数据要素市场促
　　　　进会专家

方　敏　广东美云智数科技有限公司战略行业部总监

高富平　华东政法大学教授、数据法律研究中心主任、互联网法
　　　　治研究院院长，数据要素市场促进会专家

郭朝晖　上海优也信息科技有限公司首席科学家

何瑞娟　中国五矿集团有限公司信息化管理部副部长

金　菊　北京国信数字化转型技术研究院高级研究员

金娟娟　北京国信数字化转型技术研究院高级研究员

康　翔　建业控股有限公司信息规划总监

李　蓓　北京国信数字化转型技术研究院诊断评级部总监

李剑峰　中国石油化工集团有限公司信息和数字化管理部副总经理

李　君　国家工业信息安全发展研究中心交流合作处处长

李　俊　国家工业信息安全发展研究中心保障技术所所长

李　凯　用友网络科技股份有限公司助理总裁

李林声　儒声企业管理顾问（上海）有限公司总经理、培训师

李　文　北京国信数字化转型技术研究院研究员

李晓燕　美林数据技术股份有限公司数据治理产品线总监

李　尧　工业和信息化部电子第五研究所认证中心副总经理

刘国杰　中国电子技术标准化研究院信息技术研究中心博士后、高级工程师

刘云平　中国东方电气集团有限公司东方电机有限公司高级工程师

罗建东　中国华电集团有限公司科技信息部网络安全与技术处处长

吕佳宇　国网区块链科技（北京）有限公司运营处处长

苗建军　中国航空综合技术研究所副总工程师

宁连举　北京邮电大学经济管理学院教授、博士生导师、大数据与商业模式研究中心主任

彭　昭　物联网智库创始人，智次方（深圳）科技有限公司董事长

阮开利　中国长城科技集团股份有限公司总裁助理

孙广亿　江阴兴澄特种钢铁有限公司副总经理、总会计师

索菲娅　中关村信息技术和实体经济融合发展联盟市场部副总监

田春华　北京工业大数据创新中心有限公司首席数据科学家

汪照辉　中国银河证券股份有限公司架构师

王金德　上海质量管理科学研究院副院长

王　娟　北京大学大数据分析与应用技术国家工程实验室特聘副研究员

王　晴　中关村信息技术和实体经济融合发展联盟培训部副总监

王叶忠　金蝶软件（中国）有限公司数字化转型首席专家

吴帆帆　中车长春轨道客车股份有限公司流程与数字化部党支部书记

吴　沂　招商局集团有限公司信息技术总监

武　婕　北京市鑫诺律师事务所高级合伙人，数据要素市场促进会专家

感谢以下个人在本书编著过程中提供宝贵意见和材料

陈荣敏　陈南峰　陈瑶　戴勇　付国　黄蓉　黄强

康欢　刘镇洋　钱宝超　田锋　张卫　张西婷

序 一

人类社会正在从工业经济转向数字经济，各行各业必然要向新的经济形态过渡，过渡的路径就是数字化转型。

于是，加快数字化转型成为许多企业的战略重点。我国数千万家企业，大中小微、五行八作，基础条件各异，技术需求不同；同时，企业数字化转型是新概念、新实践，大量的数字化转型场景是点亮灯塔，是在探索中前行。如何在这一场历史性变革中赢得先机、发展壮大，成为企业发展战略的重中之重。

《数字航图——数字化转型百问（第二辑）》的立意就是要帮助企业更好地应对这一历史性挑战。本书从总体认识、战略布局、能力建设、技术应用、管理变革、业务转型、数据要素、安全可靠八个方面，将专家学者的理论研究和企业的实践总结相结合，以问答的方式，全面生动地呈现给读者，相信会给企业转型带来有益的启示和借鉴。

本书将当前我国数字化转型的发展阶段定义为探索期，这是一个符合实情的判断。全书按八个领域分类，归纳了 100 个问题，针对每个问题给出相应的解答、说明、相关案例和解决方案，有的问题会给出几个不同的解答和解决方案，不同的解答和解决方案之间互补，甚至还包容了不一致的内容，这一体例也是对数字化转型处于探索期的再次注解，体现了编著者们求实的精神。

细读全书，既有很多鞭辟入里的分析，又有很多值得借鉴的实例，更有很多推进企业数字化转型用得到的思想方法和工作方法，值得读者反复斟酌、认真思考。

例如，在战略层面，企业数字化转型要从战略导向、问题导向和创新导向三个方面进行梳理，只有贴近企业实际的、和企业业务深度融合的转型战略才是切实可行的。在构建新商业模式层面，要从"价值模式、资源模式、产品模式、客户关系模式、收入模式、资本模式、市场模式"七个子模式出发，围绕每个子模式可以从创造价值、传递价值、获取价值三个维度分析现状和可以转型的方向，进而力争找到一个或多个子模式转型的切入点和突破口。在技术层面，企业在推进数字化转型中，核心特征和标志是实现业务与技术的融合，即在业务上利用新一代信息技术实现效能提升和转型发展，在信息技术上通过业务应用展现出强大的技术效能和创新动力，二者融合的共同效能就是催生新的生产力，实现企业整体的创新发展。还有很多，相信用心的读者能一一发掘出有价值的信息。

是以为序。

信息化百人会学术委员会主席，工业和信息化部原副部长

序 二

数字经济是在新一代信息技术与实体经济融合的背景下，世界经济社会发展的新方向和新出路，也是全球竞争新的制高点。只有加快数字化转型，才能破解传统模式的发展瓶颈，抢占数字经济的发展先机。世界主要国家和地区均陆续制定了相关政策，我国也已将全方位加快数字化发展、建设数字中国写入《中华人民共和国国民经济和社会发展第十四个五年规划和2035年远景目标纲要》，成为国家战略。

在数字时代，任何地区、任何行业、任何企业乃至每个个体都必须进行数字化转型，数字化转型不仅是技术革命，更是产业革命。对企业而言，数字化转型是对传统管理机制、业务体系、商业模式进行的全面创新和重塑，聚焦于从低维物理空间向高维数字空间的转换，具体表现为：重塑能力体系，依托数字能力建设与提升，推动企业业务从低附加值向高附加值转变；重构价值体系，基于全域数据的有序流动与共享利用，推动经营管理决策从局部最优提升为全局最优；重建盈利体系，利润的来源、周期与方式都将被重新思考与定义。最终，其将为企业带来系统性、综合性的转变。

在数字化转型带来的巨大机遇和挑战面前，我国产业界在理解、认识和推进数字化转型方面，仍缺乏广泛共识，亟待构建协同工作体系。在此背景下，数字化转型百问工作的开展正当其时，它给当下需求日新月异但又缺乏科学的方法论引领的数字化转型工作提供了十分有益的指导。以问题为牵引，构建社会化的互动交流平台和开放的协同创新机制，有助于形成创新转型工作的合力，共建知识分享的新模式，加快形成数字化转型的共同话语体系。

截至目前，数字化转型依然在经济社会诸多领域快速演进，因此，《数字航图——数字化转型百问（第二辑）》并不奢求对数字化转型中的若干问题给出决定性的结论，而是希望基于开放共创的理念，抛砖引玉，带动更广泛深入的讨论，系统化地构建以关键知识点、典型案例、方法工具和解决方案等为一体的知识体系。对那些密切关注乃至参与推动数字产业变革的专家学者、企业家、政府官员而言，本书不仅是一本有价值的参考读物，也提供了一个数字时代思想交流和理论交锋的优秀平台。

张平文

中国科学院院士，武汉大学校长、党委副书记

推荐语

数字化转型不是把技术武装到牙齿，而是把数字技术融入企业的基因，开启一场永无止境的能力进化之旅。本书以问答的形式，从产业、企业等不同层面洞见数字化转型的内涵本质、方法路径与推进举措，让读者充分感受数字化浪潮，同时提供了一系列非常有价值的实操思路，值得精读细品。

——安筱鹏　阿里研究院副院长，信息化百人会执委

数字化转型是数字时代企业增强核心竞争力、加快实现高质量发展的必由之路。本书对数字化转型热点问题进行了深度剖析，给出了丰富的案例和典型的解决方案，为企业高层领导、中层干部、一线员工等准确理解和全面推进数字化转型提供了非常有价值的参考和指引。

——柴旭东　航天云网科技发展有限责任公司党委副书记、总经理

当前，全球千行百业正以不同的节奏广泛而深入地推进数字化转型，以提升行业生产力、优化产业结构、创新供给品类，从而构建高质量可持续发展模式。对希望了解数字经济发展重大机遇的人们，以及渴望以数字化转型驱动全局优化、融入数字生态、加快创新发展的企业家们而言，本书非常值得一读。

——车海平　华为技术有限公司高级副总裁、数字转型首席战略官

《数字航图——数字化转型百问（第二辑）》融合了理论方法与案例经验，深入浅出地阐述了数字化转型的重点、难点和误区，帮助读者厘清数字化转

型相关概念，明晰数字化转型方向和路径，可以为受到转型困扰的企业带来启示。

——陈录城　海尔卡奥斯物联生态科技有限公司董事长兼总经理

二十年前，中国企业在推进"甩图纸甩账本""制造业信息化"，以及推广 ERP 等软件的应用时，都是疑虑重重的——不知道有没有用、做什么、怎么做，然而，今天几乎所有成功的企业都受益于此。过去几年，数字化转型已经成为共识，几乎所有的企业领导者都在思考如何实现数字化转型，而不是"要不要做"。本书系统地解答了数字化转型"是什么""为何做""如何做"等问题，对那些迫切需要加快数字化转型、提升创新能力和竞争力的企业而言，非常有借鉴价值。

——褚　健　蓝卓科技创始人，中控科技集团创始人，

宁波工业互联网研究院院长

数字化与绿色低碳化两大历史趋势，正深刻改变全球经济社会发展方式，而数字化更深刻、更全面，渗透更广，发展速度更快。企业作为创造财富的主体，必须面向数字化和绿色低碳化全面部署，提升能力，加快转型。推动企业数字化转型的核心，就是要在深刻理解数字化转型革命性挑战的基础上，全方位地提升应对不确定性的数字化生存与发展能力。本书涵盖了数字化基本知识、行业应用、典型场景等内容，对关注企业数字化转型的企业经营者及员工而言，阅读本书可获得最新的知识和有益的启示。

——高世楫　国务院发展研究中心资源与环境政策研究所所长、研究员，

国家生态环境保护专家委员会委员，国家气候变化专家委员会委员

当前全球新一轮产业革命方兴未艾，数字化转型加快重塑生产方式和生活方式，我国经济社会发展将全面接受这场新产业革命的洗礼。要在这场历

史性变革中赢得先机，企业不仅要有数字化转型的意愿，更要有数字化转型的能力。本书以问答的形式，剖析了数字化转型带来的系统性变革，并给出了数字化转型可借鉴的方法策略、典型实践等，相信它能为相关人士提供经验和思路。

——韩保江　中共中央党校（国家行政学院）经济学部主任

数字化转型已经成为企业适应时代发展的必然选择，行动力强的企业在引领，看清楚的企业在行动，没看清楚的企业在焦虑，没意识的企业终将被淘汰。《数字航图——数字化转型百问（第二辑）》就是这场时代"大考"的参考书。

——贺东东　树根互联技术有限公司联合创始人、CEO

在数字化浪潮的"创造性重构"中，企业对数字化转型，不仅要"知其然"，更要"知其所以然"。本书对数字化转型的核心理念、逻辑体系、方法路径和典型实践进行了系统性探讨，是数字时代各界人士认识、思考、推动数字化转型的有益参考。

——胡湘洪　工业和信息化部电子第五研究所副所长

当前，技术革命正引领新一轮产业变革，通过数字化转型构筑核心竞争能力，是数字时代企业的必行之道。对那些迫切需要全面理解并深入践行数字化转型，以此缓解经营困境、提质降本增效、创新用户服务并实现可持续发展的企业而言，本书必能带来有益的启发和借鉴。

——黄文强　中国南方航空股份有限公司副总信息师兼数据合规保护官

伴随数字经济的蓬勃发展，以提高多样化效率为主的范围经济，正逐步取代以提高专业化效率为主的规模经济，成为产业组织的主导逻辑。对想要开辟新的价值空间、实现可持续发展的企业来说，本书对数字化转型的洞见很有参考价值。

——姜奇平　中国社科院信息化研究中心主任、信息化与网络经济研究室主任

传统企业或实体企业要想适应新时代的需求，必须抓住数字化转型的窗口期，否则就会被时代所淘汰。《数字航图——数字化转型百问（第二辑）》深入探讨了 100 个问题，对推进数字化转型的关键点给出了很多值得深思的观点，对想要进行数字化转型却不知从何着手的企业来说，很有参考价值。

——李鸣涛　商务部中国国际电子商务中心电子商务首席专家

当前，数字化转型已经进入了一个新的阶段。企业需要深刻理解何为数字化转型、数字化转型的主要任务有哪些、如何系统推进数字化转型等问题。《数字航图——数字化转型百问（第二辑）》回答了这些问题，堪称数字化转型的"立体化指南"。

——刘九如　电子工业出版社总编辑、华信研究院院长

企业只有真正把握数字化转型的本质，并厘清数字化转型的主线，才可能在数字化转型的潮流中谋得一席之地。《数字航图——数字化转型百问（第二辑）》剖析了数字化转型最核心的问题，帮助企业"透过现象看本质"。

——刘明亮　工业和信息化部教育与考试中心副主任

数字化转型是世界经济发展的大势所趋，是打造未来竞争新优势的迫切需求，是把握发展主动权的战略选择。企业的数字化转型，是数字经济时代的企业转型，需要透过数字化和数字化转型的现象看到本质。本书以问题为牵引，从构筑数字化核心能力入手，回答了是什么、为什么、怎么转型的问题，是数字化转型从战略到执行的说明书，描绘出从工业经济迈向数字经济的航线图。

——鲁春丛　中国工业互联网研究院院长、党委副书记

"他山之石，可以攻玉。"数字化尤其如此。数字化转型的企业需要厘清出发点、切入点和着力点，明确思路、方法和路径。《数字航图——数字化转型百问（第二辑）》以探讨问题的形式，给出了很多值得借鉴的观点、案例和方案，能够为转型企业带来启发和思考！

——吕本富　国家创新与发展战略研究会副会长，
中国科学院大学经济管理学院教授

产业互联网是数字经济下产业数字化转型的重要路径，并能有效解决企业数字化的盈利模式问题。企业在推进数字化转型时，应重点关注数字供应链上的网络协同和生产交易环节的数据智能，以数据、算法、算力构建需求引导供给和供给创造需求的双重引擎。《数字航图——数字化转型百问（第二辑）》收录了丰富的产业、企业数字化转型的实践经验和案例，希望本书能够帮助广大读者找准数字化转型的切入点，高质量推进产业、企业数字化转型。

——钱晓钧　国联股份创始人、总裁、CEO

《数字航图——数字化转型百问（第二辑）》深入剖析了数字化转型带来的系统性变革，从理念、实践等层面给出了企业应对数字时代不确定性、提升可持续发展能力的策略、方法和路径。本书具有很强的可读性，其中探讨的诸多问题引人深思。

——乔　标　中国电子信息产业发展研究院副院长

量大面广的中小企业是我国经济和社会发展的主力军。数字经济时代，面对日益复杂多变的内外部环境，中小企业只有紧紧抓住数字化转型的历史机遇，才能不断开辟出更为广阔的发展空间。本书给出了一系列富有启发性的理念、思路和策略，对希望通过数字化转型实现提质降本增效、激发内生动力、增强发展韧性的广大中小企业而言，具有很好的参考价值。

——单立坡　中国中小企业发展促进中心主任

数字革命的浪潮不可逆转，数字革命引发了生产力和生产关系的变革，为全社会带来生产工具的改变、能源结构的改变、消费方式的改变及各个领域业务模式的创新。本书以问答的形式，深入浅出地阐释了企业数字化转型在战略、能力、技术、管理、业务、产品和商业模式等方面的创新性变革，对企业，特别是非数字原生企业具有很高的参考价值。

——王继业　国家电网有限公司副总信息师

未来的企业，要么是数字原生企业，要么是数字化转型企业。全球大部分企业正通过技术融合、业务创新和管理变革加速推进数字化转型进程。《数字航图——数字化转型百问（第二辑）》针对数字化进程中的各类实际问题，给出全面系统的指引，是推进数字化转型的实用指南。

——王文京　用友网络科技股份有限公司董事长兼CEO

当前和今后很长一段时间是我国数字化发展的重大战略机遇期。在日益澎湃的数字经济新浪潮面前，我国广大企业积极应对，已经形成了整体的数字化转型态势。本书剖析了数字经济发展的核心理念，并给出了数字化转型可落地执行的策略方法，对有志于拥抱并推动数字化转型的各界人士都具有阅读价值。

——徐　愈　信息化百人会执委，中央网信办信息化发展局原局长

数字化转型是大势所趋，正在引发社会生产生活方式的巨大变革。目前，数字化转型加速推进，不断走实向深。本书探讨了一系列数字化转型过程中普遍存在的问题和困惑，提出了一些新的观点和策略，具有很强的启发性和实操性，值得学界、业界、政界的朋友们品读。

——杨建军　中国电子技术标准化研究院党委书记、副院长

数字化转型已成为各个行业和企业必须面对的、决定生存和发展的重大命题，其本质是利用数字技术变革生产方式、商业模式和产业组织方式的系统转型过程，体现为业务转型、运营转型和组织变革的一系列组合，从而带来新价值增长和效率提升。数字化转型的实施是一个非常复杂的系统工程，本书以问答方式，结合场景分析和理论探讨，系统地回答了数字化转型的总体认识、战略布局、能力建设、技术应用、管理变革、业务转型、数据要素、安全可靠等重大问题，值得从事和推进数字化转型的各界人士一读。

——余晓晖　中国信息通信研究院院长、党委副书记

数字化转型是数字时代企业创新发展的内在要求和必然趋势。当前，数字化转型的价值和潜力已充分体现，转型需求也愈加迫切，未来将进入突破性发展的新阶段。本书围绕企业数字化转型，以浅显易懂的 100 个问答题，厘清了发展脉络，明确了方法路径，为企业系统全面推进数字化转型提供了有力指引。

——袁雷峰　中国民航信息集团有限公司党委常委兼股份公司副总经理，

国务院国有资产监督管理委员会科技创新局原副局长

中国制造业已来到了从"制造"到"智造"的转型路口。数字化转型就是一只"无形的手"，推着企业去"变"。在这场产业变革中，《数字航图——数字化转型百问（第二辑）》将助力企业在数字化赛道上加速"奔跑"。

——张启亮　徐工汉云技术股份有限公司创始人、CEO

对企业而言，数字化既是一个发展问题，也是一个生存问题。《数字航图——数字化转型百问（第二辑）》将专家学者最前沿的理论研究和产业界最鲜活的实践经验，以问答的方式展现给读者，相信能为企业推进数字化转型提供宝贵的思路和方向。

——张新红　国家信息中心首席信息师

数字化转型正在深刻改变着人类社会发展的进程。在巨大的机遇面前，如何正确认识数字化转型，系统设计方法路径，统筹谋划推进举措，都是需要深入思考的问题。本书的出版恰逢其时，揭开了数字化转型的面纱，对业界理解、领会和驾驭数字化转型大有裨益。

——赵　岩　国家工业信息安全发展研究中心主任、党委副书记

数字化转型不只是关注投入的一把手工程，而是更加强调整体设计、全员参与的系统性工程。《数字航图——数字化转型百问（第二辑）》在《数字化转型百问（第一辑）》受到社会各界广泛关注的基础上，继续以贴近读者的问答方式展示了企业以不同角色推进数字化转型的思考和实践。相信本书一定能够帮助有志于发展数字经济的大企业更加准确地厘清思路，帮助中小企业更加有效地找准关键环节，赋能各类企业人士轻松开启数字化转型的思维"大门"。

——朱宏任　中国企业联合会党委书记、常务副会长兼理事长（秘书长）

目　录

引　言

党中央、国务院高度重视数字化转型，《中华人民共和国国民经济和社会发展第十四个五年规划和 2035 年远景目标纲要》专篇提出"加快数字化发展，建设数字中国"。应有关各方要求，点亮智库·中信联联合有关单位成立联合工作组，共同开展数字化转型百问（以下简称百问）编写工作，致力以问题为牵引，通过共建、共创、共享社会化交流平台，集众智，汇众力，促进形成转型工作共识，提升转型工作合力。

为更加系统化、体系化推进百问编写工作，参考《数字化转型 参考架构》（T/AIITRE 10001），联合工作组率先从总体认识、战略布局、能力建设、技术应用、管理变革、业务转型、数据要素、安全可靠八个方面（知识域）分类开展百问讨论，每个方面又分为多个工作组（知识子域），构建形成总分结合的百问工作体系，如图 0-1 所示。随着数字化转型的持续推进，百问工作体系将不断迭代、扩展和完善。

为进一步提升百问工作的社会参与度，更好地发挥百问工作的成效，联合工

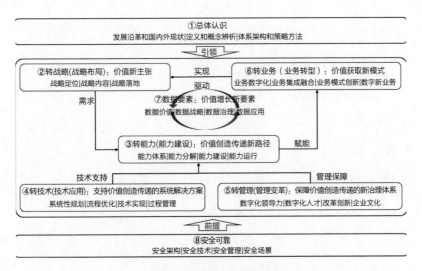

图 0-1　数字化转型百问工作体系

作组依托点亮百问·数字化转型在线社区（baiwen.dlttx.cn），支持大范围的开放讨论、评论和投票，同时，组织开展会议、沙龙、培训、案例分享等线下活动，动态发布《数字化转型百问》工具书等系列成果。目前，在线社区注册用户近万人，产生高质量问答 3000 余个。2021 年 6 月，联合工作组发布《数字化转型百问（第一辑）》，从什么是数字化转型、为什么进行数字化转型、数字化转型干什么、数字化转型怎么干等方面，探讨了 46 个问题，成果发布触达 70 余万人次，促进形成数字化转型共识。

依托在线社区及线下活动，在大家的共同努力下，《数字航图——数字化转型百问（第二辑）》从总体认识、战略布局、能力建设、技术应用、管理变革、业务转型、数据要素、安全可靠八个方面（知识域）进一步整理并探讨了一百个问题，针对每个问题给出相应解答、说明、相关案例和解决方案等，旨在抛砖引玉，进一步带动更为广泛深入的数字化转型大讨论。

第一章

总体认识

——数字化转型的核心内涵是什么？

Q1：数字化发展的概念主要经历了哪些演变？

点亮智库·中信联

A 伴随着数字技术的创新与应用，数字化发展的概念也在不断演化和发展，主要经历的概念演变包括数字转换（Digitization）、数字化（Digitalization）、数字化转型（Digital Transformation）等。数字转换和数字化在以 ENIAC、EDVAC 为代表的电子数字计算机出现后不久就相继出现了。数字转换，也有人称为计算机化，是指利用数字技术将信息由模拟格式转化为数字格式的过程。数字化是指数字技术应用到业务流程中，并帮助企业（本书中的企业泛指各类组织，包括但不限于公司、集团、商行、企事业单位、行政机构、合营公司、社团、慈善机构、研究机构等，以及上述组织的部分或组合）实现管理优化的过程，主要聚焦于数字技术对业务流程的集成优化和提升。数字化转型的概念最早在 2012 年由国际商业机器公司（IBM）提出，强调了应用数字技术重塑客户价值主张和增强客户交互与协作。我国政府自 2017 年以来已经连续六年将"数字经济"写入政府工作报告，并在国家"十四五"规划纲要中提出"以数字化转型整体驱动生产方式、生活方式和治理方式变革"，数字化转型从企业层面上升为国家战略。

【说明】

20 世纪 40 年代至 50 年代，以 ENIAC、EDVAC 为代表的电子数字计算机登上历史舞台并且大放异彩，人们开始把利用数字技术将信息由模拟格式转化为数字格式的这一过程称为数字转换。随着数字技术应用开始整合到业务流程中并帮助企业实现管理优化，数字化的概念也在不久后的 1959 年出现，但最开始时它与数字转换在含义上并未刻意区分。例如，在韦氏词典中，Digitization 和 Digitalization 的解释都是"将某个事物转为数字格式的过程"。

在数字技术应用不断深化的过程中，尤其是经历了从 20 世纪 90 年代开始的互联网发展浪潮后，数字化的概念被大大扩展了。数字化开始更多地与数字转换概念区分开来，它的含义从单点孤立的应用延伸到完整连贯的流程，更为强调数字技术对业务流程的集成优化和提升。不仅如此，人们意识到数字技术在经济发展和企业经营中的关键作用，IBM 于 2012 年提出数字化转型的概念，强调了应用数字技术重塑客户价值主张和增强客户交互与协作。

【案例】

1. 数字转换：信息的模拟格式转换为数字格式

1953 年，通用电气集团（GE）面临全球 125 家分支机构超过 40 万名雇员的薪资处理问题，为其提供审计服务的安达信会计师事务所的管理咨询部（后发展为埃森哲）面对庞大的计算量，大胆地引入了当时尚未成熟的商用计算机成功完成项目。数字计算机替代了纸张和手工计算，实现了薪资数据的存储计算，提高了计算任务的效率和准确度，以及数据交换的便捷性。

2. 数字化：ERP 等企业管理软件成为主流

在企业内的生产要素和生产活动已被大量数字转换的基础上，企业开始谋求对整个生产运营管理活动进行优化提升，以 ERP（企业资源计划）等为代表的企业管理软件应运而生，支撑财务、采购、销售、制造、供应链、风险与合规等一系列业务流程贯通，实现业务流程间数据流动和业务集成。以国家能源集团的数字化实践为例，集团构建以 ERP 系统为核心的智慧管理平台，包含人力资源、财务、物资、设备、电子商务、资金管理、销售管理、供应商管理等内容，可实时管理全集团约 4 万个组织机构，29.6 万名员工，39.9 万个合作供应商，2665 类所需物资，以及每年约 190 万个采购及销售订单量、1000 万笔财务凭证、300 万张合并报表等数据信息，业务互通、数据共享的数字化管理模式初步形成。

3. 数字化转型：发现数字世界新价值

马士基（Maersk）作为全球集装箱运输的"领头羊"，将其在集装箱物流领域占全球七分之一业务体量的巨大行业优势与数字化相结合，构建基于区块链的全球贸易数字化平台，实现货主、物流服务商、交易方和监管机构相关业务活动在线化，推动其全面转型为一站式全球综合物流服务商，逐步让全球贸易数字化平台成为未来全球集装箱物流界的基础设施，进而推动全球航运生态的数字化转型。

Q2：数字化转型是什么？

点亮智库·中信联

A1 数字化转型的核心要义是将适应物质经济的发展方式转变为适应数字经济的发展方式。国家主席习近平在 2014 年国际工程科技大会上的主旨演讲中指出："未来几十年，新一轮科技革命和产业变革将同人类社会发展形成历史性交汇，工程科技进步和创新将成为推动人类社会发展的重要引擎。信息技术成为率先渗透到经济社会生活各领域的先导技术，将促进以物质生产、物质服务为主的经济发展模式向以信息生产、信息服务为主的经济发展模式转变，世界正在进入以信息产业为主导的新经济发展时期。"

A2 国家标准《信息化和工业化融合 数字化转型 价值效益参考模型》（GB/T 23011—2022）将数字化转型定义为"深化应用新一代信息技术，激发数据要素创新驱动潜能，建设提升数字时代生存和发展的新型能力，加速业务优化、创新与重构，创造、传递并获取新价值，实现转型升级和创新发展的过程"。其中，新型能力是深化应用新一代信息技术，建立、提升、整合、重构组织的内外部能力，形成应对不确定性变化的本领，企业在数字化转型过程中打造形成的新型能力就是数字能力。

Q3：数字化转型与工业 4.0、智能制造、工业互联网、两化融合的关系是什么？

李 清

A 伴随着信息技术、工业技术和管理技术的融合发展，形成了新的生产方式、产业形态、商业模式和经济增长点，并由此引发了影响深远的产业变革。

越来越多的国家意识到了这一战略发展机遇，发达国家为了在新一轮制造业竞争中重塑并保持新优势，纷纷实施"再工业化"战略。一些发展中国家在保持自身劳动力密集等优势的同时，积极拓展国际市场，承接产业转移，加快新技术革新，力图参与全球产业再分工。德国提出"工业4.0"，美国提出"工业互联网"和"智能制造"，我国则提出"两化融合"，这既是相关国家的制造业战略发展计划，也是其制造业转型升级的解决方案。

工业4.0是德国的国家战略，旨在整体提升新兴信息技术发展下德国工业的核心竞争力。工业4.0以智能制造为主导，本质是在机械、电力和信息技术的基础上，进一步建立智能化的生产模式与网络化的产业链集成。它以建立赛博物理系统（Cyber-Physical System，CPS）为核心，发展智能工厂（Smart Factory）和智能生产（Smart Production），实现纵向集成和网络化系统，共同推进生产向分散化、产品个性化和用户全方位参与方向转变。

2012年，美国宣布实施"再工业化"战略。随后,通用电气公司提出了"工业互联网"概念，为其向更加依赖数字化的转型行动打造了一个全新的理念。2014年4月，美国五家公司（GE、IBM、Cisco、Intel和AT&T）联手成立了工业互联网联盟（Industrial Internet Consortium，IIC）。美国"工业互联网"的愿景是通过建立一个赛博物理系统，融合物理世界和信息世界，以信息世界中的数据为纽带，将物理世界中的人和机器连接起来，从而形成全球化开发协作的工业网络。通俗地说，工业互联网就是要让机器、人、数据一起协作。

2016年2月，美国标准技术研究院NIST发布了 *Current Standards Landscape for Smart Manufacturing Systems* 报告，认为智能制造是面向下一代的制造，并从产品、生产、商业三个维度及制造金字塔等方面来描述智能制造的内涵。要想在快速变化的市场中获得成功，制造商应对的唯一选择，就是整合各种技术力量，形成一个以"智能制造系统"（Smart Manufacturing Systems，SMS）为核心的新型生产系统，在该系统中数据能够最大限度地在全企业中流动和重复使用。

改革开放 40 多年以来，我国的工业化进程取得了伟大的成就，在国内经济快速发展的同时，也极大地推动了世界经济的发展。在本轮由信息技术的突破性进展所引发的产业变革中，我国高新技术水平尚不及各发达国家，劳动力密集、成本低廉等优势较其他发展中国家也不再明显，因此我国制造业面临着严峻的挑战。要想在新的技术和商业环境下抢占制高点，化挑战为机遇，必须放眼全球，抓紧部署与实施制造业转型升级战略。我国的工业化进程与全球的信息化进程重合，因此我国效仿欧美的工业化道路既不可行，也无必要。信息技术是改变人类历史进程的重要技术之一，面对这一机遇，我国必须积极推进信息化与工业化深度融合。在目前复杂的国内与国际经济形势下，两化融合是关系到我国企业生存和长期可持续发展的战略性选择。

数字化转型是工业 4.0、智能制造、工业互联网、两化融合的共同核心主题，也是企业面对消费者需求升级和产业供给侧重构的挑战，还是利用数字技术对业务进行重构、转型、创新的长期过程。数字化转型与工业 4.0、智能制造、工业互联网、两化融合等的区别在于：数字化转型的对象是所有企业，而不仅是制造业；数字化转型的主要目标是提升企业的竞争力，而不仅是对新兴技术的应用；数字化转型的本质是业务转型，而不仅是生产、研发、物流等流程的改造；数字化转型的难点往往在于文化意识等方面，而不仅是架构和技术。但是数字化转型的驱动力与它们相同，都是来自信息技术的发展及市场需求的变更。数字化转型可以看作在数字化基础上，向价值取向、业务创新和系统治理的进一步发展。

【说明】

德国工业 4.0 参考体系模型 RAMI4.0 如图 1-1 所示，NIST 的智能制造生态系统的模型如图 1-2 所示，工业互联网参考体系结构（IIRA）模型如图 1-3 所示。

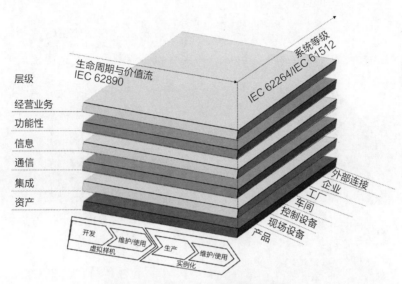

图 1-1 德国工业 4.0 参考体系模型 RAMI4.0

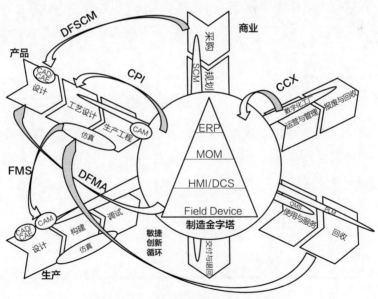

图 1-2 NIST 的智能制造生态系统的模型

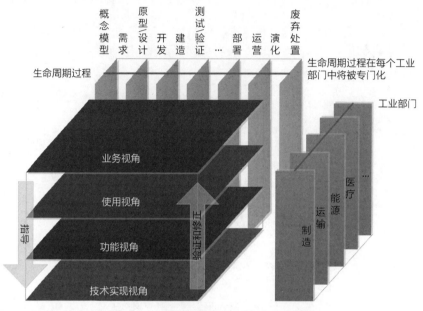

图 1-3 工业互联网参考体系结构 (IIRA) 模型

Q4：数字化转型为经济发展方式转变带来的根本性变化是什么？

点亮智库·中信联

A 数字化转型为经济发展方式转变带来的根本性变化是，基于数字技术赋能作用获取多样化发展效率的范围经济发展方式将成为产业组织的主导逻辑，逐步取代基于工业技术专业分工取得规模化发展效率的规模经济发展方式。

【说明】

规模经济（Economy of Scale）一般是指通过扩大生产规模带来平均成本下降、效益增加的经济现象，主要成因包括专业化分工、高效专用设备、大批量生产等因素。以物质经济为代表的规模经济，其发展方式的核心逻辑是以物理产品作为价值载体，本质追求是高效率、低成本，通过工业技术专业化分工，术业有专攻，不断降低技术难度，提升生产效率，实现规模化扩张，大幅降低单个产品的成本，从而在生产决定消费的价值链中获取竞争优势和规模化发展效益。

范围经济（Economy of Scope）则是针对关联产品生产而言的，通常是指企业通过扩大经营范围，增加产品种类，生产两种或两种以上的产品而引起的单位成本下降、经济效益增加的经济现象。范围经济的成因主要包括生产技术装备功能多样化、研发成果扩散效应、无形资产充分利用等因素。以数字经济为代表的范围经济，其发展方式的核心逻辑则是以数字内容服务作为主要价值载体，本质追求是创新创意、用户体验、高质量等，通过新一代信息技术赋能，激活数据要素创新创造潜能，大幅降低专业服务的门槛和跨界融合的难度，支持按照用户需求动态、开放组织生产协同供给的多样化创新模式蓬勃发展，从而在需求决定供给的价值网络中获取竞争合作优势和多样化发展效益。

在物质经济时代，市场环境相对稳定，生产者在供需关系中占据主导地位。企业典型的发展方式是围绕特定物质产品形成稳定的业务体系，并通过基于工业技术的专业化分工获取规模化发展效率，实现降低成本、提高利润、获取效益增长。钢铁、汽车、轻工、建材等众多行业均具有典型的规模经济效应。在市场需求相对充足的条件下，规模经济具有很大优势，产品单位成本通过扩大生产规模，可以达到非常低的水平。

但随着竞争加剧，市场将加速从增量阶段步入存量阶段，企业需要开辟新的价值空间才能实现持续发展。进入数字经济时代，数字生产力、价值共创共享生态关系成为变革新趋势，并日益显现出强大的增长动力。为了应对愈加复杂的不确定性环境，数字时代的范围经济发展方式逐步成为产业组织的主导逻辑。越来越多的企业通过运用数字技术，激活数据要素潜能，打造平台化生态，强化用户连接与交互，加快发展新产品、新技术、新模式、新业态，提高多样化发展效率，充分发挥用户及生态合作伙伴连接带来的"长尾效应"，不断创造增量价值，开辟新的价值空间。工业领域发展个性化定制、网络化协同、服务型制造、全生命周期管理、电子商务、共享经济等新模式、新业态，都是追求范围经济的表现。此外，互联网产业、数字文化创意产业等均具有典型范围经济特性。

Q5：为什么说数字化转型是产业变革，而不仅是技术变革？

点亮智库·中信联

A 数字化转型的核心关键是新一代信息技术革命引发的产业变革，而不仅是技术变革。从历次工业革命的发展来看，出现颠覆式的新科技革命，是工业革命爆发的起源，但只有在技术、资本、人才、应用、市场、政策等诸多要素协调作用下，产业体系才会不断解耦、融合和重构，才能深刻改变生产方式、组织模式和价值体系，最终触发工业革命，才可为经济社会开辟新的发展空间，产生更大、更深远的影响。当前，以新一代信息技术为代表的技术革命带来了数字化转型的重大机遇，谁能抓住数字化转型的机遇，率先完成产业变革，重新定义产业发展方式、规则和秩序，谁就能抢占新一轮产业竞争的战略制高点。

【说明】

历次工业革命发展历程及特征如图1-4所示。第一次工业革命的主要标志是蒸汽机技术出现，但产生更深远影响的工业革命里程碑是工厂制代替手工作坊制。第二次工业革命的主要标志是电气技术出现，但产生更深远影响的工业革命里程碑是基于专业分工的大规模生产模式崛起。第三次工业革命的主要标志是信息通信技术、新材料技术、生物技术等出现，但产生更深远影响的工业革命里程碑是高技术产业成为主导产业并全面融入传统产业，加速形成了经济全球化格局。当前正处在第四次工业革命（第一次数字革命）中，全球科技创新进入空前密集活跃时期，新一代信息技术呈现群体性爆发式发展，与传统产业深度融合，正在引发新一轮数字生产力发展和生产关系变革，并全面推动传统产业体系加速实现系统性的创新和重构。

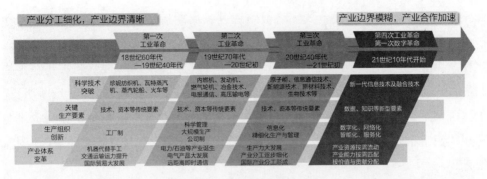

图1-4 历次工业革命发展历程及特征

Q6：数字化转型驱动产业体系结构演变的趋势是什么?

点亮智库·中信联

A 数字化转型正驱动产业体系从纵向封闭结构向横向层次化结构演变。数字经济时代，基于能力平台，向下赋能产业资源按需配置，向上赋能以用户体验为中心的业务生态化发展，提升应对不确定性的自适应能力和水平，已经成为产业发展的必然要求。以物质经济为代表的规模经济时代，基于企业、产业等边界构建的基础设施（资源）、业务能力和业务活动这一纵向封闭结构必将被打破。以数字经济为代表的范围经济时代，新型基础设施（资源）、能力平台、业务生态解耦后，将实现在产业内，甚至跨产业分层整合和协同发展，逐步构建形成新型基础设施（资源）共享化、能力平台化、业务生态化分层发展的新型产业结构。

【说明】

　　数字化转型是一个系统性创新的过程，为应对快速变化的市场环境以及转型创新引发的高度不确定性，新型基础设施（资源）共享化、能力平台化、业务生态化分层发展成为必然。

　　一是新型基础设施（资源）共享化。伴随着市场环境的快速变化，企业需要调度和配置的新型基础设施（资源）也不断扩展并动态调整，重资源投入越来

13

越不符合数字经济的发展范式，将很难通过长周期运营回收成本，因此通过资产、人员、资金等资源数字化和数据资源建设，并依托新型能力进行按需调用，实现全企业、全行业乃至全社会的资源动态配置与共享，其重要性和必要性日益凸显。而新型基础设施（资源）建设投入大，公共服务属性强，投入回报周期长，主要强调集约化建设和共享化利用。其建设运营一般由专门的大型企业负责，支持相关应用企业实现轻量化发展。新型基础设施层产业集中度高，企业规模巨大，数量少。

二是能力平台化。企业在长期规模经济发展方式下，基于技术壁垒构筑了"烟囱"式的纵向封闭式体系，业务与能力无法分割，专业能力只能支持某种特定业务，造成业务模式固化，很难改变。通过推动能力节点的模块化、数字化和平台化，支持各类业务按需调用和灵活使用能力，实现能力对应价值点的重复获取，扩大价值增值。有核心能力的企业将"Know How"进行数字化、模型化、模块化加工并进行平台化部署，打造能力平台。虽然平台经济本身具有赢者通吃的特征，但能力平台建设具有较强的专业领域属性，一般会走先垂直深耕、再横向扩展的模式。能力平台层产业集中度不如新型基础设施层那么高，企业规模也没那么大，数量相对较多。

三是业务生态化。基于能力平台支持企业内、企业间以及全社会的业务合作，能够推动企业按需组织生产服务、按需确定合作伙伴、按需提供个性服务，构建开放价值生态。由于基于能力平台赋能，大幅降低了业务活动专业门槛，推动业务活动以用户体验为中心，机动灵活地按需供给，实现了协同化、社会化、多样化、生态化发展。业务生态层产业集中度低，企业或创业团队的规模一般不大，数量却非常庞大，且动态变化。

【案例】

1. 新型基础设施（资源）共享化

阿里云、腾讯云、华为云等 IT 计算和存储资源共享，菜鸟云仓、共享充电桩等设施资源共享，灵活用工、双创等人才资源共享，以及大数据中心等数据资源共享。

2. 能力平台化

小米依托 IoT 平台打造连接家与未来的物联网生态链，赋能产业上下游协同发展；海尔打造全产业链、全要素创业平台，开放用户、产业链、工厂等资源，赋能小微企业和创客开展创新创业；抖音基于内容创作能力平台，赋能用户围绕内容开展价值合作。

3. 业务生态化

基于小米能力平台，构建"硬件＋新零售＋互联网"智能家居生态；基于海尔能力平台，打造"众创－众包－众扶－众筹"智慧生活产业生态圈；基于抖音能力平台，形成内容营销创新商业新生态。

Q7：数字化转型与数字化、网络化、智能化的关系是什么？

点亮智库·中信联

A 数字化转型的核心要义是发展方式的转变，主要聚焦于推动传统业务体系创新变革，形成数字时代新商业模式，开辟数字化发展新空间，创造数字经济新价值。数字化转型主要发生在网络化、智能化发展阶段，是以数字化为基础，主要创新和变革伴随网络化、智能化不断演进的螺旋式发展过程。

【说明】

数字化、网络化、智能化等不同发展阶段的主要任务和方法路径存在不同要求，商业模式与转型价值成效也存在显著差异。数字化阶段主要聚焦于利用数字技术实现企业内部资源综合配置优化和业务流程集成优化。网络化阶段主要聚焦于通过人、机、物的开放互联，实现跨企业资源和能力的社会化动态共享和协同利用。智能化阶段主要聚焦于利用数字孪生、人工智能等技术实现全社会人与人、人与物、物与物的智能交互与赋能，支持全要素、全过程、全场景的资源、能力和服务的按需精准供给。

只有数字化发展达到一定程度，网络化发展才能够取得实质性的进展。只有资源和能力网络化连接达到足够的复杂度，自组织、智能决策的技术和产业投入回报价值才会进一步凸显，智能化也才会步入全面发展的快车道。因此，一定程度的数字化是数字化转型的前提，而数字化转型主要发生在网络化、智能化发展阶段。

Q8：企业数字化转型是什么？与传统的企业信息化有什么区别？

点亮智库·中信联

A 企业数字化转型是数字化转型在微观企业层面的体现，是以企业转型升级和创新发展为主要目标，主要侧重于以数字技术为引领，打造数字能力，推动传统业务创新变革，构建数字时代新商业模式，开辟数字经济新价值和发展新空间。传统的企业信息化则以业务管理的规范化和优化为目标，侧重于以数字技术为支撑，优化提升其业务流程和企业管理。

【说明】

数字化发展主要经历了数字转换、数字化、数字化转型阶段。数字转换是指利用数字技术将信息由模拟格式转化为数字格式的过程。数字化是指数字技术应用到业务流程中并帮助企业实现管理优化的过程，主要聚焦于数字技术对业务流程的集成优化和提升。数字化转型主要聚焦于应用数字技术重塑客户价值主张、增强与客户的交互和协作、构建业务新体系和发展新生态。

传统的企业信息化主要涵盖企业数字转换和数字化发展阶段。而企业数字化转型是在新一代信息技术赋能下，覆盖企业全要素、全过程、全员的系统性、体系性、生态化创新变革过程，其发展理念、战略目标、主要任务和推进策略等都与传统的企业信息化之间存在明显区别。数字化发展相关概念与传统的企业信息化概念之间的关系如图 1-5 所示。

图 1-5 数字化发展相关概念与传统的企业信息化概念之间的关系

Q9：是什么驱动了企业数字化转型？

王 娟 宁连举

A1 企业数字化转型受到技术、市场、政府等多方面因素的驱动。

首先是技术因素驱动。大数据、人工智能、区块链等信息技术的飞速发展，为企业快速响应用户、降本增效、价值重构等提供技术支持。企业只有开展全方位的数字化转型，才能在个性化定制、用户互动、智能制造、精准营销、现代物流等方面取得竞争优势。

其次是市场因素驱动。进入数字时代，市场环境发生深刻变化。一方面，经济活动的极度细化与分工，驱动企业之间打通数据通道来获得产业链甚至是生态圈的竞争优势；另一方面，用户对一站式、一揽子、及时、精准的产品与服务期望，驱动企业与用户之间建立无缝连接。无论是供给侧还是需求侧，市场都对企业提出了紧迫的数字化转型要求。

最后是政府因素驱动。政府积极的产业政策和新型基础设施建设也是推动企业数字化转型的重要驱动力。国家高度重视数字经济发展，党中央和各级政府部门陆续出台政策文件，通过促进大数据产业发展，推动5G商业化应用，投资数据中心等新基建项目，搭建工业互联网平台，升级智慧城市建设，扩大政务数据开放，促进数据交易中心建设，提高数字政务服务能力等一系列举措，为企业数字化转型营造了良好的数字生态环境。此外，政府有关管理部门对企业在环保、财税、用工、安全、质量等方面的监管要求升级，也驱动企业引入实时监控与动态监测的数字技术来满足监管合规要求。

【说明】

企业、产业、国家层面的企业数字化转型的主要驱动因素见表1-1。

表1-1 企业数字化转型的驱动因素

	驱动因素		
	技术因素	市场因素	政府因素
企业层面	数字研发，智能制造，精准营销，金融科技，智能供应链，技术中台等	个性化定制，消费者互动，增强体验，在线服务等	对企业在环保、财税、用工、安全、质量等各项监管要求的提高
产业层面	推动5G商业化应用，投资数据中心等新基建项目	促进大数据产业发展，搭建工业互联网平台，成立数据交易中心	智慧城市建设，政务数据开放，数字政务服务能力提升
国家层面	人工智能、量子信息、集成电路等科技前沿领域攻关项目	有关数据要素、隐私安全、数据权属、数据交易、数据跨境等方面的法律法规	促进数字经济发展的产业政策、新型基础设施建设等

A2 从创新生态系统形成的视角来看，数字技术通过与企业的战略定位、管理思维、组织结构等方面的有机结合构成创新生态系统，并从企业、产业和国家三个层面来驱动数字化转型。

在微观层面（企业），企业家创新精神是推动企业开展数字化转型的关键要素，勇于推动生产组织创新、技术创新和市场创新，勇于探索一种之前从来没有过的生产要素的"新组合"，并把这种"新组合"引入生产体系，重构企业现有资源和能力，不断夯实企业创新发展的基石，进而开拓新市场，获得市场份额的增长和盈利。

在中观层面（产业），将数字经济驱动下的知识、信息和数字技术等要素引入产业创新发展过程，优化升级本地特色优势主导产业，围绕优势产业形成一定代表性的区域产业集群，打破了传统产业链上下游价值链的信息和技术孤岛，提升了产业数字化程度，改变了传统产业的生产方式和流通体系，拓宽了企业产业链的内在边界和外在延伸领域，利用数字技术实现了跨产业连接，形成了产业网络，实现了价值和技术向产业链上下游企业溢出，赋能其他产业构建产业生态系统。

在宏观层面（国家），数字信息技术是引领未来全球新科技革命和产业革命发展的主要驱动力，也是各国抢占科技创新制高点竞争最为激烈的领域。推动数字化转型能提升我国在数字经济领域的综合竞争力，打破"卡脖子"技术封锁，牢牢掌握在数字技术和数字经济领域的话语权。为此，我国"十四五"规划提出加快数字化发展，打造具有国际竞争力的数字产业集群。同时我国出台了一系列关于数字化转型的政策，给数字化转型提供了顶层支持。

【说明】

数字技术在企业数字化转型中主要应用在三个领域：一是运营流程优化，企业在生产、供应链、物流、营销、服务等各流程中引入具体数字技术，来代替或协助人工，侧重呈现性特征；二是平台生态系统，改变了原有的线性价值创造逻辑，将人、物、企业通过数字平台连接起来，实现价值共创，侧重连通性特征；三是数据驱动决策，企业利用不同来源的数据，通过特定数字技术完成决策工作，侧重聚合性特征。需要指出的是，我国大量制造企业当前面临的关键问题主要还是如何利用数字技术促使运营流程优化，而未来越来越多的企业也将深度思考数字化转型中与平台生态系统和数据驱动决策相关的问题。

Q10：数字化转型能给企业带来哪些价值效益？

点亮智库·中信联

A 按照业务创新转型的方向和价值空间大小，数字化转型带来的价值可分为三个方面：生产运营优化、产品／服务创新、业态转变。一是生产运营优化，重点关注传统产品生产与交付，主要是基于传统存量业务，聚焦内部价值链开展价值创造和传递活动，通过传统产品规模化生产与交易，获取效率提升、成本降低、质量提高等方面价值效益；二是产品／服务创新，重点关注产品与服务创新，主要是拓展基于传统业务的延伸服务，沿产品／服务链开展价值创造和传递活动，通过产品/服务创新开辟业务增量发展空间，获取新技术/新产品、服务延伸与增值、主营业务增长等方面价值效益；三是业态转变，重点关注新赛道，主要是发展壮大数字业务，依托与生态合作伙伴共建的开放价值生态网络开展价值创造和传递活动，获取用户/生态合作伙伴连接与赋能、数字新业务和绿色可持续等方面价值效益。

【说明】

数字化转型价值效益（见图1-6）大体分为以下三类。

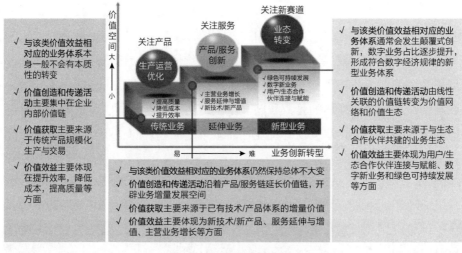

图1-6　数字化转型价值效益

一是生产运营优化。与该类价值效益相对应的业务体系本身一般不会有本质性的转变，主要通过数字技术对传统存量业务的改造优化，提升传统产品的规模化生产与交易水平，进而实现提升效率、降低成本、提高质量等价值效益。通常，该类价值效益在企业关键业务数字化的基础上就能实现，相对容易获取，但由于门槛不高，容易进入存量竞争。

二是产品/服务创新。与该类价值效益相对应的业务体系仍然保持总体不大变，伴随着传统产品市场加速从增量走向存量，越来越多的企业加快运用数字技术，通过产品/服务创新，拓展基于传统业务的延伸服务、增值服务，进而获取增量发展空间。通常，企业在其关键业务均实现数字化的基础上，只有进一步沿着纵向管控、价值链和产品生命周期等维度，实现关键业务线的集成融合，这样才能更为顺利地获取新技术/新产品、服务延伸与增值、主营业务增长等产品/服务创新方面的价值效益。

三是业态转变。与该类价值效益相对应的业务体系通常会发生颠覆式创新，主要专注于发展壮大数字业务，形成符合数字经济规律的新型业务体系，价值创造和传递活动由线性关联的价值链、企业内部价值网络转变为开放价值生态。该类价值效益获取难度大，通常只有真正转型成功，突破数字化转型网络级阶段，构建起数字企业，才能更为顺利地获取业务转变带来的巨大的新价值空间。

【案例】

1. 生产运营优化

成都飞机工业（集团）有限责任公司通过数字化转型逐步打造具有"动态感知－实施分析－自主决策－精准执行"特征的智能化制造模式，大幅提升生产效率，通过建设飞机大型结构数字化车间和飞机大部件智能装配车间，装备利用率达到90%以上，加工效率提升30%，设备操作人员减少67%。

蒙牛乳业（集团）股份有限公司通过产业链数字化转型建立具有"实时感知－精准溯源－辅助决策"能力的数字化奶源平台，打通乳企和牧场，实现牧场管理透明化、质量管控数字化、成本控制精细化，牧场效率提升20%以上，牧场覆盖总数达到286个，服务牧场总成本每年降低1300万元以上，奶量预测准确率波动不超过±3%。

2. 产品/服务创新

工程机械行业通过采集、分析、挖掘设备的数据信息，为客户提供一系列增值服务，持续提升客户体验，拓展价值空间。例如，卡特彼勒公司（Caterpillar）基于Uptake开发的设备联网和分析系统，采集设备的各类数据信息，联网监控，分析预测设备可能发生的故障，实现了300多万台运转设备的统一管控。徐工集团基于汉云工业互联网平台，为每台设备做数字画像，将可能损坏的零部件进行提前更换，使设备故障率降低一半。

3. 业态转变

海尔集团在数字化转型中全面推进"人单合一"模式，打造共创共赢生态圈，使得海尔从一家电子公司转变为一个创业平台，员工在与客户深度接触的过程中不断发现创业机会。目前海尔创业平台聚集了 2400 多个创业项目、200 多个创业小微、3800 多个节点小微和 122 万个微店，已有超过 100 个小微年营收过亿元，为 190 多万人提供了就业机会。

中航信移动科技有限公司通过数字化转型建立具有"精准预测－数字安检－定制服务"能力的民航移动出行智能服务平台，实现航班高精度的预警预测，提供民航行业无纸化通关信息服务、旅客个性化精准服务，应用范围达到全球航班总量的 98%，覆盖 40 余家航空公司、200 余家机场和 1000 余家第三方企业，预测准确率提升 86%，每年节约成本约 10 亿元，支撑服务能力提升 20%。

【解决方案】

1. 华为智慧机场解决方案

【痛点问题】我国机场旅客吞吐量基本保持 10% 以上的年增长率，国际机场协会（ACI）预计，到 2040 年，中国航空客运量将达到 40 亿人次，占全球 19%。在机场服务资源有限的情况下，迫切需要运用数字技术，加速机场智能升级，提升运营效率，创新用户服务和体验，保证机流、人流、货流安全，促进高质量发展。

【解决方案】深圳机场集团与华为基于"平台＋生态"的理念，运用多种关键数字技术构建"未来机场数字化平台"，推进智慧机场建设，解决方案架构如图 1-7 所示。

一是绘制运行一张图，让运行更顺畅。对各运行环节进行数字化改造，打造机场运控"智能中枢"，实现机坪管制、空管塔台、运行指挥等的高效协同。通过机位资源智能分配，使机场每天 1000 余架次航班可在 1 分钟内完成机位分配，每年有上百万名旅客不再需要通过摆渡车登机。通过地服系统、保障节点采集系统、机场协同决策系统（A-CDM）等有效联动，利用大数据精确预测航班延误。

二是编制安全一张网，让安全更可靠。利用模块化的安防专用数据机房、大容量的安防云存储、改造后的数字化高清视频，建成智能安防管控系统，形成统一监管、分级监控的整体安全管控体系。例如，基于视频拼接及三维融合等技术，通过视频智能分析平台,实现安全隐患的主动预测;飞行区围界系统实现智能告警秒级联动;航站楼离港平台车流统计分析准确率达到95%以上;公共区道路实现7×24小时不间断自动巡视。

三是打造服务一条线,让服务更便捷。通过全链条数字化改造,推进全流程无感自助服务,实现刷脸自助安检验证、行李全流程跟踪、"五合一"通关、智能交通精准推动等服务创新,国内登机口自助设备覆盖率达100%,自助值机比例超过80%,安检通行效率提升60%。

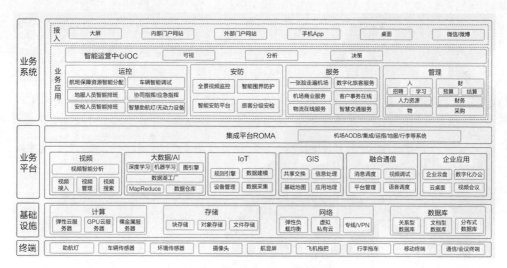

图 1-7　华为智慧机场解决方案架构

【取得成效】机场运营效率和旅客服务创新能力大幅提升。2020 年,深圳机场旅客吞吐量进入全球前五位,航班起降位列全国第三位;货运业务首次进入全球前二十位,平均航班放行正常率超过92%,创下连续 29 个月航班放行正常率超80% 的纪录;民航电子临时乘机证明推广至全国 234 个民用机场,机位资源智能分配项目被国际航空运输协会发布并推广。

2. 华龙讯达木星工业互联网平台解决方案

【痛点问题】某公司是国内锂电设备龙头企业,生产经营中存在一系列难点。一是生产工艺复杂且工序繁多,生产设备整线管控范围大,缺乏全过程集成式运营管理,企业整体生产运营效率不高;二是设备及生产过程数据难以实时采集,大量数据未能得到合理高效利用,数据支撑决策、驱动运营的作用不明显;三是设备智能化水平不高，生产人员技能水平参差不齐，导致均质生产能力和产品质量水平不稳定。

【解决方案】通过应用木星工业互联网平台解决方案，搭建基于 CPS 的锂电设备数字化运营管理工业互联网平台，用"数据驱动"有效提升生产综合管理能力和企业运营体系的服务与监管能力，帮助该企业实现锂电池生产水平智能化升级。

首先，利用木星数据采集平台技术采集"人机料法环"各类数据，并通过机器宝强大的边缘计算能力，对采集数据进行预处理。在数据上云之前，按照预先设定的规则和算法，从数据综合应用的角度，对采集的数据进行预判和评估，自动过滤无效或无意义的数据，将有价值的数据传输上云，提高物联网处理的效率。

其次，为多维度全方位管控锂电池生产过程中的原辅料、参数、过程、工艺、质量、批次、在线、离线、人员、状态等信息，优化生产管理，通过木星数据孪生技术对数据进行建模仿真与大数据分析，实现在线预测、预警产品质量问题，实时动态反映生产进度状态、原材料消耗状态、设备运行状态、生产产能状态，以可视化报警的方式提示异常现象，为企业生产提供数据驱动的基础，实现感知数据的实时分析和使用。

最后，基于物联网和移动互联网搭建的"人"和"物"全面互联，通过云计算和大数据实现无处不在的分析服务，支撑企业全面建立以数据为驱动的运营与管理模式，提高均质生产能力和产品质量水平，以数据驱动企业运营的管理决策优化，进一步扩大产品产能。

【取得成效】实现了对锂电池生产全过程的实时动态跟踪与回溯，挖掘了生产全过程数据隐藏的"改善源"及解决方案，实现了流程自动化、少人化，工艺过程管控分析从结果导向逐步转向全过程管控，实现了生产过程智能化升级，生产周期缩短 26%、产量增加 21%、产品良率提高 17%、人员减少 31%。

3. 盘古信息 IMS 数字化智能制造系统解决方案

【痛点问题】某电子制造企业主要从事印制电路板（PCB）、汽车电子、机器人 / 智能设备、液晶模组及其他电子零配件的生产制造业务，伴随着业务高速发展，生产过程面临一系列痛点、难点：一是同时面对超过数百家客户和供应商，订单及物料标识规范及信息共享困难，在制品多，精准追溯和防错管理手段缺乏；二是人工管理产品工艺和计划排程，生产进度缺乏实时数据，生产调度难度高，交期难以保障；三是 SMT 贴片等生产线平均换线 8 ～ 10 次 / 天，生产效率低下，且极易用错物料；四是设备通信能力较低，确认程序、采集参数或数据需人工操作，易错且效率低；五是人员管理、异常管理、标准作业管理等仍有很大提升空间。

【解决方案】通过应用盘古信息 IMS 数字化智能制造系统解决方案（见图 1-8）来解决企业面临的问题。一是通过 IoT 平台，实现设备通信和管理，实时获取设备程序、参数等相关数据，进行有效防错、数据采集和异常管理等；二是通过门户打通供应链上下游的信息交互窗口，规范物料信息标识共享，针对生产组织模式进行 WMS 智能仓储管理，优化仓储管理流程，取消线边仓，提高入库、库内管理、配送、盘点等效率；三是通过基于交付节点的有限资源排程，进行 4M（人机物法）齐套分析并锁定，实时获取生产进度，取消车间中间仓，实现准时拉动供料，并通过实时生产数据智能分析报表系统，为营运决策提供依据；四是通过制造执行系统（MES）自定义工艺路线和管控点，对生产过程中进行 4M 防错，实时监控生产状态，结合数据优化算法，提供最优智能转产方案；五是通过企业资源计划系统（ERP）、MES、WMS 等系统实现信息互联，将工单、产品、工艺、人员、设备、物料、质量、维修等信息等进行防错、绑定和关联，实现精准追溯和防呆；六是实现人员资质管理、上岗管理、绩效管理，设备点检、保养、备品备件管理，作业指导书统一编制、审核、下发及使用，异常报工及实时处理等功能。

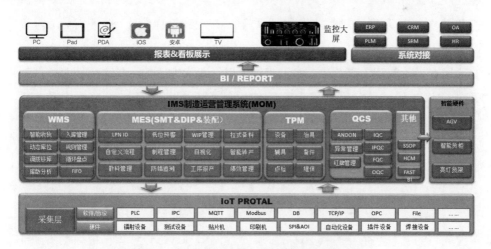

图 1-8　盘古信息 IMS 数字化智能制造系统解决方案

【取得成效】一是缩短前置时间（LT），提高生产综合效率 23%，全年新创产值近亿元；二是降低自购料库存 30%，减少在制品货值近 6000 万元；三是优化 70% 共用料重复出入库等作业，降低计划管理工作量 60% 以上；四是通过流程优化和信息化手段，直接人力开销降低 28%，节省人工成本 1630 万元 / 年。

4. 用友 YonBIP 制造云设备后服务

【痛点问题】某企业主要从事节能环保装备、交通运输装备、通信装备等生产制造业务，随着通用设备制造业竞争日趋激烈，亟须加快从单一的"卖产品"到集工程总承包、合同能源管理、服务托管等于一体的服务型制造模式转变，以实现企业可持续发展。

【解决方案】依托用友 YonBIP 制造云设备后服务，基于公有云 SaaS 服务模式搭建起智慧运维管理平台，连接企业的管理者、服务点的服务工程师和客户等多个角色，以后服务市场为主要场景，以售出设备为主要管理对象，通过对现场安装交付、IoT 物联服务、运行数据监视、售后服务等实现设备的全方位闭环管理及数据沉淀，帮助企业提高服务质量、提升服务效率。一是通过安装服务，实现设备出厂后的发运、现场安装作业计划、安装工单的全流程管理。二是通过 IoT 物联服务，将边缘侧的设备通过有线或无线网络接入 IoT 云平台，提供稳定可靠的远程设备采集，在线实时监测设备状态。三是通过售后服务，提供对售后服务的统一管理，实现在线报修、派工、接单、维修和验收的闭环服务；提供配件调拨管理、配件定价和配件更换管理服务；提供知识库（包括设备维修、保养、巡检的标准流程和规范），实现对设备实用知识、运维经验的沉淀利用。四是提供多种交互模式，管理者通过数字看板可概览全局，移动 App 便于服务人员随时记录服务过程，便捷的微信小程序方便客户及时上报，多方沟通顺畅。

【取得成效】基于该解决方案，支撑了以设备为中心的全生命周期服务创新，加速从"卖产品"向"卖服务"转型。依托智慧运维平台实现 2 万多台设备上云，覆盖全国 40 多个服务点和 450 多个服务工程师，日单量超过 60 张，工程师服务效率提升 30%，决策效率提升 10%，服务成本降低 10%，服务及时率提升 20%，打造"智能服务"新名片。

5. 数码大方 CAXA 智能家居设计平台

【痛点问题】某企业拥有国际化家居产品制造基地，以整体橱柜为龙头，带动相关领域发展，包括全屋定制、衣柜、卫浴、木门、墙饰壁纸、厨房电器、寝具等，形成了多元化产业格局。伴随着个性化、定制化需求日益突出，家居家装行业市场端、消费端、工厂端和设计端都发生了很大变化，导致该企业在发展过程中在标准化和非标个性化之间难以平衡，出现设计难、成交难、报价难，设计与生产不统一，施工流程不可控等诸多问题，难以快速、动态地响应市场需求。

【解决方案】基于数码大方在研发设计领域具有成熟的产品、研发技术，以及成熟的工业云平台开发经验，该企业构建面向全产业链统一的 CAXA 智能家居设计平台（见图 1-9）。

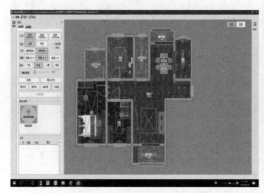

图 1-9　数码大方 CAXA 智能家居设计平台应用

一是支持智能设计。定制开发家居行业三维设计软件，整合和规范设计资源、产品谱系，形成方案模板，引入产品智能设计、方案优选等，提升设计效率。

二是支持快速下单。通过交互体验、方案展示，吸引客户快速获得订单，并实现一键生成下单 CAD 图，以及与生产环节的数据对接。

三是推进数据贯通。设计为制造提供准确数据，优化制造的业务流程，提升制造的质量和效率。基于 WEB 的协同设计平台与 CAXA 协同管理平台对接，进行设计过程的审签、版本管理、文件浏览、零件分类管理等。

【取得成效】一是依托平台广泛连接产业链上下游，应用于 5000 多个门店，每日在线工程师达 2 万多人，日均 3D 场景渲染达 10 万张，打通了"橱衣木卫"全品类设计制造流程，支持多个品牌和销售渠道。二是实现设计、销售、报价、出图、下单、后端审单、订单合同、生产对接和发货安装全流程贯通，降低门店人员的设计与报价经验门槛，显著提高销售和接单能力，门店设计师从设计到下单的总时间减半，技审时间下降到原来的 70%，技审人数减少 50%，订单工艺错误量下降 70%，整体运行效率提升 50% 以上，每年减少直接成本 2000 万元。

Q11：我国企业推进数字化转型的关键难点痛点是什么？

陈　悦　点亮智库·中信联

A1 开展数字化转型已成为企业谋求创新发展的必由之路，部分企业已经启动了数字化转型。伴随着数字化转型的深入发展，制约企业数字化转型的因素逐步显现，如缺乏顶层设计和战略规划、思维和文化重塑的挑战、投资保障不足、管理体制不健全、信息化基础薄弱、流程标准化不足、数据治理待完善、数字化转型的评价体系缺乏等。这些因素将会制约企业数字化转型发展，影响我国企业数字化转型的进程。

一、缺乏顶层设计和战略规划

缺乏顶层设计和战略规划是数字化转型中普遍存在的问题。一些企业已经充分认识到数字化转型的重要性，但缺乏清晰的战略目标与实现路径，缺少对数字化转型路径的全面规划和系统性思考。德勤调查结果显示，在推进数字化转型的企业中，约60%尚未建立转型发展路径。Wipro Digital 的数据也指出，约35%的企业高管认为缺少明确的转型战略是实现转型的关键壁垒。一些企业的高管认为数字化转型就是简单的 IT 系统重建和升级，没有将数字化转型提升到顶层设计的战略高度，缺少关键的制度设计和组织重塑，缺少有效的配套考核和激励机制。

数字化转型是"一把手"工程。如果企业的决策者没有意识到数字化转型的急迫性和重要性，那么企业数字化转型就不可能成功。企业的领导者需要对数字技术、新兴商业模式保有高度敏感的洞察力，并能调整公司战略。一些企业没有形成数字化转型的顶层设计，数字化转型尚未完全融入公司的业务战略。

二、思维和文化重塑的挑战

数字化转型将在多方面对企业的生产经营产生影响，甚至可以重构企业的商业模式。未来的数字企业将以完全不同的形态和方式运行。数字化转型过程将极大地突破传统企业的"舒适区"，旧的思维方式、文化观念将被打破，与数字化转型相适配的新的思维方式、文化观念将重塑。

一是思维方式需要转变。企业数字化转型需要建立"数据思维"，从数据中发现问题、洞察规律、挖掘价值，帮助企业优化资源配置，扩大经营范围，重构商业模式。传统的思维方式多为经验思维，即通过感官、经验、主观和感性判断而形成结论。思维方式的转变，是企业的领导者和员工在数字化转型中面临的挑战之一。

二是对数字化转型的认识需要提高。对数字化转型的内涵及其必要性、重要性理解不够，尚未形成统一的认识和强烈的危机感。数字化转型尚未完全融入企业的业务战略，与工作联系不紧密。

三是企业文化变革困难。企业数字化转型过程，也是企业文化重塑的过程。如果传统企业的文化不做改变，数字化转型就会被惯性拉回原有的轨道。在数字化转型过程中，文化变革是企业面临的最大挑战之一。

三、投资保障不足

对于大多数企业而言，数字化转型是一项长期而艰巨的任务，尤其是传统企业，相比新型互联网企业，资金投入需求更大。从软硬件购买到系统运维，从基础设备更新到组织人力培训，覆盖企业生产、运营、营销、人力资源等各个方面，需要持续不断的资金投入，且很多投入是无形的，也是无法预知成效的，回报周期长，使得管理者产生焦虑与迷茫。面对生存压力，许多企业的数字化转型不得不让位于企业的日常经营，导致数字化转型投入远远不足。尤其中小企业与大型企业相比融资更加困难，投资保障不足的问题更为明显。

一是转型技术成本、试错成本高。企业自身"造血"功能偏弱，外部"输血"机制滞后。企业若难以利用资金杠杆和借助专项扶持，靠企业自身的资本投入几乎难以为继。

二是资源投入不足。相比大型企业，中小企业在网络、设备、信息系统等资源配置方面的投入相对不足。

三是转型周期长，短期见效难。企业数字化转型能够驱动整个商业模式创新和商业生态重构，但很难在短期内为企业带来直接收益，这使得中小企业对于数字化转型仍处于观望状态。

四是未建立与数字化转型基础、业务发展需求、预期效益等相匹配的专项资金投入机制。

四、管理体制不健全

数字化转型还处于起步阶段，但制度变革的要求已经体现在方方面面。大多数企业在建立与数字化转型相适配的管理体制方面，还处在探索研究阶段。

一是未构建起企业的数字化转型组织体系，缺乏推进数字化转型的长效机制。

二是数字化转型尚未形成多部门、多专业、多层级统筹协同推进的局面，未明确转型工作的责任分工，未完善配套管理机制和激励机制，未形成跨部门、跨层级的数字化转型协同推进模式。

三是未形成一套可推广、可复制的解决方案。

四是未应用管理体系标准，未形成数字化转型闭环管理机制，未形成与数字化转型业务相匹配的敏捷组织，管理变革可能只在某些业务单元展开。

五是数字人才匮乏。随着数字技术的日益普及，企业对数字人才的需求呈现爆发式增长，数字人才缺口日益扩大。仅掌握信息技术的人才已不能满足数字化发展的需要，企业真正需要的是掌握人工智能、大数据、网络安全等领域技能的数字人才，以及兼具技术和业务能力的复合型、创新型人才。

五、信息化基础薄弱

面对新一代信息技术蓬勃发展和技术竞争升级，企业信息化建设面临巨大挑战。当前，组织优化与业务创新引发的信息化需求日益复杂多变，早已超出传统 IT 架构的承载能力。反映在企业数字化转型上，业务需求快速多变，新技术层出不穷，而数字化系统需要稳定扩展与平滑演进，给企业内部信息化带来了多重挑战，亟须通过加快破解信息孤岛带来的制约等多种措施，使信息化发挥更大的效益。

一是信息孤岛林立。企业各类系统建设的时期不同，业务类型复杂，多有自己的应用、功能、数据、环境。随着时间的推移和数据的累积，形成了一座座信息孤岛，使得企业内外无法实现信息互通、共享，导致信息闭环难闭合，信息资产价值无法得到充分发挥。

二是数据治理体系不完善，缺乏数据资产的管理组织与机制，数据确权和安全等问题亟待解决。

三是物联网基础设施薄弱，已成为数据采集和数据分析的瓶颈。

四是自动化数据采集基础设施配套不足，企业装置、设施的自动化水平不高。

五是未构建起适合企业的数字化转型平台。无法在平台上沉淀业务经验、积累数据资产，平滑演进技术架构，以及提升企业数字化能力，难以敏捷、快速地响应客户需求。

六、流程标准化不足

很多企业都开展过流程梳理或流程优化的项目，并积累了一些成果，但大多数基于项目开展的流程工作难以形成流程标准化，流程成果的价值挖掘和开发利用也非常不充分。

一些企业的业务流程化、流程标准化基础薄弱，缺乏端到端贯通、跨组织跨层级的流程管理体系支撑。

缺乏标准框架。没有在开展标准化工作、标准化需求的基础上，形成标准框架，没有提出引导和规范企业数字化转型的重点标准化方向。

没有做到流程标准化，难以提升组织敏捷度。没有积极推动通用业务流程标准化、自动化，难以实现建设运维成本最小化、平台化，也难以促进迭代开发业务快速响应，客户体验有待提升。

七、数据治理待完善

数据是驱动企业数字化转型最核心的生产要素，数据治理面临诸多亟待解决的重要问题。

一是数据标准化程度低。企业每天产生和利用大量数据，比如经营管理数据、设备运行数据、外部市场数据等。但是，数据格式差异较大，不统一标准就难以兼容，也难以转化为有用的资源。数据标准不统一容易产生数据孤岛，给数据治理工作带来极大障碍，影响了数字化转型进程。

二是数据采集不完整、不准确，数据质量不高。企业的数据采集存在不完整、不准确等问题，这从侧面可以反映出企业的数据质量不高。企业的数据纷繁复杂，来源不一，且尚未进行有效整合，数据碎片化和数据孤岛问题突出，无法充分发挥数据价值。大型企业虽然已经建立了统一的平台，数据质量相对较高，数据治理水平也处于领先地位，但是对过去分散于不同系统、标准不一的数据进行整合仍需时日。中小企业的数据基础差、问题多。

三是数据确权困难，难以共享。数据归谁所有? 数据使用的边界在哪里?

如何在保护隐私安全的同时高效地使用数据？这些问题目前仍没有明确的答案，给企业的数据管理带来一定的挑战。

八、数字化转型的评价体系缺乏

企业在数字化转型的过程中，尚未构建企业数字化转型评价体系，无法系统性地构建实施路线图，企业无法精确地了解不同业务在数字化转型过程中达到的不同成效。

通常而言，企业数字化转型可分为六个步骤。

第一步，战略确立。明确数字化转型目标，确立与业务战略相融合的数字化转型创新战略。

第二步，路线匹配。识别重要的业务场景，选择适配的数字技术路线。

第三步，目标确认。规划短中长期的行动计划，确认阶段性目标。

第四步，标杆示范。试点推广数字技术，打造最佳实践。

第五步，规模推广。大规模部署场景应用，重构企业数据平台。

第六步，评价反馈。转型成果评价及反馈，寻找增长重点。

从上面的六个步骤可以看出，数字化转型评价体系具有承前启后的重要作用，是企业成功推进数字化转型、实现可持续发展不可或缺的一部分。企业如果没有制定数字化转型任务相关的 KPI（如成本、质量、效率、业务增长等方面），则无法衡量管理运营绩效表现，难以形成完整的战略价值体系和实现可持续发展。

A2

面对"换道超车"的重大历史机遇和数字化转型可能带来的巨大挑战，企业在理解、认识和推进数字化转型方面，尚未形成明确的方法和路径，如缺乏清晰的转型战略目标、现有数字化模式难以响应不确定的发展要求、数据要素驱动作用发挥不足、管理机制优化变革系统性不强、全员数字思维和能力差距明显、数字化转型技术供给和服务生态不健全等，都亟须体系化方法进一步引领企业数字化转型工作。

一、缺乏清晰的转型战略目标

若企业数字化转型价值目标不清晰，价值效益便不易显现。价值效益不仅体现在生产运营优化上，更体现在产品服务创新和新赛道布局上。大部分企业主要聚焦在通过数字化手段实现提质降本增效上，仅有13.7%的企业数字化转型聚焦于加速产品和服务创新、培育数字业务、打造数字企业，数字化转型的价值目标定位与企业承担的使命间存在差距。企业虽已经认识到数字化转型战略的重要性，但是转型战略的定位和目标的制定则相对比较保守，数字化转型对于企业创新发展和转型变革的引领地位尚未确立。

一是数字化转型是一个创新工作，也是长期、持续的试错过程，企业需要有一套科学、系统的方法体系，指导其制定转型的目标、路径，尽可能降低试错成本，但当前既无成熟方法论作为指导，又很难找到成熟的案例作为参考。

二是数字化转型资金投入大、持续时间长，企业普遍缺乏清晰的战略目标、实践路径和实施步骤，更多还是集中在如何引入先进信息系统，没有从企业发展战略的高度进行系统性谋划，企业内部尤其是高层管理者之间难以达成共识。

三是数据表明，只有当数字化实现跨环节、跨领域集成，价值效益才能充分发挥，产生量变到质变的飞跃，价值效益呈现指数级增长。目前大多数企业数字化转型仍处于向综合集成跨越阶段，价值效益尚未显现，影响了企业转型的信心。

二、现有数字化模式难以响应不确定的发展要求

当前，企业面临的国内国际竞争环境复杂严峻，市场竞争不确定性显著增加。然而大部分企业数字化工作是围绕现有业务架构展开的，聚焦于优化现有业务体系和业务流程，当前，数字化模式无法有效地支持业务模式创新和跨组织协作创新，尚未形成以新型能力沉淀和按需调用赋能业务轻量化、协同化的发展模式，难以响应日益不确定的发展要求。

一是受长期按照规模经济专业化分工发展模式的影响，企业内部各部门职责分工明确、专业壁垒高筑，对于资源共建共享、跨部门协同协作等开放意识不足，原有利益格局和权力体系较难打破。

二是企业数字化推进多以"技术导向""业务导向"为主，前期推进信息化过程中使用大量的套装软件，并主要依靠外部供应商进行系统实施，使得企业无法形成知识沉淀与迭代创新，也无法有效地实现产品全生命周期、全价值链的贯通。

三是目前企业整个团队的业务知识结构、组织能力、业务逻辑主要针对企业现有的传统业务架构，企业缺乏足够的新模式和数字业务运营经验，难以实

现新业务模式和新商业模式的突破。

三、数据要素驱动作用发挥不足

数据是数字化转型的核心驱动要素，能够打破传统要素有限供给对增长的制约，不断催化和转化传统生产要素。但目前企业现场数据采集率不高，能够实现在线自动采集并上传的现场数据比例为13.4%，不同业务条线间存在数据壁垒，数据开发利用的水平不高、能力不足，大部分企业尚未开展专门的数字化建模，仅开展了简单报表应用，数据要素作用尚未得到充分发挥。

一是传统自动化设备的局限性。一方面我国生产装备种类繁多，不同厂家、不同类型设备的通信接口与功能参数各不相同，缺乏统一标准；另一方面目前国内很多高端装备是从国外进口，而这些进口装备的数据接口和数据格式有自己的标准，封闭性比较强。种种问题导致数据难以标准化、规模化、低成本地向其他系统传递。

二是企业数据安全的敏感性。尤其是国防、铁路、能源、电信、公用事业等领域的数据涉及国家安全。近年来，国家不断加大对数据安全的监管力度，当前数据安全已经成了企业运营的"红线"，如何在满足数据安全防护的前提下，实现数据开放和应用，是每个企业必须面对的问题。

三是企业数据治理的复杂性。尤其是主责主业与经济、政治、科技、文化、教育、民生、国家安全等紧密相关的国企，数据的关联方交叉复杂，数据权属不清晰，从而增加了数据共享和开发利用的难度。

四、管理机制优化变革系统性不强

数字化转型从根本上改变了传统工业化资源独占、壁垒高筑的发展思路，推动形成更符合新发展理念的改革思路。部分企业规模大、管理关系复杂，体制机制变革难度大，数字化转型存在从局部切入难以达到系统化、体系化全局转型的要求和成效的问题，战略层面的统筹谋划和布局力度不够，仍存在技术和管理"两张皮"现象，数字化转型和科技创新尚未充分融合，用数字领域创新带动传统领域优化能力不足。

一是长期以来，企业数字化部门的职能定位为信息系统的建设、维护和管理，数字化部门人员多为专业技术人员，无法参与企业高层决策，对企业战略级的考虑无法掌握也没有能力理解到位。而系统性推动数字化转型所需综合考虑的要素本就很多,受到的限制也更大,这对决策者的统筹能力和改革魄力提出了更高要求。

二是以集团型企业为例,这类企业组织管理模式多为层级式、金字塔结构,组织结构复杂且调整难度大,决策方式多为自上而下模式,审批流程长、决策缓慢,市场需求灵活响应不足。集团对二级公司的管控精细化程度和力度都不够,缺乏管理手段和决策依据。

五、全员数字思维和能力差距明显

数字化转型对企业全员的思维理念和数字素养提出了全新挑战和要求,但多数处于传统产业的企业则面临数字人才紧缺、能力不足、结构失衡的严峻挑战,难以满足企业数字化转型要求。企业迫切需要培养具有业务能力和数字化专业能力的复合型人才,尤其是具备战略眼光、数字思维、设计能力、创新精神的领军人才。

一是数字经济大潮迅猛而来,各行各业对数字人才的需求呈现井喷式增长,而数字人才的供给不足,且增加值占 GDP 比重不足 10% 的互联网、信息通信等数字技术产业,集中了 50% 以上的数字人才,传统产业的数字人才严重缺乏。

二是缺乏专业知识是导致数字化转型失败的重要原因,数字人才不仅是专职从事 IT 工作的从业人员,更需要将企业内大量的业务人员、职能部门人员转变为具有数字意识和数字素养的人员,而企业缺乏对全员数字素养提升和数字能力提升的条件。

三是企业对数字人才的激励不足,在岗位体系、绩效考核和激励机制上缺乏对数字人才发展的系统性规划,没有构建数字人才岗位序列和激励制度。

四是企业尚未建立数字人才的培养和赋能体系,企业外部知识获取渠道缺乏,内部知识沉淀和共建共享机制不足,无法对员工进行创新赋能。

六、数字化转型技术供给和服务生态不健全

数字化转型的持续推进需要强有力的供给侧服务,既包括软硬件技术产品等"硬"供给,又包括知识方法等"软"供给。但当前企业在数字经济领域从 0 到 1 的颠覆性创新还不够,具有技术主导权的世界级领军企业数量不足,高端装备、核心工业软件、关键基础技术受制于人,高端咨询、系统性解决方案

等信息技术服务起步较晚，蕴含产业机理的共性知识方法、标准工具互动创新不强，尚未形成良性运转的数字化转型技术、产品和服务生态。

一是核心材料、核心部件、核心设备、核心工艺和核心算法等的自主可控水平有待提升，产业链、供应链抗风险能力较低。

二是传统的需求方和供给方将服务定位为 IT 销售的延伸，从战略和商业模式、业务模式创新的角度为企业提供系统的数字化转型解决方案的服务体系尚未建立。

三是过去几十年，企业推进数字化转型多采用高端、先进的国外成熟软件，使得关键工艺装备、人工智能底层算法、高端工业软件等对外依存度高，国内技术服务市场仍处于培育期。

四是我国高端咨询、系统性解决方案等信息技术服务起步较晚，在发展规模、专业服务能力等方面与 IBM、埃森哲等国际领先企业相比还存在较大差距，缺乏有能力承担集战略咨询、架构设计、方案实施、数据运营等关键任务于一体，能够提供数字化转型全程服务的服务商。

五是国有企业与高校、研究机构、上下游企业、服务商等主体间的共性知识方法、标准工具互动创新不强，国内尚未形成有国际影响力的数字化转型创新中心和开源社区，亟须探索多主体协同发展的合作机制和商业模式。

A3

从企业层面分析，推进企业数字化转型面临以下三方面难点。

难点 1：准确评估企业数字化转型的总体进展并合理制定企业规划。企业在推进数字化转型方面的基础条件和转型重点都有所不同，要在充分理解不同类型企业数字化转型发展规律的基础上，对企业数字化转型进程进行客观的评价，明确企业数字化转型的发展阶段，评估数字化转型的成效。大部分企业仍缺少统一的、以数字技术为基础的数字化转型顶层规划。对内，无法有效支撑不同类型企业从产品、业务、智能制造到运营、营销和服务等环节精准对接市场需求，难以准确评估企业数字化转型工作水平和状态，也难以准确制定符合企业实际的数字化转型整体规划。根据 2021 年的相关调研数据，96% 的企业具有数字化转型意向，但 66.2% 的企业不知从何入手启动转型工作，61.65% 的企业存在业务部门与 IT 部门协同困难、制约数字化转型工作的问题。客观地讲，我国虽在消费互联网领域存在一定的优势基础，但工业互联网的发展程度有限，企业在工业互联网架构基础上的数字化决策支持、网络化经营、智能化生产、移动化协同办公等，仍处于初级阶段。

难点2：在企业数字化转型过程中合理应用数字技术。数字化转型是企业未来发展的必由之路，但没有成效的数字化转型将会成为一个企业的负担。需要引导企业充分理解云计算、人工智能、区块链等数字技术的本质特征，充分认识传统产业的场景需求，以价值导向推进数字技术应用，摒弃"新概念雾霾""有云无计算""自动不智能"等误区。要科学应用云计算、人工智能等创新技术，避免低水平重复建设。

难点3：缺少既懂数字技术又熟悉产业的综合性高端人才。应对激烈的市场竞争，企业加快实施信息化升级及数字化转型，但绝大部分传统企业自身不具备很强的IT硬件搭建、支撑和持续维护能力，使得企业转型风险加大。企业数字化转型的核心在于企业是否储备了一批综合性的数字技术人才，既能够理解企业本身的业务情况，又能掌握及运用这些技术。部分企业存在高价招聘一些数据和技术专家，但并不能把这批人才与企业原有的人才队伍进行无缝融合的尴尬情况。特别是中小企业，相关数据分析显示，中小企业中数字化相关的人才平均占比仅为20%，仅有15%的企业建立了数字人才培养体系。

Q12：企业在推进数字化转型过程中的主要误区有哪些？如何避免？

王　娟　朱�/锋

A1 由于认知不到位，企业在推进数字化转型过程中有很多误区。归纳来看，主要存在战略误区、管理误区、技术误区和应用误区四大类。战略误区反映企业对"为什么转"的问题认识不足，通常低估了其必要性、普遍性和长期性。管理误区反映企业对"转什么"的问题认识不清，容易过度强调技术方面的项目管理而脱离与业务融合的管理。技术误区反映企业对"怎么转"的问题认知偏颇，不同等级的企业都应有与之匹配的技术方案。应用误区反映企业对"转到哪"的问题迷茫，不应执着于数据上云、互联网在线、数据可视化和应用大数据模型等功能，而应该将管理者、一线员工、合作伙伴等的普遍应用需求作为转型场景。

战略误区：数字化转型是大型企业才需要考虑的，中小企业暂时不需要考虑，而且需要全局布局，争取一步到位。

任何企业都需要高瞻远瞩、居安思危，对数字技术所引发的市场变化时刻保持警觉。数字化转型是一个周期较长的变革，数字技术正在不断向各个行业渗透，那些变革较慢的企业将在激烈的市场竞争中逐渐处于劣势。从服务客户和提高产品竞争力的角度来看，数字化转型和企业规模没有直接关系。大型企业的数字化转型势在必行，尤其在当前尚有盈利能力和资金充足的情况下，需要利用资金优势主动拥抱数字技术的变革，从企业战略的高度充分做好数字化转型的规划和实施。小微企业数字化转型同样刻不容缓，通过数字化转型及时把握商机，利用"船小好调头"的优势，快速调整市场方向，抢占市场有利位置，赢得未来市场空间。而且，数字化转型是一个长期、持续、迭代的过程，不是推倒重来，也不是一步到位，它具有渐进性、长期性和艰巨性。无论数据开发还是技术平台，都需要逐步累积和构建，从而提升数据利用效率，实现降本增效、价值重构与结构优化。因此，数字化转型是分阶段的，不可能一开始就进行全局转型，需要结合企业的现状制定匹配当前发展模式的数字化转型之路，并分阶段实现目标。

管理误区：数字化转型过程就是建设信息系统项目，所以应该由 IT 部门来主导，信息化系统项目越多，数字化转型水平越高。

很多人误认为数字化转型就是采用云计算、大数据、人工智能等新技术，打造覆盖公司全管理流程、全业务环节的信息化系统。因此数字化转型工作主要由 IT 部门负责，主导建设的信息化系统数量越多、覆盖面越广，企业的数字化转型就越充分、水平就越高。技术只是工具，如何善用技术，依赖于企业的战略布局、管理能力、技术实力和人才储备等综合因素。数字化转型本质是传统行业企业与云计算、大数据、人工智能等新型技术融合的过程，关键是业务转型和技术应用双轮驱动：一方面，业务转型包含产品转型、服务转型、运营转型等,目的是实现企业管理升级和模式创新、提高企业竞争力、推动企业高质量发展;另一方面,技术应用是通过 IT 与业务融合,不仅实现业务功能,还需要赋能业务发展,应用数字化手段进行运营等。企业能否通过数字化技术实现成功转型还需要看数字技术与业务结合的成效。由此可见,数字化转型不仅是技术部门的事情,更需要技术部门与业务部门之间强有力的配合,数字人才队伍也需要具备技术与业务融合的能力。过度强调技术因素、脱离业务驱动的数字化很有可能造成企业的数字化转型成为"空中楼阁"。

以制造业为例,我国的制造业正在从大规模批量生产模式向高质量个性化设计生产模式进行转变。在传统的制造业模式下,制造企业以标准化、规模化的方式进行大批量生产,以降低生产成本来获取更大的利润空间。但随着社会物质水平的不断提高,消费者已经不满足于缺乏个性的标准化产品,但市场上又很难找到符合自己个性化需求的产品。同时,制造企业也缺乏技术手段来了解客户对产品的真实需求和使用反馈,特别是部分高端客户的个性化需求,导致制造企业设计生产的产品与真实市场需求变化脱节,出现一部分产品大量积压的同时,另一部分产品供不应求。由于工业互联网和物联网等新技术的出现,制造企业可以先通过产品内置的物联网芯片跟踪到产品的使用情况、用户反馈信息和个性化改进意见,再通过工业互联网平台将用户群体、设计单位、零部件供应商、生产制造企业、物流运输企业全部连接在一起,就可以实现用户个性化需求产品的快速设计、生产、交付。在技术进步和市场需求升级的双重驱动下,制造企业实现了小批量、多品种、个性化产品的快速生产,并基于工业互联网平台的支撑实现了产品能力、服务能力和运营能力的大幅提升,其中较为成功且有影响力的工业互联网平台是海尔卡奥斯。相反,目前也有很多致力于打造工业互联网平台的企业陷入困境,连年亏损,其主要原因就是没有在相关行业中占据主导地位,缺乏业务的联动。

技术误区:企业数字化转型一定要建设完整的、庞大的技术支撑平台,没有强大的技术支撑就不能进行数字化转型。

企业数字化转型过程中,虽然技术是重要的基础支撑,但不是数字化转型的目的。企业数字化转型应基于企业的战略规划来推进,不能在数字技术发展的浪潮中迷失业务方向。是否进行数字技术平台建设,应考虑自身实力和实际需要，不要盲目跟风。如果是具有行业领导地位的龙头企业，那么应当充分发挥自身在行业和产业生态中的引领地位，打造以整合优化产业链上下游资源、推动行业整体数字化转型升级为目标的工业互联网平台或生态运营平台。如果是行业内中等规模的企业，那么可以依托于龙头企业的生态运营平台，加强与上下游资源的协同，同时适度构建企业内部的企业级运营管理平台，通过该平台整合内部数据资源、打通业务流程，提高企业的精细化管理能力、科学决策能力和市场快速响应能力。如果是小微企业，那么考虑到自身经营实力，不一定需要在技术平台上投入太多资金和精力，但应该充分考虑到数字技术升级对业务转型升级带来的影响，依托于行业互联网平台和云服务提升数字化管理与运营能力，保持企业竞争力，不在数字化转型浪潮中落伍。另外，数字化转型不仅是要解决信息化本身的问题，更是要更注重技术的集成创新、创新迭代和运维能力不足使核心技术面临受制于人的风险。

应用误区：数字化转型最终要实现数据上云、互联网在线、数据可视化和应用大数据模型等功能。

数字化转型的关键是数据驱动。如何打破各信息化系统之间的数据壁垒，充分整合各类信息化系统中的数据资源，充分实现数据的归集、整理、共享、分析、挖掘等功能，是数字化转型的重点和难点。尽管数据上云、互联网在线、数据可视化和应用大数据模型等是数字化转型成功的标志，但并不是普遍的任务目标。第一，上云是为了让数据处于可用、好用、便宜等良好状态，但同时需要花费一定成本。不是所有数据都值得上云，上云之前要研究清楚哪些数据有用、怎么用、谁来用等问题。为此，企业需要制定一套数据管理体系，对数据全生命周期的分级分类、数据权限、数据开放、数据安全、数据流通等进行标准体系建设。第二，线上办公、在线下单、在线客服、在线运维等是数字化转型成功的主要表现，但不是所有业务都需要互联网在线。互联网在线需要投入大量的算法和算力资源，同时存在数据崩溃、数据泄露等技术风险。只有当某一业务的数据计算需求大到超出员工处理水平或用工成本，同时已经具备成熟技术方案时，才有必要考虑互联网在线功能。另外，对于生产性业务中的敏感商务信息，如上下游物料信息、供货信息、资金信息等，可以考虑物联网而不是互联网在线。第三，通过大数据平台实现数据仪表盘的可视化功能，是各级领导管理者对数字化转型的常见诉求，但一线业务人员的获得感不高。一线业务人员的需求需要持续迭代磨合，其对便捷性、易用性、流畅性的反馈难有途径实现。目前数字化应用主要以行政统推等手段实现，与基层实际需要缺乏直接对接。第四，应用大数据模型进行分析与预测是数字化转型的长远目标。对于大多数中小企业，或者是数据量级不大的企业，在数字化转型初期阶段，大数据模型的应用还只是一个远期的战略目标，不是首要实现的近期目标。最为重要的是，大数据模型高度依赖数字人才，而数字人才是稀缺和昂贵的，因此不适合将其作为数字化转型普遍的任务目标。

A2 企业推进数字化转型过程中，主要存在以下几方面误区。

认识误区：把数字技术应用等同于数字化转型。近三年，在工业和信息化部、国务院国有资产监督管理委员会等部委的政策指导下，在新冠肺炎疫情的"迫使"下，数字化转型已得到了企业的广泛重视，但依然存在诸多认识误区，最为突出的可能就是"把数字技术应用等同于数字化转型"。Gartner预测，到2025年将有至少80%的企业采用"云计算优先"原则并应用AI技术，但仅有10%的企业数据将由"生成式AI"创造。原因在于企业从技术应用向工程化转变过程中的认识不足。企业上云、AI应用都不等同于数字化转型。数字化转型要与企业的整体战略、关键业务发展与商业价值相结合，是企业理念、战略、组织、运营等的全方位变革。

保障误区：转型战略落地缺乏体系化保障。传统企业信息化部门和业务部门存在非常清晰的边界。信息化部门只负责IT资源和业务系统可用性工作，对业务规划甚少涉及，只负责"数字化"而不负责"转型"。业务部门希望"转型"，但缺少对数字技术的了解和认知，在企业数字化转型战略制定过程中，非常容易因缺乏有效的组织、人才、考核体系化的保障机制，导致整体规划及路径设计的科学性不够、全局性不足。

目标误区：把"数字化"当成终点而忽视可持续发展。多数企业IT负责人认为，建云、采数、用数即可体现企业数字化转型工作的显性成功，却没有意识到简单的数字化并不是终点，后续四个动作才是关键：一是如何让生态在云上协同开发更加顺畅，二是如何保障企业资源供需双方的精准匹配及提升资源利用率，三是如何合法合规地推动企业自身数据汇聚并支持生产要素流动起来，四是敏捷的迭代、更新、运营是企业数字化转型的持续性的价值体现。

避免上述误区可从以下几方面着手。

战略上，将"数字化转型"作为全企业、全领域、全周期的战略规划要点。在工业经济向数字经济转变过程中，数字化转型是所有企业的"必修课"。数字化转型规划是企业发展战略的重要组成，也是衡量企业先进性的重要依据。可以说，企业把"数字化"价值边界扩展到哪里，企业未来发展的空间就延伸到哪里。

组织上，推动组织与机制的数字化转型。数字化转型是新生事物，容易发生"小事情多头决策，大事情没人决策"的情况，企业应体系化梳理各方利益诉求，构建责任矩阵，优化决策机制和流程。当前，企业数字化转型的核心是创新，需要重新开发岗位，协同开展组织建设、系统提升人员能力、开放内外部生态合作等一系列保障工作。

业务上，使业务创新与企业数字化"一体化"推进。对传统企业而言，数字化是一种颠覆而不是优化。企业处于业务快速迭代的状态，除互联网行业外，传统行业要坚定地通过推动核心业务数据上云，连通更多数据孤岛、实现数据闭环，通过重构来创造新的数字化业务，提升产业竞争力。

技术上，要通过云原生技术先进性解决关键业务问题。云是企业数字化转型的基础设施。云原生分布式架构能够快速实现企业跨地域、跨业务的协同，支持业务低成本快速扩张。基于云上低代码开发平台，搭建 IoT 系统、订单系统、ERP 系统、质量管理系统，可促进企业研产供销服数据融合，切实提升企业数字化转型价值。

运营上，要坚持数据运营和业务运行并重。企业数字化转型过程中，工作重心须面向整个数字化业务场景，无须冗杂重复地维护硬件的稳定性和可靠性。同时，需要关注三个核心方面：一是标准化梳理数字化服务目录与协议，可视化地展示给用户；二是科学核定数据与财务核算机制，促进各类资源绿色合理使用，提升资源利用率；三是结合数据运营与业务运营指标，根据数据变化情况洞察业务变化，为业务决策提供参考依据。

Q13：系统推进企业数字化转型的方法与路径是什么？

点亮智库·中信联　王金德

A1 数字化转型是一项系统性的创新工作，涉及经济、产业、企业、部门、单元等多个层次，以及战略、业务、技术、管理、要素等多个专业领域。按照点亮智库 DLTTA 数字化转型架构与方法体系，企业推进数字化转型需要从转型思路、转型内容、转型阶段、转型举措四个方面来设计路径，构建"3556"方法路径体系，即引导各类组织把握价值导向、能力主线、数据驱动三大系统性变革，构建战略、能力、技术、管理、业务五项任务体系，沿着规范级、场景级、领域级、平台级、生态级五个发展阶段跃升，构建宣贯动员、诊断对标、总体设计、试点示范、规模推广、价值传播"六位一体"协同工作体系和工作抓手，体系化、系统化、全局化推进数字化转型，加速迈向创新发展新阶段。

【说明】

点亮智库 DLTTA 数字化转型架构与方法体系基本框架如图 1-10 所示。

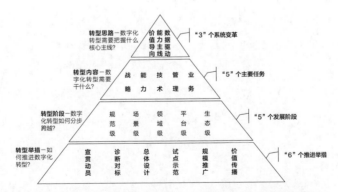

图 1-10　点亮智库 DLTTA 数字化转型架构与方法体系基本框架

从转型思路看，数字经济时代发展方式发生深刻变革，企业实现可持续发展的趋势导向、核心主线、切入点和落脚点、核心驱动力也会发生根本性变化。应把握价值导向、能力主线、数据驱动三大核心主线，开展系统性变革。

从转型内容看，数字化转型本质是数字经济时代企业价值体系的不断优化、创新和重构，企业需要构建一套涵盖战略、能力、技术、管理、业务的完整任务体系以实现系统性转型。

从转型阶段看，数字化转型不是一蹴而就的过程，企业需要根据数字化发展演进规律和企业发展现状评判自身所处的阶段，把握该阶段核心特征和要点，加速向更高层级跃升。具体而言，企业数字化转型应沿着规范级、场景级、领域级、平台级、生态级五个发展阶段跃升，不同发展阶段的转型战略、模式和路径也将不断演进。

从转型举措看，数字化转型需要强有力的工作抓手，在统筹转型全局的基础上做好机制设计，找准突破方向，抓住工作重点，以点带面地构建系统化的工作体系。企业应构建六位一体的数字化转型协同工作体系和工作抓手，引导和支持相关推进主体从全局、全价值链、全要素出发开展整体统筹和协同优化。

A2 数字化转型是一次传统行业与云计算、人工智能、大数据等新型技术全面融合的过程，通过将企业上下游生产要素、组织协作关系等数字化并进行科学分析，完成全链路的资源优化整合，推动企业主动转型，并提高企业经济效益或形成新的商业模式。首先，应将数字化转型作为企业战略的重要组成部分。企业战略为数字化转型提供战略基础，数字化转型为企业战略注入力量，要将数字化转型深入企业战略的各个方面和各个阶段。其次，站在企业整体的视角，确定数字化转型的价值效益类别及目标。最后，选择合适且匹配的方案策略。企业应明确自身的转型类别，选择合适的方案策略，以便顺利达成目标。通过数字能力的建设，务实有效地创造、传递和获取数字化转型价值效益。

无论是哪一种数字化转型的模式，企业都应当在最开始时就明确转型的目标，并且将企业战略与数字化转型模式精确匹配，做出健康的顶层设计，为后续技术方案的选择和实施打下基础。

【说明】

相关机构在分析数字化转型核心内容的基础上给出了企业数字化转型的框架和模型（见表 1-2），从而给出了企业参考实施路径。

表 1-2　相关机构给出的数字化转型框架与模型

机构组织	数字化转型的框架与模型
德勤	以数字化转型为抓手提升创新能力，建议从合规、战略、业务管理、运营管理、组织和人才、技术与安全六个层面来考虑
埃森哲	战略为先掌握业务、云筑底座加速创新、数据重构洞见赋能、体验至上全链驱动、智能运营规模发展、生态共进突破"不可能"、多重价值多维发展
麦肯锡	数字化转型是一项需要全面动员的系统工程，是业务、组织和技术三大领域齐头并进驱动的转型之旅。六个核心要素认识布局数字化转型的重点：敏捷工作方式、敏捷数字工作室、工业互联网基础架构、技术生态系统、工业互联网学院及转型办公室
OPEN GROUP	数字化转型七个杠杆是基于构建完整的问题陈述和全面的结果实现而来的。战略、生态系统、商业模式，以及客户契约和经验构成了问题陈述的框架。业务流程转型、产品或服务数字化、组织文化构建是实现该战略的操作步骤。IT 和交付转型跨越双方，有助于提升效率和实现目标
日本产经	数字化转型框架：数字化转型促进 +IT 系统建设。数字化转型促进包括愿景、高层承诺和结构（机制、促进和支持系统、培育和确保、投入）；IT 系统建设包括愿景的基础（IT 所需的要素、IT 资产分析和评估、IT 资产分类和规划）、治理体制（系统、备份安全、业务部门所有权、数据活动、数据安全、IT 投资评估）
点亮智库·中信联	研制发布了《数字化转型 参考架构》（T/AIITRE 10001）等系列标准，给出了企业数字化转型的总体框架，主要包括数字化转型的主要视角、过程方法和发展阶段，系统阐释数字化转型的主要任务、过程联动方法和分步实施要求

【案例】

某飞机设计研究院，根据其发展战略，将数字化转型作为建成国际一流商用飞机设计研发中心的核心举措，突破关键核心技术，构建非对称技术优势，引领商用飞机产业向中高端迈进，支撑公司建成世界一流航空企业。

为此，该研究院采用团体标准《数字化转型 参考架构》（T/AIITRE 10001）作为数字化转型的框架，并确定了实施路径。

（1）主要视角明确。确定了该研究院数字化转型的任务体系，包括发展战略、新型能力、系统性解决方案、治理体系和业务创新转型五个视角，明确数字化转型的主要任务，并给出任务间的关联关系。

（2）任务体系实施。以数字化转型为核心内容制定发展战略，明确了数字化转型的任务体系（见图1-11）。**该**研究院通过制定三年发展纲要，对影响数字化转型的内外部环境因素进行了系统的识别、分析和确定。编制研究院信息化规划（研究院规划期内两化融合工作实施的总纲），明确未来三年至五年信息化建设的工作目标、工作重点及总体安排。该研究院根据信息化建设目标、业务需求紧迫程度、技术发展趋势、内外部条件变化等因素，按一定周期制定研究院两化融合的中长期规划。同时，通过数字化转型诊断对标工作的开展，明确了研究院的数字化转型现状水平、发展阶段、长板和短板等，在此基础上制定了以数字化转型为核心的发展战略，明确了战略定位、导向目标和关键举措等。以优化、创新和重构组织价值体系为导向，充分考虑了5G、大数据和数字孪生等新一代信息技术发展新趋势，将数字研发设计与仿真、知识赋能和网络化协同研发等方向作为重要内容。

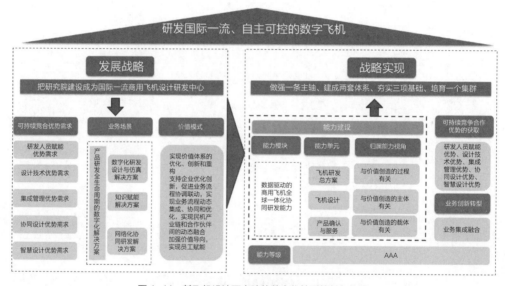

图1-11　某飞机设计研究院的数字化转型的任务体系

通过打造数字能力和创新业务模式，获取可持续竞争合作优势。该研究院按照生产运营优化、产品/服务创新等价值效益目标（AAA领域级），基于新型能力过程联动方法识别和打造数字能力，并通过能力赋能业务（如知识共享、一卡一单等）创新转型，实现价值获取。该研究院的数字化转型实施路径如图1-12所示。

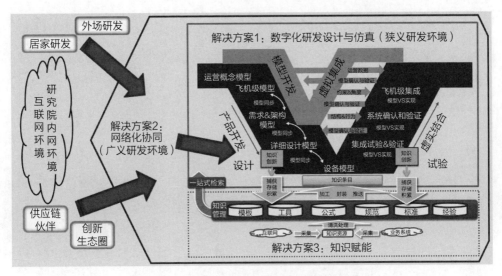

图 1-12　某飞机设计研究院的数字化转型实施路径

此外，在数字能力建设及相应业务创新转型活动（数字能力过程联动方法、业务创新转型过程联动方法）完成后，综合采用诊断、评价、考核等手段，对数字能力建设、运行和优化情况、业务模式创新及价值效益目标达成等情况进行系统分析和确认。

（3）发展阶段成效。研究院按照领域级发展阶段，明确数字化转型五个视角和过程在领域级发展阶段的主要实施要求。基于打造的"数据驱动的商用飞机全球一体化协同研发能力"数字能力，诊断分析并确认可持续竞争合作优势的获取情况及战略总体实现程度等。通过数字能力的打造，建立完整的数字化协同设计环境，奠定飞机设计制造一体化基础。具体而言，建立三维数字化定义平台和多学科协同设计环境，建设全机电子样机虚拟现实环境及试验数据管理系统等，将数字化维护和数字化预装配贯穿于飞机研制全生命周期，减少在生产制造阶段出现的问题，实现设计和制造并行，缩短飞机生产准备周期。建设基于企业互联的网络化协同研制平台，实现我国大飞机的全球化协作和快速研制。大飞机采用"主制造商—供应商"协作模式，基于该平台，可实现与全球不同供应商之间的协同设计，包括与制造单位的设计制造一体化、与试飞中心的试飞管理协同、与适航当局的适航取证管理和数据协同。该平台可支撑大飞机制造高度复杂的全球化协作，加快我国大飞机研制进程，并且支持未来宽体客机的研制。

Q14：如何理解企业数字化转型中需要把握的价值导向、能力主线、数据驱动三大系统性变革？

点亮智库·中信联

A 一是价值导向。企业本质上是一个创造、传递和获取价值的系统。数字经济时代，企业基于工业技术专业化分工，取得规模化发展效率，获取封闭式价值体系的模式，不仅已经很难适应日益复杂的市场环境，更加无法满足提高发展质量、服务国计民生的价值需要，因此企业需要以价值为导向，通过数字化转型重构价值体系，促进业务、技术共同围绕价值开展协同工作和优化，拓展价值增量发展空间，满足高质量发展新要求。数字化转型可带来的价值效益参见 Q10。

二是能力主线。能力是完成一项目标或者任务所体现出来的综合素质。随着从工业经济时代向数字经济时代的演进，未来企业的核心能力都将转变为数字能力，企业有条件将数字能力与资源、业务剥离，数字能力更动态、更柔性、更依赖数据和知识的更新，更加能够支持业务模式和业态创新。企业数字化转型过程中应关注的数字能力，以及数字能力建设提升方法详见第三章有关内容。

三是数据驱动。农业经济时代，家庭是主要经济单元，资源汇聚的主导要素是土地，经验技能的承载、传播和使用主要靠劳动力。工业经济时代，尤其是中后期，支持大工业生产的企业是主要经济单元，资源汇聚的主导要素是资本，经验技能的承载、传播和使用主要靠技术。数字经济时代，响应不确定性需求形成的动态、开放组织生态以及相关的个人或团队是主要经济单元，数据成为资源汇聚的主导要素，经验技能（尤其是不确定性部分）的承载、传播和使用主要靠人工智能。数据要素的主要作用，以及数据要素的开发利用详见第七章有关内容。

Q15：数字化转型的主要任务是什么？需要转什么？

点亮智库·中信联

A 围绕价值体系创新和重构，数字化转型主要包含五项主要任务，可概括为五个"转"，即"转战略""转能力""转技术""转管理""转业务"。"转战略"是指由构建封闭价值体系的静态竞争战略，转向共创共享开放价值生态的动态竞争合作战略，形成新价值主张。"转能力"是指由刚性固化的传统能力体系，转向可柔性调用的数字能力体系，形成价值创造和传递新路径。"转技术"是指由以技术要素为主的解决方案，转向以数据要素为核心的系统性解决方案，形成价值创造的技术实现新支撑。"转管理"是指由封闭式的自上而下管控转向开放式的动态柔性治理，形成价值创造的管理新保障。"转业务"是指由基于技术专业化分工的垂直业务体系，转向需求牵引、能力赋能的开放式业务生态，形成价值获取新模式。

【说明】

数字化转型的根本任务是价值体系创新和重构。要实现这一目标，不能简单依靠软硬件部署、流程优化或管理创新，而是需要通过一套有序、完整的任务体系来创造、传递并获取价值。具体而言，企业可以从战略、能力、技术、管理、业务五个方面进行统筹部署，系统性、体系性、全局性地开展转型工作。

一是转战略。面对日益复杂多变的内外部环境，企业必须增强竞争优势的可持续性和战略的柔性。物质经济时代，企业主要通过规模化运作来提供低成本、高效率的生产和服务，同时依靠技术壁垒逐步构建封闭式价值体系，来获得竞争优势。这种发展方式已难以适应数字经济时代要求，越来越多的企业着力实施数字化转型战略，与合作伙伴建立动态竞争合作关系，通过共建、共创、共享开放价值生态，实现共同发展。

二是转能力。传统物质经济发展方式下，企业基于技术、渠道等壁垒构建起"烟囱"式的纵向封闭式体系，形成了相对刚性固化的能力体系，但由于能力与业务无法分割，导致企业发展的柔性、韧性不足。数字经济发展方式下，通过能力模块化、数字化和平台化，可实现能力与业务解耦，形成柔性调用的数字能力体系，支持各类业务按需调用和灵活使用能力，更加有效地创造、传递和获取价值。

三是转技术。长期以来，受制于传统的"技术导向""业务导向"思维，企业在推进数字化转型过程中，往往更加注重工业技术、产业技术、管理技术等的创新应用，却弱化了对管理变革的迫切需求，导致策划实施的技术实现方案难以达到预期效果。因此，企业必须坚持系统观念，协同推进技术创新和管理变革，策划实施涵盖数据、技术、流程、组织四要素的系统性解决方案，充分激发数据要素价值，更加有力地支撑数字能力的建设。

四是转管理。除了系统性解决方案提供的技术支持，企业开展数字能力建设，推进数字化转型，还需要适配的治理体系来提供管理保障。传统上的组织治理更强调自上而下的管控，员工只是作为被管理者或者执行者。在数字经济时代，为了更好、更灵活地应对外部环境和用户需求的变化，企业需要充分激发员工的主观能动性，将其视作管理的参与者甚至合伙人，建立更加开放、柔性的治理体系。

五是转业务。基于技术专业化分工的垂直业务体系，在竞争日趋激烈、用户需求日益个性化、市场存量空间逐渐见顶的大趋势面前，越来越难以获取可持续发展的价值。企业需要构建用户需求牵引、数字能力赋能的开放式业务体系，加快新技术、新产品、新模式、新业态的培育，获取增量价值乃至开辟新的价值空间。

【案例】

2019 年和 2020 年，南航旅客运输量分别为 1.52 亿人次和 0.97 亿人次，连续 42 年居我国各航空公司之首。年旅客运输量居亚洲第一位、世界第二位，货邮运输量居世界前十位。从第一家引进航班运行控制系统，到第一家推出电子客票、第一家推出电子登机牌、第一家提供人脸识别登机，南航在信息化、数字化方面一直走在我国民航的前列，始终引领着我国民航发展的潮流。具体举措包括以下内容。

（1）战略引领，着力"三网""四化"建设，助力南航高质量发展。围绕触点构建与客户持续互动的社交互联网，围绕产品和服务构建为客户创造价值的消费互联网，围绕内部运营单位与外部生态伙伴构建共创共赢的产业互联网。强化新一代信息技术与业务的深度融合，实现数字化客户、数字化员工、数字化流程、数字化公司。

（2）能力建设，依托 IT 新架构，打造数字能力，快速响应业务变化。以"一朵云（南航云）+一个数据中心（南航数据中心）+两个中台（数据中台、业务中台）+N个基于IT新架构的前端应用"的新一代IT架构规划，实现资源共享化和能力平台化。围绕航空安全、客户服务、市场营销、生产运行、综合管理等关键领域搭建12个能力中心，以能力建设不断丰富和完善数字场景解决方案，强化数据互通、系统互联，确保快速响应业务创新的需求。

（3）技术支撑，构建IT新架构，推行企业架构（EA）方法论，促进技术与业务深度融合。持续强化IT基础设施、网络安全及算力支撑，资源云化率达到66%，数据中台已覆盖16个数据域、超过130个系统的数据。引进EA方法论，强化从智慧愿景规划、业务架构设计、技术架构规范到项目实施落地的融合，牵引企业架构向分层构建、服务化及用户一致体验方向发展。

（4）管理保障，完善组织架构及机制建设，提升数字化意识和能力。采取"一把手"负责制，集团领导挂帅，在总部成立了企业架构与流程管理委员会，组建科技信息与流程管理部，加强数字化建设顶层设计和统筹管理。成立明珠创新工作室、人工智能重点实验室、民航维修工程技术研究中心，协同流程、IT与数据，促进业务转型升级。借助"云T"数字化人才培养项目，培育既懂业务又懂技术的复合型人才。

（5）业务创新，加快产业数字化，打造南航生态圈，探索商业模式变革。借助新一代信息技术，实现区块链里程积分、场内车辆实时跟踪、增强现实智能辅助机务维修等应用，构建航班运行、人员调度、飞机维修、智能工场、智慧货站等综合解决方案，为一线生产赋能，极大提升劳动生产率。建立全流程一站式服务平台，推动客运向现代服务集成商转型，货运向现代物流集成商转型。打通上下游产业生态，构建南航生态圈平台，围绕旅客出行全流程建立供应链体系，连接超过5500家合作伙伴，为旅客提供一站式综合解决方案，推动商业模式变革。

南航立足客户视角，通过数字化转型各项举措，为旅客打造安全、准点、贴心、绿色的航空出行体验，具体包括以下几方面。

（1）以数字化保障航空安全。利用数字技术开发关键环节的应用，实现精准培训、精细管理、精益飞行。目前，南航保证了连续264个月的飞行安全和连续329个月的空防安全，安全水平继续在中国民航业内保持领先地位。

（2）以数字化提高运行效率。打造统一的运行指挥信息平台，不断提高运行效率。2021年，南航全年航班正常率近90%，超出行业平均水平近2个百分点，连续六年稳居国内航司前列。

（3）以数字化提升服务质量。打造"南航e行"全流程一站式服务平台，覆盖300多个服务点，实现"一机在手、全程无忧"。截至2021年10月，"南航e行"App累计下载激活量超7400万人次，月活跃用户达320万人，位居中国航空公司之首。

（4）以数字化推动绿色发展。首创"绿色飞行"机上按需用餐服务。成为国内首家自主开发航油大数据管理系统的航企，被民航局评为"打赢蓝天保卫战"三年行动先进单位。获评首届"金钥匙——面向SDG（可持续发展目标）的中国行动"冠军奖。

（5）以数字化支持抗击新冠肺炎疫情。实现"实时位置追踪、多温度控制"等全方位数字化管控，将8000万剂中国制造的新冠疫苗送达13个国家。推出海外站点购票一站式服务和全渠道客票秒速退改，极大缓解了旅客因疫情不确定性带来的出行困扰。

Q16：数字化转型的阶段特征是什么？成功标志是什么？

点亮智库·中信联

A 根据数字化发展演进规律、数字能力建设和数据要素作用发挥的层级，企业数字化转型由低到高大致将经历五个阶段，分别为规范级、场景级、领域级、平台级和生态级。数字化转型成功的标志是成为数字企业或平台企业，即达到领域级或平台级阶段。其中，领域级主要是指在企业主营业务范围内，通过企业级数字化和传感网级网络化，以知识为驱动，实现主营业务领域关键业务集成融合、动态协同和一体化运行，打造形成数字企业。平台级是指在整个企业以及企业之间，通过平台级数字化和产业互联网级网络化，以数据驱动型为主，开展跨企业网络化协同和社会化协作，实现以数据为驱动的业务模式创新，打造形成平台企业。

【说明】

企业数字化转型可分为五个发展阶段（见图1-13），即规范级、场景级、领域级、平台级、生态级。

（1）规范级：企业运行以职能驱动为主，规范开展数字技术应用，提升企业主营业务范围内的关键业务活动运行规范性和效率。

（2）场景级：企业运行以技术使能型为主，实现主营业务范围内关键业务活动数字化、场景化和柔性化运行，打造、形成关键业务数字场景。

（3）领域级：企业运行以知识驱动型为主，在主营业务范围内，通过企业级数字化和传感网级网络化，以知识为驱动实现主营业务领域关键业务集成融合、动态协同和一体化运行，打造形成数字企业。

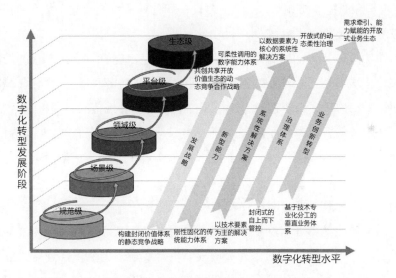

图1-13　企业数字化转型的五个发展阶段

（4）平台级：企业运行以数据驱动为主，整个企业以及企业之间，通过平台级数字化和产业互联网级网络化，基于主要或关键业务在线化运行及核心能力模块化封装和共享应用等，开展跨企业网络化协同和社会化协作，实现以数据为驱动的网络化协同、服务化延伸、个性化定制等业务模式创新，打造、形成平台企业。

（5）生态级：企业运行以智能驱动为主，通过生态级数字化和泛在物联网级网络化，推动与生态合作伙伴间资源、业务、能力等要素的开放共享，提升生态圈价值智能化创造能力和资源综合利用水平，形成以数字业务为核心的新型业态，打造、形成生态企业。

数字化转型成功标志是成为数字企业或平台企业，即达到领域级或平台级阶段。达到领域级阶段，具体而言有以下几方面要求：

（1）在发展战略方面，以建设数字企业为核心，制定数字化转型规划，已在战略层面认识到数据的重要价值，并将数字化转型年度计划和绩效考核纳入组织整体考核体系。

（2）在新型能力方面，完成支持主营业务关键业务集成融合、动态协同和一体化运行的领域级能力的建设，且新型能力的各能力模块可被相关业务环节有效应用。

（3）在系统性解决方案方面，面向领域级能力建设、运行和优化，构建传感网级网络，集成应用 IT 软硬件资源，开展跨部门、跨业务环节、跨层级的业务流程优化、重构和职能职责调整，基于主要设备和各业务系统数据采集和集成共享，构建并应用领域级数字化模型。

（4）在治理体系方面，管理模式为知识驱动型，能够开展跨部门、跨业务流程的数字化集成管理，由组织决策层和专职一级部门统筹推进数字化转型工作，形成了知识驱动的数字企业建设、运行及持续改进标准规范的治理机制。

（5）在业务创新转型方面，在主营业务均实现数字化的基础上，沿着纵向管控、价值链和产品生命周期等维度，企业主营业务实现了全面集成融合、动态协同和一体化运行。

达到平台级阶段，具体而言有以下几方面要求。

（1）在发展战略方面，制定了以建设平台企业为核心内容的组织发展战略，在组织发展战略中明确将数据作为关键战略资源和驱动要素，加速推进业务创新转型和数字业务培育。构建平台企业成为年度计划的核心内容，并建立覆盖全员的绩效考核体系。

（2）在新型能力方面，完成支持企业及企业间网络化协同和社会化协作的平台级能力的建设，实现新型能力的数字化、模型化、模块化和平台化，能够在整个企业范围内进行按需共享和应用。

（3）在系统性解决方案方面，构建支撑平台企业建设的系统集成架构，业务基础资源和能力实现平台化部署，支持按需调用，运营技术（OT）网络与 IT 网络实现协议互通和网络互联，基于企业内全要素、全过程以及企业间主要业务流程数据在线自动采集、交换和动态集成共享，建设和应用平台级数字孪生模型。

（4）在治理体系方面，管理模式为数据驱动型，实现覆盖企业全过程以及企业间主要业务流程的自组织管理。建立平台级数字化治理领导机制和协调机制，形成数据驱动的平台企业治理体系，实现数据、技术、流程和组织四要素的动态协同、迭代优化和互动创新。

（5）在业务创新转型方面，基于主要或关键业务在线化柔性运行及核心能力模块化封装和共享应用等，实现网络化协同、服务化延伸、个性化定制等业务模式创新。

【案例】

某集团的数字化发展历程呈现出明显的五个阶段特征，五个阶段的举措和成效如图 1-14 所示。未来该集团将持续推进与生态合作伙伴间的开放共享，支撑集团高质量发展。

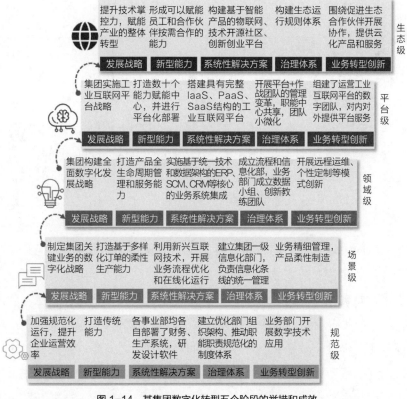

图 1-14 某集团数字化转型五个阶段的举措和成效

Q17：我国企业数字化转型总体处于什么水平？

点亮智库·中信联

A 根据点亮智库·中信联对万余家企业的数字化转型诊断数据，当前我国企业数字化转型整体处于探索期。全国超过80%的企业处于场景级以下阶段，主要在关键业务活动方面开展了数字化技术手段的应用，提升了业务活动运行规范性和资源配置效率。实现了主要业务流程集成优化、要素互联互通的企业占比不超过15%。极少数企业实现了整个企业内以及企业之间全要素、全过程互联互通和动态按需配置。企业虽然应用新一代信息技术开展了一系列创新工作，但多数企业尚未形成数字时代核心竞争能力，在产品创新、生产与运营管控、用户服务、生态合作、员工赋能、数据开发等方面的数字能力均有很大提升空间。

【说明】

"无法度量就无法管理"，为支持企业量化分析数字化转型的现状，明确转型方向、目标、重点和路径，参照国际标准《产业数字化转型评估框架》（ITU-T Y.4906）及团体标准《数字化转型 参考架构》（T/AIITRE 10001）研制形成的企业数字化转型诊断体系，已部署在线上诊断服务平台（www.dlttx.com/zhenduan），从数字化转型"往哪儿走""做什么""怎么做"和"结果如何"等方面，为企业提供在线诊断对标服务。万余家企业诊断数据的分析结果表明，2020年，我国企业数字化转型整体处于探索期：全国大部分企业（80%以上）处于场景级以下阶段，主要在主营业务领域的关键业务活动方面开展了数字化技术手段的应用，提升了业务活动的运行规范性和资源配置效率；少部分企业（不足15%）实现了主要业务流程的集成优化、要素互联互通；极少部分企业通过企业级数字化和产业互联网级网络化，实现了企业内全要素、全过程互联互通和动态优化。

大部分企业仍处于数字化转型探索期的重要原因之一是，企业虽然应用新一代信息技术开展了一系列创新工作，但大部分企业尚未形成数字能力体系，在产品创新、生产与运营管控、用户服务、生态合作、员工赋能、数据开发等方面的能力还不足以支持推动模式、业态等全方位、深层次的数字化转型变革。企业数字化转型相关指标的情况见表 1-3,2020 年具备并行协同研发能力的企业比例约为 30%,具备一体化运营管理能力的企业比例不足 20%,具备客户服务快速响应能力的企业比例不足 30%,具备供应链协同能力的企业比例不足 15%。

表 1-3 企业数字化转型相关指标的情况

一级指标	二级指标	采集指标	指标解释	2020 年诊断数据
融合应用（企业）	研发	数字化研发工具普及率	应用了数字化研发设计工具的企业占全部企业的比例	73.0%
		具备并行协同研发能力的企业比例	基于产品设计与工艺设计或生产制造等相关业务活动的集成优化,实现流程驱动的并行协同研发设计的企业比例	33.4%
	制造	关键工序数控化率	规模以上工业企业关键工序数控化率的平均值	52.1%
		数字化车间普及率	基于流程驱动的生产过程及作业现场数字化,实现基于人、机、料、法、环等生产要素的自动优化配置的车间的企业比例	28.9%
	管理	关键业务全面数字化的企业比例	实现了信息技术与企业生产经营各个重点业务环节全面融合应用的企业比例	48.3%
		具备一体化运营管理能力的企业比例	实现研发、生产、采销、销售等运营管理主要环节之间的数据互通和流程驱动的运营管理集成优化的企业比例	17.1%
	服务	具备客户服务快速响应能力的企业比例	面向客户需求建立各业务系统间串联响应体系,协同满足用户需求的企业比例	27.9%
产业生态（企业间）	产业链供应链	具备供应链协同能力的企业比例	与供应链上下游企业之间实现相关业务系统间数据互联互通,实现供应链上下游企业的供需匹配和企业资源精准调度的企业比例	14.5%
	数据共享	建设数据交换平台的企业比例	建立数据交换平台,实现全企业或生态合作伙伴之间多源异构数据的在线交换和集成共享的企业比例	9.1%
	赋能平台	工业互联网平台普及率	有效应用工业互联网平台开展生产方式优化与组织形态变革,并实现核心竞争能力提升的企业比例	14.7%
		工业设备上云率	规模以上工业企业实现了与工业互联网平台连接并能够进行数据交换的工业设备数量占工业设备总数量的比例的平均值	13.1%
		关键业务上云率	在研发设计、生产管理、采购管理、销售服务等某一或若干关键业务环节上实现业务系统上云的企业比例	27.9%

续表

一级指标	二级指标	采集指标	指标解释	2020年诊断数据
创新转型（结果）	新能力	数字能力普及率	利用新一代信息技术，聚焦跨部门、跨业务环节，建成支持主营业务集成协同能力的企业比例	18.7%
	新模式	开展个性化定制的企业比例	开展个性化定制的规上离散制造企业占全部规上离散制造企业的比例	9.7%
		开展服务型制造的企业比例	开展服务型制造的规上离散制造企业占全部规上离散制造企业的比例	27.9%
	新业务	大中型企业数字业务收入占比	大中型企业通过新一代信息技术的融合应用，将数字化的资源、知识、能力等进行模块化封装，并转化为产品/服务所获得的收入占企业销售收入比例的平均值	4.3%
	新企业	数字企业普及率	在整个企业范围内以及企业之间，通过核心能力数字化、模型化、模块化和平台化，推动全要素、全过程互联互通和动态按需配置，实现以数据为驱动的业务模式创新的企业比例	0.25%

Q18：企业推进数字化转型的主要趋势有哪些？

点亮智库·中信联

A 基于点亮智库积累的大量数据和案例的分析结果表明，企业数字化转型呈现出以下十大趋势。

一是从重视数字化战术价值转向重视数字化战略价值。以应用信息技术实现业务的规范化管理和运营为核心的传统信息化规划已经难以适应数字经济时代企业的可持续发展需要。近年来，随着企业数字化转型的深入推进，越来越多的企业将数字化转型作为企业发展战略的重要组成部分，将数据驱动的理念、方法和机制根植于发展战略全局。企业战略定位从短期地、局部地应用信息技术工具、手段提升业务运行规范性和效率，向长期地、全局性地构建企业核心竞争力、创造和获取企业核心价值转变。以国有企业为代表的大型企业为例，数据显示，以2020年为分界点，数字化转型成为企业发展战略核心的企业占比从13.6%提升至21.0%，设置数字化转型专项规划的企业占比从39.6%提升至46.0%,数字化转型专项规划仅侧重信息技术应用的企业占比从60.4%下降至54.0%。

二是从追求"利润最大化"向追求"经济效益和社会效益相统一"的整体效益转变。利润是每个企业都不能忽视的目标,但企业不能一味强调利润,而是应当平衡各项需求和目标。为了战略需要、长远发展,更多的企业开始统筹考虑企业、员工和社会的利益,以获得可持续发展、经济效益和社会效益相统一的整体价值效益。企业的价值关注点从提升效率、降低成本、提高质量向产品领先、运营卓越、业务协同、用户服务转变,价值分享模式从按劳分配向按知识和能力分配转变,将更多的精力投入提升用户的个性化体验和员工的共同发展上。以国有企业为代表的大型企业为例,数据显示,企业在追求经济效益的同时,更加关注产业链供应链的稳定性,目标定位从单纯追求提质降本增效,转向构建数字企业或产业生态,通过价值网络和价值生态的共建、共创和共享,带动产业链上下游、关联产业、全社会的可持续发展。以2020年为分界点,战略定位为构建数字企业、共建社会化生态系统的企业占比从7.1%提升至13.6%。

三是从关注业务流程的数字化运行转向新产品、新模式、新业务创新。随着新一代信息技术与业务融合的不断深化,部分企业在实现业务流程的数字化管理、运行的基础上,转向有效应用新一代信息技术构建数字时代竞争能力,开展新产品、新模式和新业务培育。在产品创新方面,企业的研发重心向具有动态感知与分析、动态响应与执行、模型推理型决策与预警、动态迭代与优化等相关功能的产品倾斜。在模式创新方面,企业从关注局部业务环节的模式创新转向企业全部业务环节的模式创新,如通过构建企业级业务协同平台实现覆盖全企业业务的网络化协同、服务化延伸及个性化定制。在业务创新方面,企业从关注传统业务的创新转向培育数字新业务,如很多企业开始探索数字资源服务、知识图谱、工具方法、知识模型、数字能力等服务。以国有企业为代表的大型企业为例,以2020年为分界点,开展网络化协同、服务化延伸、个性化定制的企业比例大幅提升5个百分点以上,已有超过15%的企业开展了数字业务培育,60余家央企专门成立了数字产业公司。

四是从单元级业务场景转向全领域、全价值链、全产业链级业务场景。大国大市场优势为我国产业数字化发展提供了完备的产业链和丰富的综合应用场景，数字场景建设是数字经济时代产业与市场的衔接点、企业数字化转型的关键突破口。当前，越来越多的企业以开展数字场景建设为重点，从企业内部的局部、单元级业务场景逐步扩展到全领域、全价值链、全产业链级业务场景。以国有企业为例，以2020年为分界点，实现纵向管控集成的企业比例从11%提升至37.7%，实现供应链产业链集成的企业比例从21.2%提升至35.6%，实现产品生命周期集成的企业比例从20.5%提升至33.5%。

五是从数据管理转向数据开发利用和价值挖掘。数据是数字经济时代最关键的生产要素，也是企业的核心资产。近年来，大部分企业已建立规范的数据标准和有效的管理机制，为数据的采集、存储、传递奠定了坚实的基础，数据工作重心逐步转向数据资源的开发利用和价值挖掘。对内建立数据驱动的智能辅助决策和全局优化体系，不断提升全要素生产率；对外通过数据的资产化运营培育壮大数字业务，形成数据驱动的新技术、新产品、新模式和新业态。以国有企业为代表的大型企业为例，以2020年为分界点，实现系统级数据建模的企业比例从25.2%提升至27.8%，实现数据驱动的辅助决策和全局优化的企业比例从7.6%提升至15.9%，开展数据资产化运营管理的企业比例从7.9%提升至11.3%，开展数字业务的企业比例从15.1%提升至16.5%。

六是从数字化支撑按部门分工高效运行转向数字化赋能跨部门、跨企业的组织管理变革。信息技术对赋能职能部门、业务部门高效履行部门职责发挥了重要作用。进入数字经济时代，职能驱动型的组织结构和管理方式难以快速响应市场环境的不确定性需求。越来越多的企业开始探索构建知识驱动的流程型组织结构，并尝试通过人机动态交互的柔性管理方式，促进数据、资源、知识等的高效利用和按需共享，推动跨部门、跨层次、跨企业的组织管理变革，加速向平台化、生态化的"柔性"组织转变，这已成为企业数字化转型成功的必然要求。以国有企业为代表的大型企业为例，以2020年为分界点，跨部门、跨层次开展组织管理创新的企业比例从19.9%提升至40.3%。

七是从关注专业化分工的标准化作业能力转向开放协作与动态响应能力。企业的竞争，归根结底是人才的竞争。在封闭性和稳定性较强的工业时代，企业对人才的要求更多地关注于专业领域和专业分工，注重人才基于专业化分工的标准化作业能力。数字时代，越来越多的企业开始强调开放协作与动态响应能力，更加关注人才是否具有数字思维，能否将个人核心优势发挥到极致，有效调用企业能力开展创新创造，以快速精准地响应市场需求。以国有企业为代表的大型企业在人才招聘时注重选拔具备开放协作和动态响应能力的人才，并开始探索建立数字人才的培养和赋能体系，赋能员工开展创新。数据显示，2020 年已有 23.1% 的国有企业采取措施开展懂数字化技术、懂业务、懂管理的复合型人才的招聘和培养工作。

八是从 IT 资源平台化转向能力平台化。云平台是支持企业轻量化、协同化、社会化发展，推进数字化转型的重要工具。由于市场环境的不确定性持续上升，单纯的 IT 资源上云已经难以满足企业柔性发展的需求，越来越多的企业开始重视并推动能力的平台化。能力的平台化本质上是通过将企业核心竞争力抽象和固化，使其脱离某个固定的流程或场景，并能够被灵活调用，最终实现赋能企业快速低成本地开展多样化创新。数据显示，2020 年以来实现基础资源和能力的模块化、平台化部署的企业大幅增长。以国有企业为例，已有 10% 的企业通过数字能力建设和平台化应用，向下赋能企业内外部资源按需配置，向上赋能以用户体验为中心的业务轻量化、协同化、社会化发展，推动企业快速低成本地开展多样化创新，提升应对不确定性的自适应能力和水平。

九是从以项目管理为中心的治理模式转向更加体系化、系统化的治理模式。数字化转型是一项系统工程，数字化转型治理也不仅是 IT 治理。传统的、单点的、孤立的项目制治理模式导致数据、技术、业务、组织内的"烟囱林立"，而且束缚了四要素的互动创新，因此越来越多的企业开始重视并实施以企业架构为核心的数字化转型顶层设计，构建涵盖技术、流程、组织等要素的建设、运维和持续改进的协同治理机制，统筹推进技术应用、组织设置等，保障数字化转型的整体性、协作性和可持续性。以国有企业为代表的大型企业为例，以 2020 年为分界点，实现 IT 基础设施统一规划、综合集成和优化利用的企业比例从 32.9% 提升至 39.5%，构建面向全企业的系统化治理体系的企业比例从 11.5% 提升至 13.5%，设置集信息化、管理变革、模式转型及业务流程优化等职能为一体的一级部门建制的企业比例从 1.2% 提升至 5.6%，设置专门的数字化岗位和职位序列的企业比例从 30.2% 提升至 34.5%。

十是从静态被动、单点防御的安全体系转向主动防御、立体全面的安全体系。网络和信息安全是企业数字化转型的基础和前提。随着数字化转型的深入推进，企业从封闭走向开放，安全形势也日趋严峻。越来越多的企业开始统筹开展安全体系的建设，持续强化网络和信息安全能力建设。以国有企业为代表的大型企业为例，数据显示，已有接近60%的企业实现了关键设备设施信息、数据安全防护的自主可控，制定和实施系统性的、安全可控的数字化转型整体解决方案和路线图成为当前安全防护的重点。在信息安全管理上，越来越多的企业从针对单元软件工具或单个数字化设备设施的安全防护体系转向构建全面、系统的主动防御、预测性防护的安全体系。以2020年为分界点，制定并实施安全可控的数字化转型整体解决方案的企业比例从5%提升至5.8%，建立主动防御、预测性防护的信息安全体系的企业比例从10.2%提升至14.8%。

Q19：能够系统推进企业数字化转型的落地举措有哪些？

点亮智库·中信联

A 数字化转型是一项系统性的创新工程。在工作推进中，企业需要从战略全局、全员、全要素、全价值链等出发，开展统筹协同和迭代优化，找准突破口，牵准牛鼻子，形成以点带面、连线成体的数字化转型格局，应构建涵盖宣贯动员、诊断对标、总体设计、试点示范、规模推广、价值传播六位一体的数字化转型协同工作体系和工作抓手，引导和支持相关推进主体从全局、全价值链、全要素出发开展整体统筹和协同优化。

【说明】

1. 宣贯动员

宣贯动员旨在引导形成数字化思维观念，形成全企业主动转型、乐于转型的氛围，全面激发各层级人员转型动力。企业应通过高层意识培养、中层方法导入、全员数字素养培育等宣贯动员举措（见图1-15），提升全员素养。

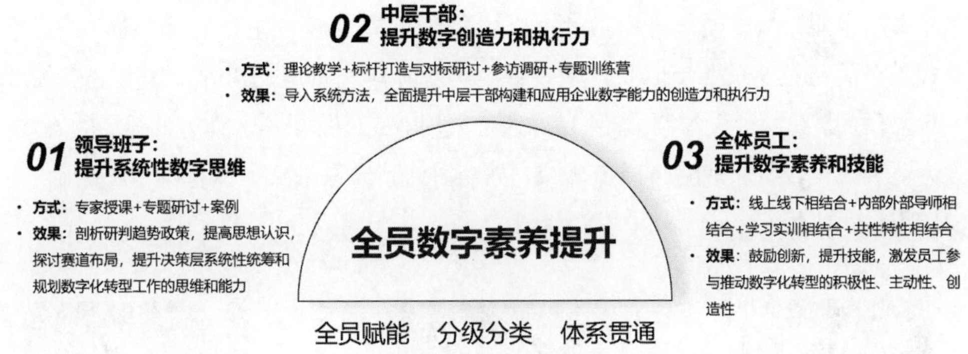

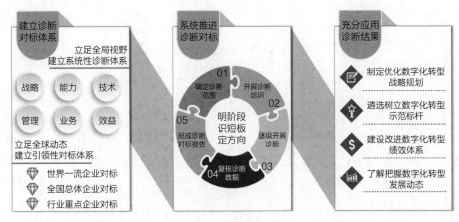

图 1-15　企业宣贯动员举措

2. 诊断对标

"无法度量就无法管理"，企业需要构建一套全面的诊断和对标体系，来找位置、识长短、定方向、明路径、确重点、推落地。企业开展诊断对标需要一系列举措（见图1-16），首先需要建立与企业相适宜的诊断对标体系，其次通过培训、填报、复核、分析、提炼等环节系统推进诊断对标，高效获取诊断对标结果，最后充分运用相关诊断对标结果支撑数字化转型战略和推进方案的制定、优化、实施等系列工作，加速选树一批数字化转型示范标杆企业，着力推进企业转型升级。

图 1-16　诊断对标举措

3. 总体设计

　　数字化转型是覆盖企业全局的系统性创新过程,需要明确包括构建发展蓝图、系统规划工作内容、设定关键目标三方面的总体设计举措（见图1-17）。企业（尤其是大型企业）战略决策时间相对较长且调整成本较高,"先开枪后瞄准"的思维模式难以满足企业按照新时代产业发展大势抢抓转型机遇的需要,因此企业需要不断强化"系统观念",加强战略引领,通过采用"战略蓝图＋总体方法论"的方式,强化对数字化转型的战略布局、总体布局和整体设计,在战略蓝图框架下再鼓励"小步快跑"和迭代创新。

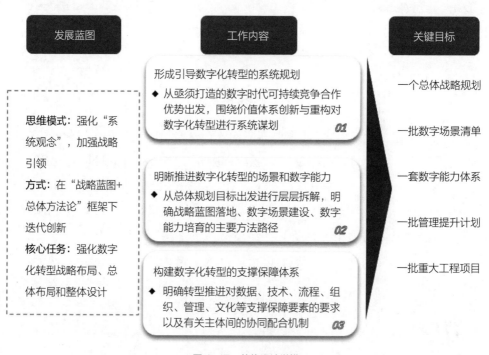

图 1-17　总体设计举措

4. 试点示范

　　数字化转型是一项投入高、有风险、收益大的战略行动,尤其是企业业务多元化水平高的情况下,需要实现转型共性和下属企业特性的统一。因此,企业应明确试点示范举措（见图1-18）,即应在总体规划指引下系统选取价值显现度高且可快速实现的场景来切入,进行重点突破,打造可学习的样板工程,探索可复制的典型转型路径，培育可推广的系统解决方案，形成可执行的转型标准规范，确保试点示范方向符合数字时代基本规律和企业整体战略，并对相关实践经验进行总结提炼和推广复制，带动整体水平持续提升。

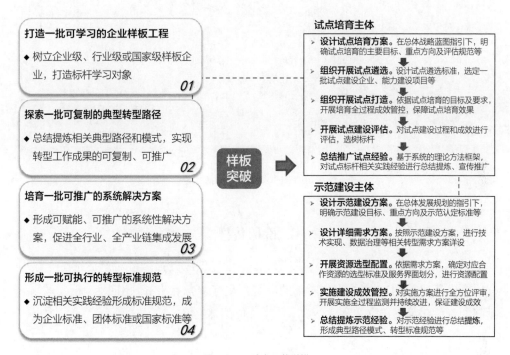

图 1-18　试点示范举措

5. 规模推广

数字化转型是企业响应市场不确定性、实现全面系统发展的共性需求。同时，企业只有通过推进从原来以项目为中心的管理模式向以能力为中心的管理模式转变，才能实现数字化转型经验模式的快速、规模化复制推广。总体来讲，试点示范解决了企业数字化转型从 0 到 1 的问题，而为了解决从 1 到 100 的问题，需要采取包括推进体系建设、治理体系建设、标准体系建设、人才体系建设四方面的规模推广举措（见图 1-19），来推动完善数字化转型的体制机制。

推进体系建设	治理体系建设	标准体系建设	人才体系建设
☐ 建立数字化转型相关的领导与决策机制 ☐ 建立战略、业务、数字化、财务、人力等部门的分工与协作机制 ☐ 建立集团、各板块、各企业纵向一体的数字化转型推进机制	☐ 开展两化融合管理体系升级版贯标，构建以数字能力为核心的制度体系和管理机制 ☐ 围绕数字能力建设，不断实践和迭代优化治理体系，形成闭环的过程管控机制	☐ 形成数字化转型标准体系框架和关键标准研制清单 ☐ 进一步完善试点示范项目中形成的标准，上升为企业整体执行的标准 ☐ 组织开展标准的宣贯、培训、贯标等系列工作	☐ 梳理数字化转型关键岗位和能力需求 ☐ 开展关键岗位数字人才能力测评 ☐ 形成数字人才能力提升及激励计划 ☐ 构建数字人才交流互动、知识创新等赋能机制

图 1-19 规模推广举措

6. 价值传播

大型集团、跨地域的企业，生产装备先进，供应链强大，对产业链上下游具有巨大的带动作用，除了关注内部的转型，更应聚焦行业带动作用，通过采取一系列的价值传播举措（见图 1-20），形成价值传播路径。

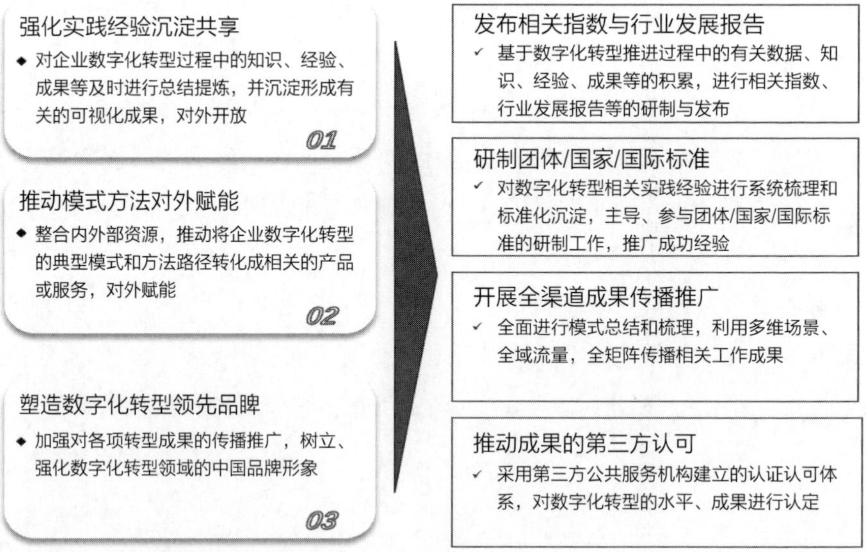

强化实践经验沉淀共享
◆ 对企业数字化转型过程中的知识、经验、成果等及时进行总结提炼，并沉淀形成有关的可视化成果，对外开放
01

推动模式方法对外赋能
◆ 整合内外部资源，推动将企业数字化转型的典型模式和方法路径转化成相关的产品或服务，对外赋能
02

塑造数字化转型领先品牌
◆ 加强对各项转型成果的传播推广，树立、强化数字化转型领域的中国品牌形象
03

发布相关指数与行业发展报告
✓ 基于数字化转型推进过程中的有关数据、知识、经验、成果等的积累，进行相关指数、行业发展报告等的研制与发布

研制团体/国家/国际标准
✓ 对数字化转型相关实践经验进行系统梳理和标准化沉淀，主导、参与团体/国家/国际标准的研制工作，推广成功经验

开展全渠道成果传播推广
✓ 全面进行模式总结和梳理，利用多维场景、全域流量，全矩阵传播相关工作成果

推动成果的第三方认可
✓ 采用第三方公共服务机构建立的认证认可体系，对数字化转型的水平、成果进行认定

图 1-20 价值传播举措

【解决方案】

1. 数字化转型诊断对标

开展数字化转型诊断对标有利于导入数字化转型体系方法。通过构建和宣贯一套诊断对标体系，有利于企业各相关主体对数字化转型的价值导向、体系框架、方法机制达成认识，形成上下统一的共同话语体系。

数字化转型诊断对标是支撑企业数字化转型工作决策的重要工具。通过开展数字化转型诊断和企业内外部对标分析，企业可以全面量化梳理和评判企业发展现状，准确把脉存在的问题，明确企业数字化转型的方向、目标、重点和路径。周期性地开展诊断对标工作，可使企业利用数据优化决策，支持数字化转型推进工作的动态改进和优化。

数字化转型诊断对标是政府推动数字化转型的重要抓手。数字化转型诊断对标的结果是区域、行业、企业转型发展的风向标和晴雨表，通过常态化的诊断对标，可助力政府全面摸清区域、行业的转型现状，找准企业转型的问题，把握转型发展趋势，开展精准施策，提升转型工作的针对性和成效。

数字化转型诊断对标是促进供需精准对接和服务创新的重要纽带。通过诊断对标，支持服务机构系统梳理用户数字化转型的现状和需求，提高售前咨询、项目实施、售后服务、价值评估等全生命周期的针对性和匹配性，提升服务的效率、质量和体验。

2. 两化融合管理体系升级版贯标

两化融合管理体系是企业系统地建立、实施、保持和改进两化融合过程管理机制的通用方法，覆盖企业全局，可帮助企业根据为实现自身战略目标所提出的需求，规定两化融合相关过程，并使其持续受控，以形成获取可持续竞争合作优势所要求的信息化环境下的数字能力。企业可参照执行该方法体系，保障在两化融合过程中统筹推进战略、业务、技术、管理等各个方面的工作。

两化融合管理体系升级版的主要改进是，以价值为导向、能力为主线、数据为驱动，系统性地融入了数字化转型方法论。两化融合管理体系升级版聚焦转型、分级分类、突出能力、全程服务，提供从发现问题到解决问题的全程方法论支持，解决数字化转型过程中的方法工具支持、解决方案实施、管理机制落地、成效跟踪优化等问题，支持企业围绕数字化转型更有效地开展创新活动，稳定获取转型价值成效。

两化融合管理体系升级版的评定结果可衡量企业数字能力建设的水平阶段，已成为政府、行业、市场、社会各界评判企业数字经济时代可持续发展潜力的重要依据，并逐步成为项目支持、供应链合作伙伴遴选、表彰奖励等的采信指标。

3. 从哪里获取诊断、升级版贯标、培训等服务

数字化转型服务平台 www.dlttx.com，数字化转型诊断服务平台 www.dlttx.com/zhenduan，两化融合管理体系贯标评定管理平台 www.dlttx.com/gltx，点亮人才•数字化转型培训服务平台 peixun.dlttx.cn，点亮百问•数字化转型在线社区 baiwen.dlttx.cn。

第二章

战略布局

——如何更好地制定并执行数字化转型战略？

Q20：数字化转型为何应作为企业的核心战略？

点亮智库·中信联

A 当前，立足世界百年未有之大变局和中华民族伟大复兴的战略全局，把握新一代信息技术引发的产业革命窗口期，加速产业数字化转型，重构产业竞争新格局，实现换道超车，是千载难逢的重大机遇，是大势所趋。只有顺应世界产业革命大势，与国家数字化发展战略同频共振，应势而动，顺势而为，将数字化转型作为企业核心战略，构建数字时代新商业模式，开辟数字经济增量发展新空间，才能更快更好地实现高质量发展。同时，数字化转型也是加速高质量发展的核心路径，通过发挥数据要素的创新潜能，打造数字新能力，能够有力推动供给侧结构性改革，从规模速度型转向质量效益型，从要素驱动、投资驱动转向创新驱动，推动新一轮高水平对外开放等战略的执行落地。

【说明】

企业发展战略重点应随着国内国际产业变革趋势和国家重大战略导向来确定，世界百年未有之大变局和中华民族伟大复兴的战略全局是我国企业转型发展面临的宏阔时代背景，企业应紧抓新一代信息技术带来的产业变革历史性机遇，走出一条从跟跑到并跑再到领跑的新发展路径，提高应对复杂性和不确定性的能力，顺应并主动把握数字经济变革引发的颠覆式创新。

一是推动供给侧结构性改革。供给侧结构性改革，重点是解放和发展社会生产力，用改革的办法推进结构调整，减少无效和低端供给，扩大有效和中高端供给，增强供给结构对需求变化的适应性和灵活性，提高全要素生产率。对企业而言，就是要找准在全球供给市场中的定位，以更高价值的产品和服务供给，提升在供应链、产业链、价值链中的地位，培育竞争合作新优势。数字时代的高价值产品和服务供给就是要从提升对需求变化的适应性和灵活性出发，利用数字技术，以迭代周期更短的技术创新、差异性更大的定制化服务、更小的生产批量和更快适应不可预知的供应链变更中断的能力，提升企业核心竞争力，开辟发展蓝海。

二是由规模速度型转向质量效益型。党的十九大指出，我国经济已由高速增长阶段转向高质量发展阶段。对企业来说，就是从向"规模"要效益转变为向"质量"要效益，原来向"规模"要效益的方式追求高效率、低成本的规模化，多样性会造成"规模效应递减"，追求创新和高质量总体上属于"不经济"的选项。而向"质量"要效益从根本上来说就是从"低成本传统优势"走向"价值增值新路线"，以数字技术提升多样化效率，开拓成本不敏感型的范围经济的新模式、新业态，使价值增长不再单纯地依靠低成本、差异化，而是依靠价值复用和倍增。

三是由要素驱动、投资驱动转向创新驱动。改革开放以来，我国依靠要素驱动和投资驱动实现了超过 40 年的高速发展，创新是我国从大国走向强国的源动力。按照熊彼特理论，创新就是使各种要素形成一种新的组合，带到生产体系中，变成实实在在的生产力。数据成为数字时代驱动转型创新的核心要素，数据不仅能转化为现实生产力，还能充分激发现有资源要素的潜力，促进资源在不同用途之间的合理配置，使各类要素的边际生产率达到最高，各类要素的边际报酬达到最高，实现各类生产要素的投入产出效率最大化，为生产力提升带来持续强劲的源动力。

四是推动新一轮高水平对外开放，形成中国方案和中国路径。在全球物质经济发展遇到天花板的情况下，推进更高水平的对外开放，关键在于利用我国推动产业数字化、数字产业化的综合优势，抓紧探索出数字经济增量发展的"中国模式"，为全球经济破除增长瓶颈、开辟发展新空间提供"中国方案"，更有力地阐释"命运共同体"理念。

Q21：企业推进数字化转型的出发点和落脚点是什么？

点亮智库·中信联

A 企业存在的意义就是创造特定的价值，价值创造是企业的根本目标。数字化转型的出发点和落脚点是创新和重构价值体系，将以物质生产、物质服务为主的价值体系转变为以信息生产、信息服务为主的价值体系。每项数字化转型活动都应服务于价值创造、传递、获取等方式的转变，并将获得可持续发展的总体价值效益作为转型决策的核心评判依据。

【说明】

明确数字化转型的出发点和落脚点是开展数字化转型的首要问题，它决定了数字化转型的主要导向，即数字化转型围绕什么来进行。明确这个问题需要回归企业本质。企业本质是一个价值系统，是一个主张、创造、传递、支持和获取价值的系统，因此，数字化转型的出发点和落脚点应是价值体系的创新和重构，包括以下几个方面。

（1）重构价值主张，即为各利益相关者提供什么价值，从物质经济时代的卖方市场逻辑转变到数字经济时代的买方市场逻辑。

宝马公司（BMW）将数字化渗透到了研发、制造、车机端的数字化体验，以及包含无数接触点的客户旅程之中，核心是利用数字化技术和创新成果为客户创造价值，推进从零部件集成公司向高档出行服务供应商转变的价值主张。

（2）重构价值创造，即通过哪些核心过程创造出价值，从物质经济时代基于专业技术分工，形成相对固定的价值链，转变到数字经济时代基于数字能力赋能，构建快速响应、动态柔性的价值网络和价值生态。

比亚迪在抗击新冠肺炎疫情期间，重构企业原有的汽车生产价值链，充分调用快速研发和柔性制造能力，快速组织口罩生产的研发。立项3天后，完成设计图纸；立项7天后，第一台口罩机生产完成。企业成为重要的口罩生产商，产品迅速出口，取得了良好的社会效益和经济效益。

（3）重构价值传递，即通过何种载体/方式将价值传递给利益相关者，从物质经济时代产品交易实现价值传递，转变到数字经济时代通过能力共享实现价值传递。

徐工集团基于工程机械产品智能化为客户提供远程运维、全生命周期服务等，将工程机械产品交付转变为服务能力输出，获得增值服务价值传递。

（4）重构价值支持，即创造价值的过程中需要哪些关键的支持条件和资源，从物质经济时代单一要素驱动，转变到数字经济时代以数据为核心的全要素驱动。

国家电网通过大力挖掘电力数据价值，盘活各类资源要素：对内精准核算每个业务单元的投入产出效率，培育数据管理理念，加强组织人才保障；对外提升服务水平，同时积极发挥电力数据的经济晴雨表的作用，服务经济社会发展，助力国家治理现代化。

（5）重构价值获取，即利用何种模式最大化地获取价值，从物质经济时代通过物理产品规模化增长获取价值,转变到数字经济时代通过个性化服务按需供给获取网络化、生态化的发展价值。

中国宝武创新智慧服务新模式,基于第三方钢铁云平台实现"产业电商＋产业物流＋产业金融"模式,从单一的钢铁生产转向协同共建高质量的钢铁生态圈。

Q22:企业数字化转型是否一定涉及商业模式的变革?

杨富春

A数字化转型是一个发展的概念,随着数字化转型的不断深入,认识的不断提高,数字化转型已经从开始的单一影响和改变业务,在向全面影响和改变价值模式、资源模式、产品模式、客户关系模式、收入模式、资本模式、市场模式等方面发展,这些都是商业模式的范畴。因此,企业数字化转型一定涉及商业模式的变革。

【说明】

数字化转型作为企业核心战略,关键是要构建数字时代的新商业模式,企业应明确数字化转型必须与商业模式的变革紧密相连,如果没有业务模式或者商业模式的变革,就不能称之为数字化转型。

"十四五"规划纲要提出,要推进产业数字化转型,实施"上云用数赋智"行动,推动数据赋能全产业链协同转型。因此,企业在推进数字化转型的过程中要特别注意全产业链协同的转型实践,"上云"是外在表现,"用数"是内在方法,"赋智"是最终目标,以数字化转型整体驱动生产方式变革。注重价值模式、资源模式、产品模式、客户关系模式、收入模式、资本模式、市场模式的变革和创新,也就是商业模式的变革和创新。

Q23：在数字化转型过程中，战略怎么转？

点亮智库·中信联

A 在数字化转型过程中，从战略视角看，企业应加快由过去基于技术壁垒构建封闭价值体系的静态竞争战略，转向依托数字技术的深度应用、共创共享开放价值生态的动态竞争合作战略，着力转变竞争合作关系、业务架构、价值模式，形成新的价值主张。一是转变竞争合作关系，由单纯关注竞争转向构建多重竞争合作关系；二是转变业务架构，由职能分工型的业务架构，转向灵活柔性的业务架构；三是转变价值模式，由基于技术创新构建商业壁垒的长周期价值获取模式，转向资源共享和能力共建的开放价值生态模式。

【说明】

开展数字化转型，首要任务就是制定数字化转型战略，并将其作为企业发展战略的重要组成部分，把数据驱动的理念、方法和机制根植于企业发展战略全局。从竞争合作关系、业务架构和价值模式三个视角考虑，数字化转型在战略层面需要加快实现"三个转变"。

一是转变竞争合作关系。当前，市场竞争生态化趋势日益凸显，企业间的竞争焦点不再是单纯的技术产品、资源要素的竞争，而是关于智能技术产品群、数字能力体系，以及供应链、产业链和生态圈之间的多重竞争合作。因此，企业需要跳出固有思维模式，建立合作共赢思维，由单纯关注竞争转向构建多重竞争合作关系。构建数字时代的竞争合作优势，应重点关注三个方面：一是应用数字技术、产业技术、管理技术并融合创新，形成新技术、新产品；二是推动跨部门、跨企业、跨产业的组织管理模式、业务模式和商业模式等的创新变革，形成支持创新驱动、高质量发展的新模式；三是强化数据驱动，将数据作为新型生产要素，改造提升传统业务，培育壮大数字新业务，以实现创新驱动和业态转变。

二是转变业务架构。当前，传统的基于专业技术职能分工形成的垂直业务体系，已经难以适应企业可持续发展的需要，必须以用户日益动态和个性化的需求为牵引，加快构建基于能力赋能的柔性业务架构，以更好地应对内外部环境的变化。企业可根据竞争合作优势的需求,以用户需求为牵引,开展流程化、平台化、生态化等业务场景设计,明确各业务场景的目标、具体过程、所需资源等,在此基础上,进一步从企业全局层面设计新型业务架构。

三是转变价值模式。在物质经济时代,企业更多的是以技术产品交易为纽带形成价值链,因为技术的长周期性,企业愿意通过技术壁垒来构建相对封闭的价值体系。随着数字技术的创新突破,IT 能力逐步软件化、模块化、平台化,为技术、人才、创新等各类资源的汇聚共享,以及研发设计、生产制造、用户服务等能力的平台化奠定了基础,为企业依托平台,以数据为纽带,以能力为牵引,共建价值生态网络提供了可能。企业与合作伙伴可更精准地挖掘用户需求、更大范围地动态整合和配置资源、更高效地提供个性化服务,使构建资源共享和能力共建的开放价值生态模式成为共识。

【案例】

三峡集团从 2010 年至 2019 年,企业战略从关注内部提升,到更关注外部资源整合、价值创造,再到更关注基于平台的产融对接、产业链动态赋能转变,发展战略日趋动态化、价值化、开放化、生态化。三峡集团数字化转型战略演进情况如图 2-1 所示。

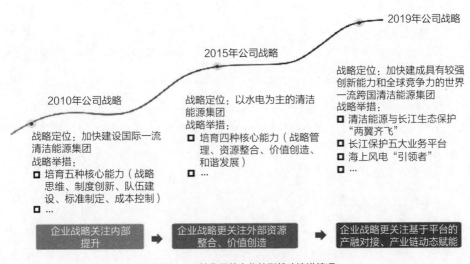

图 2-1 三峡集团数字化转型战略演进情况

Q24：在战略方面，企业数字化转型的压力来自哪些方面？动因是什么？如何选择相应的优先级？

李 红

A 企业数字化转型的压力来自多个方面，但最重要的是来自战略层面的，企业必须高度重视和聚焦战略层面的压力是什么，同时将压力转化为动力。从战略层面看，企业首先要明确为什么要数字化转型、怎样做和达到什么目的等重大问题。

数字化转型是企业战略任务，其压力和动因都应与企业整体的战略规划相结合，并从数字化转型角度进行进一步的分析、细化和分解，为制定可操作、可执行的目标和任务提供决策依据。

梳理企业数字化转型的压力，建议从战略导向、问题导向和创新导向三个方面进行。在战略导向上，通过梳理数字化转型与企业总体发展战略和信息化建设规划之间的关系，分析承接企业总体发展战略在业务转型、商业模式变革和创新发展等方面存在的问题和面临的挑战，还要根据数字化转型的需求对信息化建设涉及的数据治理、应用平台、技术架构和基础设施等支撑与服务提出明确的要求。在问题导向上，需要全面摸清企业数字化发展现状，透视"病情"，找准"病因"，深入剖析制约数字技术赋能业务创新转型及数字化转型目标实现的主要短板及痛点问题。在创新导向上，需要积极开展对标一流活动，通过与世界一流对标、与有关行业或细分领域龙头企业对标，以定性研究、定量分析、实地调研参访相结合的对标模式，找差距、补短板，对有关工作进行系统筹划，以找出确立企业在创新发展中的新目标、提升企业对社会进步的新价值、找准企业在行业竞争中的新赛道、增强企业借助新技术强身健体的新能力、优化企业在产业变革中的新模式、构建企业在对外协同合作中的新生态等所面临的挑战。

数字化转型产生压力的原因一般分为外部的和内部的。外部的原因，主要包括国家政策、国家战略、客户需求、同行竞争、市场变化等。内部的原因，主要包括自身发展中存在的不足、短板、痛点，以及未来发展中面临的挑战等。对于行业头部和引领性企业，还包括全球竞争格局、未来发展趋势、具备颠覆性的技术、潜在的竞争对手和竞争方式等因素。

如何选择相应的优先级则是企业针对企业数字化转型压力需要制定的对策，可按照重要性和急迫性对不同压力进行象限的组合分析，对不同的压力采取不同的对策。优先级选择，因企而异，难有定论，往往取决于企业决策者的认知力、洞察力和判断力，取决于企业在行业发展中的定位，取决于企业对于竞争态势的态度，取决于企业的价值观等。

【说明】

企业一定要区分出数字化转型的压力和传统的信息化工作的压力。数字化转型的压力一定是来自企业战略层面、业务层面的，而传统的信息化工作的压力则主要来自执行层面和管控层面的。两者的关系是相互依存、相互需要的，虽同为信息技术的应用和推广，但在任务和目标方面存在重大区别。

【案例】

美的集团近十年的数字化转型历程，是中国制造业企业转型升级的一个典型样本，也是"中国制造"走向"中国智造"的一个缩影。

作为一家传统的家电生产企业，十年前企业决策者意识到，一方面，依靠规模效应和廉价的劳动力的红利已经越来越弱，劳动力已经不再低廉，传统的供应链和资源链很难再为品牌提供有效的保障；另一方面，在消费升级的大背景下，消费者需要更加智能化的家电，如果不顺应时代做出改变，便无法生存，更无法发展。于是，美的集团的决策者决心改变旧的发展模式，进行企业转型升级，核心发展思路从规模导向转变为追求质量增长。2010 年，企业提出了基于数字化转型的全新战略，即围绕"产品领先、效率驱动、全球经营"三大战略主轴，开始了漫长的产品智能化与价值链数字化的探索。

在这一转型战略的引导下，美的集团明确了"聚焦产业、做好产品、确保规模、改善盈利"四大核心工作。在加强产品研发、提升核心技术能力的基础上提升产品竞争力及公司整体管控水平，推进"一个标准、一个体系、一个美的"的流程优化及制度建设，从而最终提高企业精细化管理水平与运营效率。

目前，美的集团已经从一家家电生产商发展到拥有家电、机器人、智能供应链的新型科技集团，成为中国最大的家电企业之一。从数字化转型的角度，美的集团已经改变人们对其的传统认知，成长为以数字化、智能化驱动的科技集团，拥有数字驱动的全价值链及柔性化的智能制造能力。

Q25：数字化转型是否应该"摸着石头过河"？

点亮智库·中信联

A 过去几十年，通过借鉴国外先进经验和模式，我国信息化取得了快速发展。进入数字化转型这一系统性、颠覆式创新的新阶段后，我国在很多领域已处在"无人区"，全球都还没有可供借鉴模仿的最佳范例，但即便是有可对标的对象，在"赢者通吃"的互联网时代，简单复制也绝非企业的战略选择，只有走出一条差异化的创新之路，才能实现可持续发展。数字化转型是覆盖企业全局的系统性创新过程，如果没有准确的战略判断，单纯依靠"摸着石头过河""先开枪后瞄准"的模式，企业很难"瞄准"，更做不到有目标的持续迭代。企业应不断强化"系统观念"，采取"战略蓝图＋总体方法论"和"边开枪边瞄准"并行的方式，先从数字时代可持续竞争合作优势出发构建战略蓝图和总体方法论，注重战略蓝图设计过程中的全员参与和全员共识，制定战略蓝图分解和落地执行过程中小企业微迭代的创新机制，使数字化转型既具有前瞻性、系统性的顶层设计，又能在总体框架下进行动态创新和持续改进。

Q26：企业数字化转型战略规划与企业战略规划之间是什么关系？如何合理互动？

杨富春

A 数字化转型已经成为企业的核心战略，也就是说企业战略规划的主要内容应该是以利用数字化转型驱动企业发展而展开的一系列设计和策划。企业战略规划是数字化转型战略规划的目标和指引，数字化转型战略承载着企业战略，为实现企业战略目标服务，同时，数字化转型战略又影响着企业战略目标，决定了战略目标的选择。两者之间既是总与分的关系，又是决定与被决定的关系，相伴相生。

【说明】

当前，企业的数字化转型已经不是选择题，而是必答题。数字化转型作为企业核心战略，关键是要构建数字时代的新商业模式,开辟数字经济增量发展新空间，更快更好地实现高质量可持续发展。

在构建新商业模式过程中，要从价值模式、资源模式、产品模式、客户关系模式、收入模式、资本模式、市场模式七个子模式出发，围绕每个子模式可以从创造价值、传递价值、获取价值三个维度去分析现状和可以转型的方向，力争找到一个或多个子模式转型的切入点和突破口，制定切实可行的战略规划。

既然企业战略规划和数字化转型战略规划是相伴相生的关系，那么两个战略规划在制定的时间上应该是高度同步的，如果能将数字化转型战略规划放到企业战略规划当中是最佳选择，但很少有企业能做到。那分开做的时候就要做到以下"三个充分"，确保两者能够有效融合。

一是充分把握行业机遇，我国提出"加快数字化发展，建设数字中国"的战略，每个行业围绕着国家战略都提出了行业转型发展的方向、目标，企业要分析和提出自身在行业转型升级中的位置和目标，并确认为企业战略发展目标。

二是充分认识企业现有基础条件，要分析和总结企业信息化现有成果，特别是数据资产，这些都是企业开展数字化转型的必要支撑条件。要依据企业战略发展目标，应用数字化转型的理念分析业务逻辑和痛点，从七个子模式入手，找出可能通过数字化转型给企业带来的商业模式创新点，并确认为企业数字化转型战略目标。

三是充分做好互动和融合，在制定企业数字化转型战略时，业务分析是关键，只有在充分认识数字化转型的内涵和本质之后，才能有效地分析和把握以创新商业模式为出发点的业务变革和创新，将业务变革和创新点凝练后形成企业业务战略目标，进而影响包括人才战略等其他管理变革和创新战略的制定，以及确保管理如何支撑业务战略目标的实现。因此，在制定企业数字化转型战略和企业战略时要注意两个战略规划的互动和融合。

Q27：数字化转型战略规划应该怎么做？

点亮智库·中信联

A 数字化转型战略规划不是支撑企业现有业务发展的信息系统建设规划，而是从创新、重构企业价值体系出发开展的整体蓝图和推进策略设计。一是要明确数字时代的可持续竞争合作优势，确定数字化转型企业的状态、差距和需求。二是要开展数字场景分析和设计，以用户体验为中心，明确支撑转型需求的关键业务数字场景。三是要设计价值模式，明确价值目标、价值创造体系和分配分享机制。四是要策划数字能力体系，明确相关数字场景和价值模式需要打造的数字能力。五是要设计数字能力建设工程，从过程管控机制、系统性解决方案、治理体系三个方面明确数字能力建设工程的主要内容和步骤。六是要构建支撑保障体系，优化支持能力体系建设和应用的数字化治理体系、改革举措和企业文化。七是要形成以数字能力赋能业务创新转型的方案和路径，明确业务数字化、业务集成融合、业务模式创新及数字业务发展的计划。

Q28：如何制定切实可行的数字化转型战略?

李剑峰

只有贴近企业实际、和企业业务深度融合的转型战略才是切实可行的。制定切实可行的数字化转型战略具体可以分为四步。

一是业务分析。和业务部门密切合作，对企业业务进行全面分析，找出业务痛点和"痒点"。

二是价值评估。对找出的业务按照转型后的价值增值规模和急迫程度进行排序，确定价值增值最大的业务为首选，按照急迫程度进行近期和远期安排。

三是技术匹配。针对要转型的业务，评估所需要的 ICT 技术能力，通过引进或者自建的方式打造能够支撑业务转型的数字技术团队。

四是组织保障。构建 ICT 部门和关联业务部门共同组成的联合团队。

【说明】

企业数字化转型是一种变革，既要有投入产出的考量，也要有风险意识。因此，一般从试点开始，找见效快的业务、业务单元或者业务部门，快速投入，快速见效，积累经验，树立信心，培育技术团队，在此基础上逐步扩大规模。因此，一个切实可行的数字化转型战略规划一定是可分步实施、量入为出的规划。

【案例】

以油田现场管理业务数字化转型为例说明。

（1）业务痛点分析。油田生产现场有很多生产井，井位分散，需要人员每隔几个小时逐一到每个井上去查看设备运行情况，抄录仪表显示的生产数据及设备运行数据，维护井场安全，防范人为破坏或者打孔盗油事件。但由于井场分散，条件艰苦，且地处荒郊野外，人员难以管理，运行成本居高不下。

（2）制定数字化转型技术途径。研发标准的"自动计量＋无线传输＋视频监控"一体化设备设施，打造统一的 PCS 平台，后台统一进行监控、分析，使业务运行和安全管理融为一体。

通过试点、评估、推广，实现全油田推广。用工量减少 60% 以上，设备运行状况明显改善，偷油案件大幅度减少，经济效益和社会效益显著提升。

Q29：数字场景是什么？不同行业在打造数字场景方面的侧重点分别是什么？

点亮智库 · 中信联

A 数字化业务场景（Digital Business Scenario）简称数字场景，即数字时代下的新型业务场景，是在相关业务范围内，业务数字化、模型化、柔性化运行的参与主体、行为活动、资源条件、数据要素的有机组合。不同行业企业在推进数字场景的打造时，由于基础条件、驱动因素等不同，场景侧重点也有所不同。流程型制造业和离散型制造业企业门类众多，行业企业数字场景建设时重点关注对生产过程的管控及产业链供应链的协同等方面数字场景的打造。电网和发电行业企业更加关注节能减排、安全生产及设备的检修维护等方面数字场景的打造。建筑业企业较为关注数字化建造及对工程项目的全生命周期管控等方面数字场景的打造。批发零售业更加关注与终端用户有关的订单响应及精准营销等方面数字场景的打造。

【说明】

1. 数字场景的理解

与传统业务场景相比，数字场景在目标（要实现哪些核心目标）、主体（谁来推进）、客体（涵盖哪些业务活动）、空间（需要什么样的技术条件空间）、要素（核心要素及作用）等方面均有所差异，见表 2-1。

表 2-1 传统业务场景与数字场景差异对比

	传统业务场景	数字场景
目标	响应确定性的目标需求	响应多样性、个性化、不确定性的目标需求
主体	以职能型部门、供应链企业为核心,更加强调匹配与控制	以融合型团队、生态合作伙伴为核心,更加强调敏捷与赋能
客体	以流程为核心,更加强调规范和精益	以价值链 / 价值网络为核心,更加强调柔性、自我演进和优化提升
空间	以物理空间为核心,更加强调物理实现	以信息物理空间为核心,更加强调软硬结合、虚实联动
要素	以传统要素为核心,更加强调各要素有效使用和分配	以数据为核心,更加强调多要素协同和综合优化

数字场景层级可分为单元级、板块级、企业级、平台级和生态级。各层级的差异性主要体现在场景范围以及研发设计、生产、经营管理、供应链合作等各类活动的场景特征方面。

单元级场景:在单个或多个业务活动范围内,实现相关业务活动的规范化响应和执行。

板块级场景:在研发、生产、服务、经营管理等单个或多个主营业务板块范围内,实现该主营业务板块所有相关业务活动的数字化、柔性化运行。

企业级场景:在全企业范围内所有的主营业务板块,实现所有相关业务活动的全面集成融合和一体化动态协同。

平台级场景:在各相关企业主体间,依托平台实现跨企业网络化动态协同和社会化开放协作。

生态级场景:在整个生态圈范围内,与生态圈合作伙伴一道实现共建、共创、共享、共生发展。

2. 典型行业数字场景建设重点方向

(1)离散型制造业企业数字场景建设重点方向。离散型制造业主要通过改变原材料物理性状,进行一系列不连续工序的加工并装配成产品。离散型制造业垂直细分行业多,普遍面临多品种小批量需求突出、技术工艺和供应链高度复杂、生产周期较长且管控难度大等挑战。

当前,专用设备、通用设备、电子元器件制造、汽车零部件及配件制造、电子产品五个细分行业企业打造的数字场景占比超过六成。总体看来，离散型制造业企业数字场景打造主要聚焦于设计制造一体化、生产过程精细化、产品全生命周期管理、供应链协同、个性化定制等系列子场景，建设重点方向见表2-2。

表2-2　离散型制造业企业数字场景建设重点方向

数字场景类别	数字场景（部分）	数字场景描述	关键指标
数字化研发设计	数字化快速协同研发	推进设计、工艺、生产等环节数据的贯通，构建跨部门、跨环节的数字化协同研发体系，实现模块化、快速化、定制化的高效产品研发设计、工艺创新等，提升自主研发水平，提升产品和技术创新的市场响应水平	工艺资源数据系统入库率、设计周期、设计变更完成平均周期、研发设计项目完成及时率、数字化设计工具应用水平、标准件使用率、成品一次交检合格率、研发设计准确率、新品试验严重故障占比等
智能生产与作业现场管控	生产过程精细化	推进采购、生产、质量、设备、安全等部门数据的贯通与集成，实现对生产计划制定、生产作业派工、生产状态实时监控、生产异常快速反应及处理、生产报工、工单作业切换、质量检验等核心业务活动的有效管控，打造生产过程精细化场景，实现从物料投产到成品入库整个生产过程的全透明化和动态管控，有效降低生产成本，提升产品质量，提高生产和交货按时响应水平	成品一次交检合格率、采购合格率、来料合格率、错误工艺调整报废率、生产计划达成率、设备利用率、装配生产效率等
	设计制造一体化	通过贯通设计、工艺和生产制造、交付等主要环节的数据，构建涵盖研发设计、生产制造、物流配送、服务等主要环节的协同运行体系，形成设计制造一体化场景，提高自动化、透明化、协同化、智能化的产线生产管理水平，强化各环节与设计开发环节的动态协同，提高客户需求的柔性响应与交付效率	新产品设计周期、产品研发周期、研发项目按时完成率、图纸差错率、存货周转次数、供应商交货及时率、订单准时交付率等
数字化运营管理	产品全生命周期管理	推进需求定义、研发设计、生产制造、用户服务、循环利用等产品全生命周期关键环节数据的贯通，建立"端到端"的产品开发流程，创新开展面向用户的延伸服务、增值服务，打造产品全生命周期管理场景，缩短研发周期，提升用户体验，提升全体系流程运转效率	三维设计产品覆盖率、工艺设计效率提升、研发设计周期、用户满意度等
	财务业务一体化	推进研发设计、采购、生产制造、用户服务等业务流程、管理流程、财务流程（预测／决策／计划／控制／监督／分析）的数据贯通和集成协同，建立数据驱动的财务一体化闭环管理、精细化管控场景，及时反馈企业经营问题，规避潜在风险，提高企业运转效率	采购及时率、库存周转率、订单准时交付率、利润率等

续表

数字场景类别	数字场景（部分）	数字场景描述	关键指标
供应链协同	供应链协同	推进企业内部与供应链各相关主体之间需求、生产、库存、销售等关键信息的传递、交换和共享，推动供应链内各项活动、资源的高效整合和动态优化配置，形成以市场需求为中心的全供应链高效协同运作体系，打造供应链协同场景，实现资源共享与协同运作，有效提升供应链整体运行效率，共同抵御市场风险	采购及时率、产品交付合格率、库存周转率、市场占有率、全员劳动生产率、降本金额等
数据管理	数据高效管理	充分运用新一代信息技术，搭建数据集成管理平台，对用户、产品、零部件、生产等关键数据进行标准化，对数据采集、存储、处理、交换、利用、销毁等全生存周期进行统一化管理，开展数据建模分析，打造数据高效管理场景，预先发现数据质量问题，打造数据支撑决策、研发创新、生产经营管控优化等方面的场景	数据中心建设、数据采集率、数据标准化比例、能够实现在线自动采集并上传的生产/作业现场数据比例、产品设计与开发的数据入库率、数据分析及时率、数据分析准确率等
需求定义	个性化定制	建立覆盖从客户个性化需求、产品个性化设计到产品柔性化生产、交付及服务的敏捷服务体系，打造个性化定制场景，全面打通从客户端到工厂端的业务流程，实现满足客户个性化定制的需求，提升客户满意度	定制订单完成及时率、定制产品合格率、生产计划达成率等

（2）流程型制造业企业数字场景建设重点方向。流程型制造业关键是"连续性生产"，物料均匀、连续地按照一定的工艺流程，经过一系列化学和物理反应，形成最终产品。行业工艺机理复杂，对生产连续运行、生产过程实时管控、成本精细化管控、安全环保等方面的要求高。

当前，化工、医药制造、橡胶和塑料制品、纺织业、金属制品五个细分行业企业打造的数字场景占比接近一半。总体看来，流程型制造业企业数字场景打造较为关注生产过程控制、物流仓储、订单快速交付等方面，建设重点方向见表2-3。

表2-3 流程型制造业企业数字场景建设重点方向

数字场景类别	数字场景（部分）	数字场景描述	关键指标
智能生产与作业现场管控	稳定生产与质量、安全、能源、环保精细化管控	推进生产过程中的设备装置、质量、生产、库存等与主要业务环节的数据贯通和业务集成，打造稳定生产与质量、安全、能源、环保等精细化管控场景，实现对配料、投料、成品生产全过程的有效管控，提升产能平衡、安全稳定生产、节能环保水平，提高交付效率	生产计划完成率、设备运转率、连续安全生产时间、工艺配方符合率、产量计划偏差率、综合能耗下降、能源计划准确率、安全环保事故次数等

数字场景类别	数字场景（部分）	数字场景描述	关键指标
数字化运营管控	高效仓储物流协同管控	通过梳理优化仓储物流管理流程，引入现代化设备设施，搭建高效的仓储物流体系，打造高效仓储物流协同管控场景，提高产品快速交付水平和公司服务水平，提升客户满意度	采购及时率、销售订单达成率、销售计划达成率、库存准确率、仓库盘点数据准确率、货物交货准时率、货物运输准确率、配货准确率、产品出入库及时率、产品出入库准确率、产品质量追溯率等
	复杂研发项目精细化管理	采用平台化的设计开发方法进行设计开发和项目管理，实现项目分析评价、项目立项、工艺路线设计、工艺参数验证、技术资料归档、技术转移等研发管理环节的数据贯通，打造复杂研发项目精细化管理场景，支撑实现复杂产品的快速研发和项目执行全过程的动态优化管控	研发投产率、研发成果转化率、产品研发设计周期、一次研发成功率、研发实验数据自动化上传比、项目协同进度完成率等
	产供销集成	推进销售、采购、生产、仓储、物流、质量、成本等关键业务活动数据的贯通，实现对资金流、信息流和物流的全过程管控，构建涵盖营销渠道、研发设计、生产制造、经营管理、物流管理、仓储管理等多个环节的协同运行体系，打造产供销集成场景，增强企业竞争力，提高市场响应速度	采购及时率、销售计划达成率、成品库存周转天数、货物交货准时率、配货准确率、销售回款率、顾客满意度等
供应链协同	供应链协同管控	推进企业内部对产供销、人财物等关键业务环节数据的贯通，促进与供应链各相关主体之间的业务协同和信息共享，打造供应链协同场景，促进上下游相关企业竞争力协同提升	采购及时率、库存周转率、订单交付及时率、交货及时率等
快速响应	订单快速响应与准时交付	推进订单创建、订单生产、订单成品发货、订单物流等环节数据的贯通，加强对订单全生命周期的管理，打造订单快速响应与准时交付场景，实现快速响应、高效生产、准时交付	订单交付及时率、订单响应平均周期、接单响应及时率、交货准时率、原物料采购及时率等

（3）电网行业企业数字场景建设重点方向。无论是适应新能源大规模、高比例并网和消纳的要求，还是支撑分布式能源、储能、电动汽车等交互式、移动式设施的广泛接入，都需要数字技术为电网赋能，促进源网荷储协调互动，推动电网向更加智慧、更加泛在、更加友好的能源互联网升级。

当前，电网行业企业紧抓"清洁能源革命＋数字革命"的能源革命核心内涵，通过打造电网全景运营实时监测、预警及预判，基于大数据分析的设备运维检修指挥决策等系列子场景，不断强化对生产现场的智能化管控，强化能源资产规划、建设和运营全周期场景，提升产、供、销、控各环节互联互通的智能化水平。电网行业企业数字场景建设重点方向见表2-4。

表2-4 电网行业企业数字场景建设重点方向

数字场景类别	数字场景（部分）	数字场景描述	关键指标
智能生产与现场作业	电网全景运营实时监测、预警及预判	推进运营监测中心、电力调度控制中心、运维检修部等部门数据的集成贯通，打造电网全景实时运营预警、预判场景，实现对主营业务活动和核心资源的全面监测、运营分析、协调控制以及全景展示和数据预警管理，实时动态监测、自动预警和预判，为公司决策提供辅助支撑	用电信息采集覆盖率、电网可靠率、设备事故、预警单执行率、重过载导致的临时停电计划占比、重过载引起的配变故障率、系统预警发布准确率、输电线路在线状态监测系统数据实时接入率、新能源发电功率预测准确率指标、负荷预测准确率等
	基于大数据分析的设备运维检修指挥决策	运用物联网、移动互联、云计算、大数据等新一代信息技术，通过全面集成贯通输变电状态等多源数据，实现设备状态分析、风险预警、故障研判、绩效评估等，实现多源信息可视化管理、远程会商、运检策略优化管理及运检过程管理等，打造基于大数据分析的设备运维检修指挥决策场景，全面推动运检工作方式和生产管理模式的创新	用户平均停电时间、输变电系统故障停运平均恢 复时间（小时/次）、输变电设备缺陷消除及时率、设备平均退役年限停电研判正确率、系统预警发布准确率等
数字化运营管理	电网新能源消纳	推进源网荷储协调互动，提升电力系统运行的灵活性，推进经营管理全过程实时感知、可视可控，打造电网新能源消纳场景，挖掘可再生能源消纳空间，提升综合运营水平	风电机组信息接入覆盖率、光伏发电单元信息接入覆盖率、单机数据可用率、弃风率、弃光率等
数字化运营管理	电网一体化的高效调度运行	推进对电网调度、设备监视、设备控制等核心环节的集中管理、一体化运作，集中电网运行的组织、感知、决策、执行环节，打造电网一体化的高效调度运行场景，实现在线安全分析评估、自动告警、辅助决策和运行风险的预防预控，提升调度智能化水平	遥控动作正确率、数据接入完整率、用电信息采集覆盖率、发电功率预测准确率等
快速响应	基于营配调贯通的快速响应服务	推进营销、运检、调度数据的全面贯通，打造基于营配调贯通的快速响应服务，实现配网规划、降损、低电压治理、配抢、故障定位、停电范围分析、线损统计、业扩报装等，为客户提供差异化、专业化的服务，快速响应客户需求	客服工单回复及时率、客户问题升级率、故障报修到达现场时间兑现率、故障报修平均修复时间等
创新服务	精准费控与敏捷响应的营销服务	推进营销、用电、终端智能设备数据的贯通，构建实时费控策略管理体系，打造精准费控和敏捷响应的营销服务场景，实现用户类型分析、实时电费测算、费用阈值预警、超出阈值停电及交费即时复电等，与用户实现实时互动，有效提升用户满意度	供电标煤耗、供气标煤耗、综合电损率、电压合格率、热电比、消缺率等

（4）发电行业企业数字场景建设重点方向。新的能源发展形势和需求对传统发电企业带来了新的挑战，包括发电过程的节能减排及发电安全性问题。当前，电力企业正在越来越多地通过打造数字场景助力市场竞争，发电行业企业重点聚焦打造设备智能检修与维护、智能节能减排、全过程安全发电管控等系列子场景，加速建设实时监控、智慧运营、节能减排的数字企业。发电行业企业数字场景建设重点方向见表2-5。

表2-5 发电行业企业数字场景建设重点方向

数字场景类别	数字场景（部分）	数字场景描述	关键指标
智能生产与现场作业管控	设备智能检修与维护	通过对锅炉、发电机、汽轮机、磨煤机等主要设备生产全过程数据的采集和应用，实现状态监测、故障诊断、预防性维护和状态检修，实现设备全生命周期管理，打造设备智能检修和维护场景，提高设备可靠性，降低维修费用，创新设备管理模式	设备故障率、工单处理周期（重要故障）、故障响应时间、维护工作到位率、安全运行天数、现存缺陷数、大修工期、设备消缺率、关键设备完好率等
智能生产与现场作业管控	智能节能减排	推进燃料全过程数据的采集、存储和应用，实现燃料全过程自动化、信息化、可视化，打造智能节能减排场景，全面了解和分析能源消耗的情况，实时掌握能源消耗的状况，提高能源利用效率，减少能耗损失，提高经济效益	重要节点达成率、发电量、供电标煤耗、不环保事件、厂用电率、设备异常次数等
数字化运营管理	全过程安全发电管控	通过对电厂安全工况、原料消耗和污染物排放、人员安全、发电设备等信息的实时掌控，打造全过程安全发电管控场景，实现对人、环境、设备等信息的实时掌控，及时了解安全风险，构建本质安全	发电量、风机设备可利用率、设备弃风率等
数字化研发设计	基于模型与数据驱动的发电工程协同设计	推进设计院、施工现场、设备制造厂家等信息的集成互联，利用数字化技术实现设计过程的关联设计和优化设计，打造基于模型与数据驱动的发电工程协同设计场景，将设计、研发、服务成果贯穿应用于从设计、制造、测试、运维到退役的发电工程全生命周期，有效缩短设计周期，提高设计质量	重要节点达成率、能构建数字样机的产品占产品总数的比例、设计图纸及时交付率、项目按期完成率、项目年度资金预决算偏差、专利完成数量等

（5）建筑业企业数字场景建设重点方向。管理粗放、效率低下、浪费严重、利润不高是传统建筑业普遍面临的困难和挑战，新一代信息技术的迅猛发展为建筑行业企业实现新设计、新建造和新运维提供了契机。当前，建筑业企业数字场景打造主要聚焦在基于BIM的数字化建造、工程项目全流程管控、复杂项目精细化成本管控、用户精准营销等系列子场景，建设重点方向见表2-6。

表 2-6　建筑业企业数字场景建设重点方向

数字场景类别	数字场景（部分）	数字场景描述	关键指标
智能生产与现场作业管控	基于 BIM 的数字化建造	推进规划、勘察、设计、施工和运营维护全过程的集成贯通，提升工程决策、规划、设计、施工和运维水平，打造基于 BIM 的数字化建造场景，增强建筑工程信息的透明度和可追溯性，实现建筑全生命周期精细化管理	平台上线项目量、设计问题处理量、质量问题处理量、施工项目数据上线率、生产数据实时采集率、数据完整率等
数字化运营管理	工程项目全流程管控	通过对工程项目规划、进度管理、合同管理、成本管理、采购管理、材料管理、设备管理等的全面管理，贯穿招投标、采购、施工、竣工全过程，加强项目集中管控，实现项目管理标准化、信息化，打造工程项目全流程管控场景，提高项目服务质量，提高客户满意度，建立工程项目服务优势	信息化覆盖率、数控化率、成品交付准时率、计划达成率、工程竣工验收一次性通过率、施工过程现场检查问题整改率、项目返工率、项目预算误差率、工期提前率、平均工程成本降低率、安全事故损失率、工程质量验收一次合格率、材料损耗率、设备闲置率等
	复杂项目精细化成本管控	推进项目基础信息管理、项目进度控制、项目费用控制、项目材料控制、项目文档控制各个管理环节的流程和数据的贯通集成，打造复杂项目精细化成本管控场景，实现对项目成本多维度、多层次的实时有效监管，保证成本管理可控化，智能分析和预警项目成本风险，有效管控项目成本和规避成本风险	材料成本管控覆盖率、预算差异率、库存成品信息准确率、项目核算周期、设备利用率、人工工时统计误差率等
需求定义	用户精准营销	推进需求识别、研发设计、加工制作、运输、施工安装、后期改造等用户服务全生命周期数据的集成贯通，加强营销和服务数据的管理和分析，建立客户画像，打造用户精准营销场景，实现主体服务自动化、售后服务极速响应，提升客户满意度，挖掘市场新机会	客户增长率、客户拜访有效率、计划达成率、市场占有率等
数字化研发设计	数字化快速设计和交付	推进工程设计与施工之间的有效连接，打通设计数据与施工数据之间的连接通道，通过运用新一代信息技术实现数据共享和协同设计，保证设计数据流向的精准性，打造数字化快速设计和交付场景，实现工程完工后的数字化移交，提升市场占有率，实现向工程施工上下游产业链的延伸	一次设计出错率、施工设计产值完成率、产品一次检验合格率、一次校审准确率、图纸提交及时率、工程技术资料归档率等
供应链协同场景	供应链协同管控	推进企业内部销售、采购、生产、库存、财务等的有效集成、关联，实现与建设单位、设计院、材料供应商、设备供应商、劳务供应商等企业间数据的流动共享，打造供应链协同管控场景，合理配置和利用企业的各项资源，降低成本，提升企业运营效率及核心竞争力	采购订单按时交付率、存货周转率、生产计划达成率、综合成本降低率、库存盘点准确率、客户满意度等

（6）批发零售业企业数字场景建设重点方向。随着消费者物质生活水平的提高，

推崇个性、追求差异化的消费心理成为当今消费的主旋律。批发零售业企业正通过打造数字场景来有效应对消费行为的变化，主要聚焦于精准营销、订单快速交付与响应、仓储物流协同管控、财务业务一体化等系列子场景，建设重点方向见表2-7。

表2-7　批发零售业企业数字场景建设重点方向

数字场景类别	数字场景（部分）	数字场景描述	关键指标
需求定义	精准营销	通过推进营销、客户服务、会员等环节数据的贯通，构建用户洞察和精准营销体系，支持统一营销风险管控下的客户、商品、营业点、业务类型、支付方式等多维度数据分析，构建客户精准画像，打造精准营销场景以满足不同用户的多样化需求	客户增长率、客诉率、转化率等
快速响应	订单快速交付与响应	推进商品研发、包装设计、商品成本测算与报价、交付时间测算、订单确认等环节数据的贯通，打造订单快速交付与响应场景，实现对客户订单的全流程管控，实现产品的快速交付	客户档案维护及时率、销售计划完成率、订单交付及时率、统计分析准确率、退货率等
数字化运营管理	仓储物流协同管控	推进运输、仓储、配送等环节数据的贯通，实现对入库管理、仓库内部管控、出库管理、物流配送、仓储布局规划与物流策略等环节的管控，打造仓储物流协同管控场景，提升仓库的物流执行与转运效率，提升物流动态调配水平	仓库日发货场景、库存周转天数、配送时效、客户满意率、交货满足率等
	财务业务一体化	推进研发设计、采购、生产制造、用户服务等业务流程、管理流程、财务流程（预测/决策/计划/控制/监督/分析）的数据贯通和集成协同，实现基层门店数据的共享和存货管理统筹，建立数据驱动的财务一体化闭环管理、精细化管控场景，及时反馈企业经营问题，规避潜在风险，提高企业运转效率	发货准时率、订单交期达成率、项目成本降低率、存货周转率、应收账款周转率、客户满意率等

Q30：大型企业和中小企业推进数字化转型的侧重点有何不同？

点亮智库·中信联

A 大型企业推进数字化转型的侧重点在于整合并利用其资源和技术优势，运用新一代信息技术打通产业链供应链，加快推进商业模式创新和业态转变，构建产业（工业）互联网平台生态，赋能产业链供应链相关企业加速协同发展、集群发展,将自身打造为平台型、生态型组织,发挥大型企业在产业链供应链中的引领支撑作用。

中小企业推进数字化转型的侧重点在于依托产业(工业)互联网平台生态以及第三方服务平台,解决在信息技术应用、运营管控、经营管理等方面的痛点和难点,将有限的资金、人力等资源聚焦在细分市场的核心业务中,进行核心业务的数字化应用升级,实现降本增效,提高产品或服务质量,并通过上云、上平台,更好地融入产业链供应链,发挥中小企业在产业链供应链中的协作配套作用。

【说明】

2021 年 3 月,李克强总理在政府工作报告中指出,"增强产业链供应链自主可控能力,实施好产业基础再造工程,发挥大企业引领支撑和中小微企业协作配套作用"。这指明了大型企业和中小企业在产业链中的定位,即大型企业发挥引领支撑作用,中小企业发挥协作配套作用。基于目标定位和技术、资源现状的不同,两类企业推进数字化转型工作的侧重点也存在差异。

大型企业普遍经营存续时间较长,规模庞大,技术、资金、人才等资源雄厚,拥有相对完善的基础设施和成熟的商业模式、盈利模式。其数字化转型的侧重点是如何利用新一代信息技术,整合现有技术和资源优势,在相对成熟的业务、产品、组织体系基础上,进一步打通人、财、物、产、供、销各环节,推动运营管控优化和业务创新转型,实现价值体系的优化、创新和重构。同时,大型企业需要做好示范引领,向外延伸,与产业链上下游的合作伙伴构建共生共赢的开放平台和生态系统,转型成为平台型、生态型组织,从而保持行业领先地位,发挥在整个产业链中的引领支撑作用。

中小企业是产业链中量大面广的"中长尾"部分,数字化转型的进程和水平对全产业链数字化至关重要。第四次全国经济普查数据显示,占企业数量 90% 以上的中小企业贡献了 50% 以上的税收、60% 以上的 GDP、70% 以上的技术创新、80% 以上的城镇劳动就业。与大型企业不同,中小企业普遍存在数字化基础较弱、资金不足、人才匮乏等问题,在数字化转型过程中面临着"不会转""不能转""不敢转"的困境。因此,中小企业在推进数字化转型的过程中,需要大力借助和利用产业（工业）互联网平台、政府公共服务平台、社会服务平台等的成熟的数字化转型能力，减少在非核心业务环节的投入。比如借助钉钉之类的数字化组织运营平台来实现员工之间的高效沟通和在线协同，提高运营管理效率，降低成本；借助微盟之类的商业及营销解决方案提供商，来实现在微信、QQ、知乎、百度等不同渠道的精准营销投放。从 2008 年国家发展改革委等八部委发布的《关于强化服务，促进中小企业信息化的意见》，到 2020 年国家发展改革委、中央网信办印发的《关于推进"上云用数赋智"行动 培育新经济发展实施方案》，均提出由政府和平台来承担固定资产投入，而中小企业自身以边际投入的方式轻装上阵，为中小企业的数字化转型提供充分的外部力量支撑。

在此基础上，中小企业需要结合所在行业规律和自身的商业模式特点，量力而行，从亟待解决的关键问题切入，循序渐进推进转型工作。相关统计结果显示，仅 31% 的中小企业的业务能够覆盖设计、生产、物流、销售、服务等在内的产品全生命周期，大部分中小企业对于设计、物流、销售、客户服务等业务采用外包方式，而主要将资金和人才投入都聚焦在生产业务环节，专注于细分市场。因此，中小企业的数字化转型重点是加速核心业务环节的转型升级，实现降本增效，提高产品或服务质量，发挥在整个产业链中的协作配套作用。

【案例】

1. 钉钉助力中小企业降本增效

成立于 2014 年的钉钉，被称为"企业组织数字化时代的淘宝"，通过人财物事在线数字化、办公移动化、业务智能化，全方位提升企业组织运营效率，大幅降低企业组织数字化成本。据统计，在钉钉上办公，每天可为 1000 万个企业用户节省办公费用约 191 亿元。钉钉为 2 亿个人用户打造了至少 8 亿平方米的线上办公空间，相当于一年节省租金约 5398 亿元。

2.TCL"简单汇"打造供应链金融服务新模式

TCL 为降低产业生态圈内合作企业的资金成本，优化生态圈融资环境，建成供应链金融科技信息平台"简单汇"，可精准满足边远小微供应商的融资需求，渗透性解决实体毛细血管供血不足的问题。截至 2020 年 4 月，"简单汇"平台注册企业超 16071 家，其中 90% 以上为民营企业，78% 为注册资本 1000 万元以下的小微企业，入驻核心企业 160 余家，累计交易规模达 3705 亿元，累计确权金额约 1466 亿元，累计融资 499 亿元，平均账期缩短至 3 个月，融资综合成本降至约 6%，普惠特色鲜明。

3. 京东京励助中小企业"码上"营销

京东京励面向快消品品牌商推出的基于区块链赋码技术的营销解决方案，有效满足了中小型快消品品牌商在用户精细化营销和渠道数字化管理方面的诉求。该方案为企业客户在私域流量池建立、渠道奖励发放、营销活动执行方面，提供了技术服务、商品服务、物流服务。在用户精细化营销方面，用"码"连接客户，终端用户可以扫码得积分、扫码领红包、扫码抽奖、扫码填写调查问卷，能提升终端客户的品牌忠诚度。同时，线下终端用户可以直接关注品牌商私域流量载体，品牌商通过京东京励提供的会员商城，在私域流量中进行自有商品的售卖，建立自有电子销售渠道，还可以通过京东京励提供的积分商城，对客户进行精细化运营，增加客户的留存。

Q31：大型多元化企业集团的集团总部应该如何推进数字化转型?

吴 沂

A 由于大型集团企业的不同产业板块公司所处的行业赛道不同、行业数字化发展水平不同、板块自身的战略定位目标不同、板块自身的数字化能力不同，集团总部在推进数字化转型的过程中，应着重把握好"战略引领、业务驱动、价值导向、科技赋能"的总体工作方针，建议做好以下六方面工作。

一是做好数字化战略规划。加强顶层设计，明确集团总部和各二级公司的愿景和战略目标，引导各级公司朝着打造数字化集团的共同目标有序发展。

二是做好数字化转型组织建设。集团和二级公司要建立有效的数字化治理体系和变革组织，明确责任，保障考核，要安排懂业务、懂全局、有魄力、有担当、有数字领导力的高层领导（至少是公司领导班子成员）担任数字化转型的主要执行人，要选派一线业务骨干参加变革小组，以确保创新接地气、能落实。要从业务端到端全价值链进行优化设计，坚决反对局部创新。要围绕主业创新，坚决反对盲目创新。

三是加强宣传教育，尽快形成战略共识。达到上下同欲，消灭上热中温下冷的状态。要让全体员工明白，数字化转型不是选做题而是必答题，数字化转型的本质是技术赋能业务变革和价值链创新，是以客户为中心，以提高客户满意度和提高企业核心竞争力为目标的企业变革，是关系到企业未来能否持续做大做强的战略举措，而不仅是技术本身。

四是集团要做好绩效考核。数字化转型是一把手工程，把数字化转型纳入一把手绩效考核，要让各级领导对数字化转型的艰巨性、长期性和复杂性达成共识，在人员、组织、投资上给予保障，确保转型目标达成。

五是定期督导检查。集团总部应设立二级公司数字化转型联络员，定期或不定期深入一线交流检查。联络员既是宣传员，又是播种机，还是检察督导员，帮助二级公司瞄准核心价值链进行变革。

六是做好资助和激励表彰。设立创新成果奖，设立科技研发基金资助重大变革项目，设立独立的混合所有制的创新企业（核心骨干持股）扶持新产业。

【说明】

统一认识是数字化转型能否成功的首要问题。这个问题不解决，数字化转型绝对不会成功。每个行业板块都必须回答灵魂三问："我是谁？"——客观评估企业现状和数字化能力，避免好高骛远、邯郸学步；"我从哪里来？"——厘清本行业的数字化发展脉络，把握行业发展方向，关注行业标杆的优秀实践，避免盲目创新，统一数字化转型的远景和战略目标；"我要去哪里？"——弄清未来本企业应该是什么样子的，要有定性和定量的指标。

由于多元化集团企业下属各个二级公司的业态不同，行业发展不同，行业数字化能力也不同，千万不能搞一刀切，一定要一企一策，不要搞集团内的板块横向对比，而是和该板块行业优秀标杆对比，和该企业自己对比，每年进步10%，循序渐进，直至成功。

数字化转型绝不是数字技术本身，而是为了实现企业战略目标和卓越运营，为客户提供更好的产品或服务。务必从企业核心战略目标出发，从核心主业的实际出发，从最关键的需求出发，切忌好高骛远，盲目创新，这样才能最终实现数字化转型的战略目标。

数字化转型具有以下五个特点。一是数字化转型是一场不可逆的征程，其首要目标是产品在线、服务在线、员工在线、组织在线，其本质是管理的转型，是管理的革命；二是数字化转型需要持续性的投入，将集团级的变革转型项目或共享的科技赋能项目作为集团战略投入，由集团总部承担，不分摊给下属企业；三是数字化转型需要系统性的思考和方法，要与业务战略、业务规划结合起来，对数字化转型进行战略解码，避免只关注短期效益和局部利益；四是数字化转型是以业务价值为度量指标的投资行为，任何转型都必须支付变革成本，成本大于贡献的转型就是一种浪费；五是数字化转型需要构建支撑长期转型的得力组织，数字化转型涉及企业文化、组织结构、业务流程、数据、IT 技术等多个领域及全公司几乎所有的部门、机构，要建立能够引领企业数字化转型方向的指挥机关和作战团队。

Q32：大型企业推进数字化转型有哪些主要原则？

汪照辉

A 大型企业推进数字化转型有以下主要原则。

一是坚持价值导向。坚持将企业持续发展的价值效益作为核心评判依据，兼顾实效性价值与中远期发展价值，建立覆盖数字化转型重大投资决策、应用决策、成效评价及绩效考核的建设与治理体系，不断激发企业转型动力和活力。

二是坚持深化改革。把握好生产力和生产关系协同优化、持续变革的规律和趋势，结合国资国企深化改革步伐，同步推进新一代信息技术应用和组织管理机制变革，破除传统业务发展的瓶颈，加速推进业务数字化改革试点和最佳实践复制，为新技术、新产品、新模式、新业务的发展完善环境、留足空间。

三是坚持数据驱动。将数据作为新的生产要素，深化数据资源的开发和利用，促进以数据为核心的新型产品与服务创新，以信息流带动技术流、资金流、人才流、物流，在更大范围加快各类资源汇聚和按需流动，带动提高全要素生产率和创新水平。

四是坚持创新引领。加强数字时代的核心能力建设，推进新一代信息技术及其应用产品的集中攻关，推动和支持创新成果和能力的输出，不断加强技术和产品的迭代优化和创新。聚焦安全，推动实现从企业到完整产业链的安全可靠。

五是坚持统筹推进。导入先进的系统化管理体系，做好企业数字化转型蓝图与推进路线图的顶层设计与过程把控，以应对整体数字化运营带来的高度复杂性问题与风险，确保战略、业务、技术等的一致性和协调联动，促进整体协同效应的发挥。

六是坚持开放合作。树立开放、包容的发展理念，加强资源和能力的开放共享，有效利用全球先进技术与实践，补齐发展中的能力短板，加快基于平台的能力社会化输出，构建互利共赢的合作生态，又好又稳地加快数字化能力建设。

除了以上主要原则，大型企业推进数字化转型还应关注以下几方面的实践原则。

一是理论和实践相结合的原则。理论指导实践，实践完善理论。在国有企业推进数字化转型的过程中，需要不断提升数字化转型的理论认知，提升企业所有人员对数字化转型的认识，才能自觉地执行数字化转型任务，自觉地为数字化转型助力。首先，要进行员工的数字化转型认知培训，让所有员工了解数字化转型，理解数字化转型的价值和意义，懂得数字化转型能为企业和个人带来哪些收益和提升，这样才能在推进数字化转型过程中形成合力；其次，数字化转型不能急于求成，准备过程中可以邀请数字化转型的各类公司进行深入交流，比如数字化咨询公司、数字化实践企业、各类技术公司等，了解不同企业和不同人员对数字化转型的理解，从不同视角深入理解数字化转型；再次，基于前期的交流、培训学习和初始实践，逐步形成企业自身的数字化转型理论，指导后续数字化转型的推进；最后，还需要实时监控数字化转型的进度，实时反馈数字化转型过程中遇到的问题，适时调整和完善数字化转型理论，与时俱进，更好地指导企业推进数字化转型。

二是自主可控、内外结合的原则。国有企业数字化转型一定要自主实施和控制，不能完全外包给别的公司。当然在推进过程中可能需要跟各种类型的公司进行合作，但一定要在自身可控的前提下进行推进，不能由合作的公司主导。任何一家外部公司都不可能对企业百分百了解，所以其提出的方案往往是局部的，甚至不是局部最优的，更做不到全局最优。外部公司优先考虑获取经济利益，很难真正从共赢的角度来考虑企业的数字化转型，因此，在推进过程中，一定要做到以自主控制为主、外部合作为辅。

三是全局规划、分步实施的原则。要做到自主可控，必须具备全局规划的能力，这就需要具备相应的数字化转型理论知识和实践经验。在企业业务规模不断扩大，业务复杂度持续增加的情况下，有必要将企业数字化转型和企业战略相结合，从企业发展全局视角来规划和设计数字化转型架构和路线图，定义数字化转型里程碑和分步实施路径，近、中、远期规划相结合，越近期的计划越细致，越远期的计划越概略。

四是适时调整、持续优化的原则。在分步实施过程中，根据实施效果和反馈，适时调整数字化转型的计划、进度、策略、人员等，不断地完善数字化转型理论，优化转型架构和组织结构。数字化转型是一个长期持续的迭代过程，做到数字化转型自主可控才能实现适时调整，才不会造成大的失误和损失。在这个过程中，虽然要持续优化，但要尽可能减少"翻烙饼"，提升可复用能力和可复用性，才能真正提升效率。这就需要在规划和构建国有企业数字化转型架构时，使企业架构和系统架构高度适用，以适应不同的场景和需求。

五是鼓励创新、奖励为主、容忍适当犯错的原则。数字化转型的重点是数字时代业务模式的变革和创新。数据和人才是数字时代企业的核心资产。在数字化转型过程中，需要充分利用内外部人力资源，避免众多的条条框框，给予员工充分的授权，鼓励创新并予以适当的奖励和肯定，从而激发员工的主动性和创新动力，在统一规划和路线图指引下，形成争先创新的氛围和环境。创新没有100%的成功，所以，在数字化转型过程中，在鼓励创新的同时，更要容忍可能的失误，比如技术创新所导致的系统异常、数据异常等。但也不是容忍所有的错误，这需要不断探索和明确行为的原则和边界。

Q33：数字化转型实现业务与技术融合发展的方法是什么？

李 红

 企业数字化转型的核心特征和标志是实现业务与技术的融合，即业务上利用新一代信息技术实现效能提升和转型发展，技术上通过业务应用展现出强大的技术成效和创新动力，二者融合的共同效能就是催生新的生产力，实现企业整体的创新发展。

业务与技术的融合不是单纯的工作层面的融合，而是多维度的融合。一是从技术层面看，国际上推行的CPS是一种较为全面的融合方式，详情请查阅相关资料。二是从管理层面看，我国颁布的"两化融合管理体系"是基于国内企业的具体特点制定的业务与技术融合的最佳路径和方法，截至2021年，全国已有近5万家企业开展了贯标，通过评定的企业达2万余家，这些单位的实践证明，管理体系贯标可以从根本上帮助传统企业内部从决策到经营管理全面推进和检验信息技术应用的深度和广度，从思维、观念、方法和制度等方面提升对信息技术作用和价值的理解和认知。三是从应用层面看，各类基于网络和信息技术应用的平台和软件是实战层面推进业务与技术融合的工具，包括平台应用（如工业互联网、电子商务、客户服务等）、软件应用（如ERP、MES、CAD等）或云计算和大数据的应用等。四是从方法论层面看，国内外各类管理咨询公司大多都有各具特色的"方法论"，这些方法论能有效地将业务与技术融合落地。

数字化转型背景下的业务与技术融合与以前的融合有着重大区别，其内涵和外延都发生了根本性的变化，实质上就是"第四次工业革命和产业变革"的缩影。其具体特征包括：一是技术基础的升级，云计算、大数据、人工智能和区块链等新一代信息技术与业务深度融合，会产生巨大的创新能量，发挥难以预知的颠覆性作用；二是融合的目的是激发"数字要素"作用，对未来的产业转型升级带来新的增值变量；三是这种融合效应将会对传统的产业分工、业务界面、协同方式、经营领域、商业模式、竞争特征和组织形态带来重构和颠覆式影响。

【说明】

这个问题的出发点可以很宏观，也可以很微观，宏观上可以上升到自然辩证法的原理和技术经济学的理论，微观上可以深入到企业内部某一具体应用领域，如IT与OT的融合、IT与DT的融合等。

第三章

能力建设

——如何构建数字时代能力体系？

Q34：数字能力是什么？为什么数字化转型应以数字能力建设和应用为主线？

点亮智库·中信联

能力是完成一项目标或者任务所体现出来的综合素质。根据国家标准《信息化和工业化融合 数字化转型 价值效益参考模型》（GB/T 23011—2022），新型能力是深化应用新一代信息技术，建立、提升、整合、重构组织的内外部能力，形成应对不确定性变化的本领，企业在数字化转型中打造形成的新型能力就是数字能力。随着从工业经济时代向数字经济时代的演进，未来企业的核心能力都将转变为数字能力，企业有条件将数字能力与资源、业务剥离，数字能力更动态、更柔性、更依赖数据和知识的更新，更加能够支持业务模式和业态创新。

数字能力建设是企业推进数字化转型的核心路径和有效抓手。在较好实现数字化的基础上，企业数字化转型主要发生在网络化、智能化发展阶段，其关键是要基于数字技术的赋能作用，提高企业内外部社会化资源的平台化协同和动态配置水平，从而实质性推动业务体系变革、商业模式创新，开辟新空间，创造新价值。企业将自身的核心技能进行数字化、模型化、模块化和平台化，有条件时可与其他合作伙伴共同打造生态化的数字能力平台，基于数字能力（平台）向下赋能新型基础设施资源按需配置，向上赋能以用户体验为中心的业务生态化发展，才能大幅提升对日益个性化、动态化、不确定性市场需求的响应水平，从以物质经济规模化发展为主，转向以数字经济多样化发展为主。

以数字能力建设和平台化应用为主线，有利于更好地承载战略布局的价值新主张，形成支持价值创造和传递的系统性解决方案，构建保障价值创造和传递的数字化治理体系，也才能更好地打破传统的管理层级和业务壁垒的束缚，更有效地赋能业务创新转型，打造价值获取新模式，实现系统化、体系化的统筹协调发展。

【说明】

为有效破解企业数字化转型难题，国内国际知名机构都在积极关注和探索能力的认知与实践应用。

OMG 于 2015 年指出业务能力是交付产品或服务的基础。共享业务能力能形成产品成本或质量的竞争优势，也会形成企业适应新技术或市场机遇的敏捷性。The Open Group 在 2018 年提出业务能力的概念，能力（Capability）被定义为"做某事的能力"，认为定义业务能力和能力模型是达到目的的一种方法，并将能力应用在招聘管理中，通过自上而下构建能力模型，达到提供价值的目的。德勤和供应链管理协会于 2019 年建立"供应网络的数字能力模型"（DCM），旨在帮助转变当今日益互联和数字化的世界的供应链管理。DCM 的目标是通过调整传统的筒仓式为协同式工作方式，并利用数字能力及建立综合供应网络的数据来提高组织的智能化程度。Gartner 于 2019 年提出 EBC（Enterprise Business Capability）的概念。围绕 EBC 思想，金蝶软件将企业的核心关注点、生态体系、业务能力等方面与架构技术等进行结合，形成 EBC 架构能力，即通过中台架构构建企业数字化能力引擎，支持企业数字化平台的建设。

　　企业通过两化融合管理体系贯标打造了 10000 余项能力，对这些能力进行分析发现，我国企业关注的能力内涵发生了很大的变化，企业核心能力体系不断变迁，从传统能力向数字能力演进（见图 3-1）。例如，在客户服务方面，从过去并

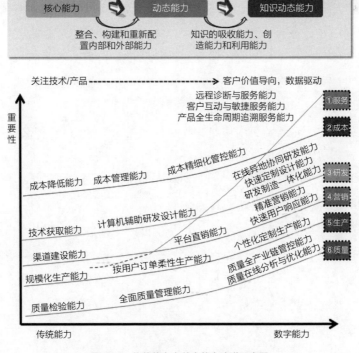

图 3-1　传统能力向数字能力演进示意图

不重视此类能力演化成开始关注远程诊断与服务能力等方面；在研发创新方面，从计算机辅助研发设计能力演化成更加关注基于客户需求的在线异地协同研发能力、快速定制设计能力、研发制造一体化能力等；在质量管理方面，从全面质量管理能力演化成更加关注质量全产业链管控能力、质量在线分析与优化能力等。数字时代从服务、成本、研发、营销、生产、质量、交期等方面都更要关注敏捷、定制化、可快速响应等的数字能力。

Q35：数字能力赋能价值获取的典型模式有哪些？

点亮智库·中信联

A 按照企业调用数字能力赋能业务转型和业态转变的方式不同，数字能力赋能价值获取的典型模式有四种。

一是基于能力节点的价值点复用模式。推动能力节点的模块化、数字化和平台化，支持各类业务按需调用和灵活使用能力，实现能力节点对应价值点的重复获取，扩大价值空间。

二是基于能力流的价值链整合模式。推动能力节点之间沿着业务链、供应链、价值链等构建基于价值流的能力流，赋能相关业务实现流程化动态集成、协同和优化，实现供应链、价值链各相关价值环节的价值动态整合，实现企业整体效益提升。

三是基于能力网络的价值网络多样化创新模式。推动能力节点之间构建、运行和自适应优化基于价值流的能力网络，赋能网络化业务模式的创新和发展，大幅提升业务网络化、多样化创新发展的能力和水平，从而实现基于价值网络的价值多样化获取和创新价值创造。

四是基于能力生态的价值生态开放共创模式。推动能力节点之间构建、运行和自学习优化基于价值流的能力生态，赋能社会化、泛在化、按需供给的业务生态共建、共创和共享，显著提升业务智能化、集群化、生态化发展能力，提高可持续性发展、原始创新、反脆弱等的水平，培育壮大数字业务等新业态，从而与合作伙伴共创、共享生态化价值。

【说明】

　　企业应基于数字能力赋能构建的开放价值生态体系模型，从价值点、价值链、价值网络、价值生态四个视角出发，以数字能力赋能业务创新转型，实现价值效益开放共建、共创和共享。

　　（1）基于能力节点的价值点复用模式。即由单个孤立价值点以散点形式存在的价值模式，推动能力节点的模块化、数字化和平台化，支持各类业务按需调用和灵活使用能力，以数字能力赋能业务轻量化、柔性化、社会化发展，通过业务的蓬勃发展、开放发展提升能力节点的调用率和复用率，从而实现能力节点对应价值点的重复获取。

　　长安汽车通过互联网平台，实现"六国九地"24小时不间断的研发，通过反复调用数字化研发、设计、仿真、试验、验证能力，有力支撑重点领域正向研发体系建立，使研制周期缩短30%，研发质量大幅提升，产品市场竞争力显著增强。

　　（2）基于能力流的价值链整合模式。即基于上下游衔接的增值活动，将单个价值点串联以实现价值链整合的价值模式。推动能力节点之间沿着业务链、供应链、价值链等构建形成基于价值流的能力流，实现能力节点之间的流程化协调联动。以能力流赋能相关业务实现流程化动态集成、协同和优化，通过业务流程动态集成优化，实现供应链、价值链各相关价值环节的价值动态整合和整体效益提升。

　　蒙牛乳业（集团）股份有限公司通过产业链数字化转型，建立具有"实时感知－精准溯源－辅助决策"能力的数字化奶源平台，连通乳企和牧场，实现牧场管理透明化、质量管控数字化、成本控制精细化。

　　（3）基于能力网络的价值网络多样化创新模式。即基于价值点网络化连接，实现价值多样化创新的价值模式，推动能力节点之间构建、运行和自适应优化基于价值流的能力网络，实现能力节点之间的网络化动态协同。以能力网络赋能网络化业务模式的创新和发展，大幅提升业务网络化、多样化创新发展的能力和水平，从而实现基于价值网络的价值多样化获取和创新价值创造。

　　海尔在数字化转型中全面推进"人单合一"模式，使海尔从一家电子公司转变为一个创业平台，员工在与客户深度接触的过程中不断发现创业机会，将每个经营体的能力与平台能力进行网络化连接，构建了网络化的价值创造模式，使价值空间边界不断扩大，市场容量不断提升，实现价值持续增值以及价值效益的指数级增长。

（4）基于能力生态的价值生态开放共创模式。即基于生态合作伙伴之间价值点生态化连接，实现价值生态共建、共创、共享的开放模式，推动能力节点之间构建、运行和自学习优化基于价值流的能力生态，实现生态合作伙伴能力节点之间的在线认知协同。以能力生态赋能社会化、泛在化、按需供给的业务生态的共建、共创和共享，显著提升业务智能化、集群化、生态化发展的能力和水平，培育壮大数字业务等新业态，从而与合作伙伴共创、共享生态化价值。

字节跳动搭建的能力中台，通过通用的数据开发能力和数字化运营管理能力等，支持业务快速迭代与发展。除了支撑内部应用，火山引擎对外服务的产品能力复用了字节跳动内部中台的技术，将能力对外输出，帮助客户智能、便捷、低门槛使用字节跳动积淀的工具和技术，帮助企业实现业务的智能增长。

Q36：数字经济时代企业需要构建哪些数字能力？

点亮智库·中信联

A 参照团体标准《数字化转型 新型能力体系建设指南》（T/AIITRE 20001），从价值创造的载体、过程、对象、合作伙伴、主体、驱动要素等方面，系统推进数字能力的建设与提升，主要包括：第一，产品创新能力，与价值创造的载体有关，主要包括产品数字化创新能力、数字化研发设计能力等；第二，生产与运营管控能力，与价值创造的过程有关，主要包括智能生产与现场作业能力、一体化经营管理能力等；第三，用户服务能力，与价值创造的对象有关，主要包括需求定义能力、快速响应能力、增值服务能力等；第四，生态合作能力，与价值创造的合作伙伴有关，主要包括供应链协同能力、生态共建能力等；第五，员工赋能能力，与价值创造的主体有关，主要包括人才开发能力、知识赋能能力等；第六，数据开发能力，与价值创造的驱动要素有关，主要包括数据管理能力、数字业务能力等。

【说明】

开展数字化转型,数字能力建设是贯穿始终的核心路径。企业应从与价值创造与传递紧密关联的六个视角统筹考虑,推进与价值创造的载体、过程、对象、合作伙伴、主体、驱动要素等有关能力的建设与提升。

一是与价值创造的载体有关的能力,主要包括产品数字化创新、数字化研发设计等产品创新能力。产品(服务)是价值创造的载体,企业应注重加强产品创新等能力的建设,推动数字技术与产品本身及产品研发过程的融合,推动传统产品向智能化产品升级,产品设计由试验验证向模拟择优转变,不断提高产品附加价值,提升产品研发效率,缩短价值变现周期。

二是与价值创造的过程有关的能力,主要包括智能生产与现场作业管控、一体化经营管理、信息安全管理等生产与运营管控能力。产品(服务)价值主要通过生产、运营等活动产生,企业应着重加强生产与运营管控等能力,纵向贯通生产管理与现场作业活动,横向打通供应链/产业链各环节经营活动,不断提升信息安全管理水平,推动生产运营由以流程驱动为主转向以数据驱动为主,逐步实现全价值链、全要素资源的动态配置和全局优化,提高全要素生产率。

三是与价值创造的对象有关的能力,主要包括需求定义、快速响应、创新服务等用户服务能力。企业经营归根结底是为用户创造价值,换言之,用户是价值创造的对象。企业应注重用户服务能力等的建设,加强售前需求定义、售中快速响应和售后增值服务等全链条用户服务,推动用户服务由售后服务为主转向全过程个性化精准服务,最大化为用户创造价值,提高用户满意度和忠诚度。

四是与价值创造的合作伙伴有关的能力,主要包括供应链协同、生态共建等生态合作能力。数字经济时代,企业应注重生态合作能力等的建设,加快由过去以竞争为主转向共创共享价值生态,加强与供应链上下游、用户、技术和服务提供商等合作伙伴之间的资源、能力和业务合作,构建优势互补、合作共赢的协作网络,形成良性迭代、可持续发展的市场生态。

五是与价值创造的主体有关的能力,主要包括人才开发、知识赋能等员工赋能能力。员工是开展价值创造活动的主体,企业应注重员工赋能等能力的建设,充分认识到员工已从"经济人""社会人"向"知识人""合伙人""生态人"转变,推动员工关系由指挥管理转向赋能赋权,不断加强价值导向的人才培养与开发,赋予员工价值创造的技能和知识,最大限度地激发员工价值创造的主动性和潜能。

六是与价值创造的驱动要素有关的能力，主要包括数据管理、数字业务培育等数据开发能力。数据是驱动价值创造活动的关键要素。企业应打造数据开发能力，推动数据资源转化为数据资产，并进行资产化运营和有效管理，深入挖掘数据价值，充分发挥数据作为创新驱动核心要素的潜能，以数据支撑决策、驱动运营、促进创新，开辟价值增长新空间。

【案例】

1. 与价值创造的载体有关的能力

国机集团基于北斗技术，搭载智能终端，研发了 LX904 自动驾驶智能拖拉机，构建了农机装备远程监测及作业服务平台，通过统一调度和管理 185 台 LX904 自动驾驶智能拖拉机，服务了 20 万亩甜菜的种植，种植户平均增收 15%，产生了良好的经济效益和社会效益。

2. 与价值创造的过程有关的能力

中国宝武加快工业机器人、无人化行车、人工智能等新技术的应用，生产管理能力显著提升，上海基地在全球率先实现"一键炼钢出钢"。

3. 与价值创造的对象有关的能力

中航信移动科技有限公司通过数字化转型，建立具有"精准预测－数字安检－定制服务"能力的民航移动出行智能服务平台，实现航班高精度的预警预测，提供民航行业无纸化通关信息服务、旅客个性化精准服务。

4. 与价值创造的合作伙伴有关的能力

致景科技打造纺织产业工业互联网平台，推进行业全链条数字化改造，连接链上全要素，重构纺织产业链，连接纺织机超过 150 万台、织布机超过 50 万台，服务 10000 余家工厂，打造没有一台织布机的中国最大的纺织云工厂。

5. 与价值创造的主体有关的能力

中国中化打造数字化好课堂共享服务平台，配合公司数字化年度重点工作，结合国家最新政策、产业发展趋势、行业转型特点、数字化最佳实践，持续开展中化大讲堂"线上中化"讲坛，面向公司全体人员，组织开展线上线下相结合的、多种形式的数字化转型政策宣贯和深度培训课程，提升全员数字素养和技能。

6. 与价值创造的驱动要素有关的能力

南方电网构建完善覆盖企业运营管理全业务的一体化数字业务平台，深化数据资产全生命周期运营管理和数字化协作应用，以数据驱动业务流程再造和组织结构优化，提升企业数据治理能力和数据价值创造能力。

Q37：企业数字化转型需要构建哪些基础共性数字能力？企业应如何考虑基础共性数字能力构建的优先顺序？

苗建军

A 概括起来，企业数字化转型需要构建的基础共性数字能力包括以下三个方面。

一是数据资源的形成和管理基础能力。数据已被公认为是数字化转型的关键驱动要素，是目前推动企业数字化转型的核心动力，只有在质和量上充分掌握了这一关键要素，企业才有可能顺利实现数字化转型。过去，企业的信息化工作基本上是围绕业务流程来开展的，数据只是业务信息化系统附带产生的，存在于各个业务信息化系统之中，也常常伴随业务信息化系统的失效或下线而无法使用，缺乏集中有效的管理，形成不了数据资源，难以满足数字化转型的需要。因此，亟须加快数据资源形成和管理的基础能力建设。数据资源形成和管理的基础能力包括数据架构规划能力，数据生命周期管理能力，数据资源加工、处理、分析能力，数据治理能力等。数据资源形成和管理的基础能力建设的目标是保质保量地积累企业的各种数据资源及广泛应用这些数据资源，以实现价值创造。

二是支撑主营业务的企业管理基础能力。企业管理基础能力是保证一个企业正常运行所必需的支撑能力，具有通用性，包括计划、组织、采购、营销、库存、物流、人力资源、财务、能源、环境、安全、质量、成本、固定资产、物料、设施、知识、文化管理等方面。为开展数字化转型工作，企业应围绕主营业务的需要构建支撑主营业务的企业管理基础能力。构建这些能力的优先顺序要根据企业的性质、经营模式及主营业务的重点来进行规划建设，能力建设要基于企业层面的标准化通用基础数据和规范化管理流程，打造出稳定、顺畅、规范的企业公共支撑数字化环境，为主营业务数字化转型提供良好的基础条件。

三是基础支撑 IT 能力。基础支撑 IT 能力是支撑企业实现各种业务数字能力及保证各种业务数字能力的可持续发展与应用的技术保障，是数字技术在企业业务数字化系统中落地的技术支撑，主要包括企业 IT 架构能力、基础设施及应用系统运行保障能力等。

企业基础共性数字能力是企业数字化转型必备的，建设的优先顺序从根本上来说并不重要，都应逐步构建。但在实际工作中如需要安排这些能力建设的顺序，可从以下几方面进行考虑：一是通用基础性导向，优先构建应用领域广、为多个其他数字能力提供数据和流程支撑的基础共性数字能力；二是问题导向，针对企业日常管理中问题较多且手工管理效率低下的运行管理领域，优先构建数字能力；三是主营业务系统导向，系统分析主营业务数字能力建设中对基础共性数字能力的需求，优先构建主营业务数字能力建设中必不可少的基础共性数字能力；四是稳定性导向，优先构建那些自身运行模式相对稳定、受其他业务变化影响较小、在较长的时间内基本不发生变化或变化很缓慢的运行管理业务的数字能力；五是成熟性导向，对已经具有较为成熟的数字能力解决方案的运行管理业务，可优先安排能力建设。

以上因素中，单个因素都不一定是决定性的，在实际工作中，要综合考虑多方面因素，以企业数字化转型战略为目标，系统规划企业的数字能力建设，制定完整全面的数字能力建设规划，并逐步落实。

Q38：如何才能建好用好数字能力？

点亮智库·中信联

A数字能力建设是一项系统工程，企业应从过程维、要素维、管理维三个维度，系统地策划与构建能力建设、运行和优化所需的过程管控机制、系统性解决方案和治理体系保障机制，才能建好用好数字能力。一是过程管控机制，即构建的能力策划，支持、实施与运行，评测与改进的 PDCA 过程管控机制，可确保能力建设和运用过程可管可控、可持续优化，从而不断实现能力的优化升级，推动价值效益的逐级跃升。二是系统性解决方案，即形成的涵盖数据、技术、流程和组织四个要素的系统性解决方案，可充分发挥数据驱动潜能，推动信息技术、管理技术与专业领域技术（如工业技术）等的集成应用，以及四要素之间的融合、迭代创新，支持能力和价值目标的有效实现。三是治理体系保障机制，即建立的涵盖数字化治理、组织机制、管理方式和组织文化等的治理体系保障机制，可确保能力被有序、高效、协调打造和运用，从而最大化发挥其价值创造的潜能。

【案例】

中广核工程有限公司作为中国广核集团的主要成员企业，是中国第一家专业化的核电工程管理公司。围绕成为国际一流工程承包 / 咨询公司的战略愿景，中广核工程有限公司开展了数字能力建设和应用，成效明显，建设质量、施工安全等方面指标均有效提升。本案例以中广核工程有限公司构建工程项目协同管控能力为例，说明如何建好用好数字能力。

1．过程管控机制

中广核工程有限公司为打造工程项目协同管控能力，建立了 PDCA 过程管控机制。在能力策划方面，围绕企业品牌战略、国际化战略、同心圆战略三大战略，系统开展企业内外部环境分析和对标分析，明确工程建造精细化管控、设计建造一体化等竞争合作优势需求，提出打造工程项目协同管控能力，进而形成了以管控、组织、业务为核心的业务协同管控实施方案和《统一业务流程平台》技术规范书等策划文件。在能力支持、实施与运行方面，通过建立统一业务流程平台，以"核电工程业务协同、核电工程管控协同"为切入点，将能力分解为"安全隐患按期关闭率"等七个指标，并进一步细化为智能工程部等十余部门的工作任务，在此基础上推动系统性解决方案的技术实现和治理体系的创新完善。在能力评测与改进方面，采用进展监测、里程碑评审、内审、评估与诊断等方式实现对解决方案和治理体系的评估，不断推动数字能力建设、运行和优化，促进能力等级迭代升级。

2．系统性解决方案

中广核工程有限公司为打造工程项目协同管控能力，形成了涵盖数据、技术、流程、组织四要素的数字能力建设、运行和优化的系统性解决方案。在数据方面，统一了数据标准，实现了 IED（Index of Engineering Document，工程文件索引）、时间、成本（设备费、工时量）、风险、知识、文档等数据的全面集成，以及数据可视化，推动了平台数据的有效对接，促进了数据的共享和综合应用与数据流、管控流的精准交互。在技术方面，基于"应用服务器＋数据服务器＋文件服务器＋缓存服务器"的网络部署架构，实现了生产、管控各类业务支持平台的对接，实现了进度、成本、风险、技术、文件、知识等各个项目管控领域的全面集成与联动。在流程方面，打通了核电工程全周期业务流程，实现了板块间、专业间业务流程的显性化、标准化，建立了项目范围管理的编制、审批、执行流程，优化了文档分发等管理流程。在**组织方面**，根据流程优化的结果，开展了岗位职责调整。

3．治理体系保障机制

中广核工程有限公司为打造工程项目协同管控能力，开展了治理体系优化。在数字化治理方面，形成了总经理推动、各主要部门全面参与的推进机制，在平台开发过程中多次进行了安全测试，为支撑能力建设编写了 32 项相关文件，匹配了支撑数字能力建设所需的人员和资金。在组织机制方面，成立了智能工程研发项目部、智能工程部，落实了项目范围管理的部门及其职责。在管理方式方面，依托平台工具，实现了网络化、电子化运作及员工、技术、质量、风险、知识等管理客体的精准管控。在组织文化方面，召开了启动大会进行宣贯，并多次开展培训，全员达成了支持能力建设的共识，并将数字能力建设与企业"责任担当、严谨务实、创新进取、客户导向、价值创造"的价值观相结合，形成了推动能力建设的良好文化氛围。

Q39：如何识别和策划数字能力？如何实现其与企业业务和目标的精准匹配？

周　冰

A 数字化转型聚焦价值体系的优化、创新与重构。在新一代信息技术高速发展的背景下，数字化转型战略已经成为企业发展战略不可或缺的重要部分。识别和策划数字能力，首先要通过数字化战略识别机制生成价值主张，其次要通过数字能力过程联动机制完成数字能力的识别、分析、策划与实施工作，最后要实现战略落地。通俗地说，如何识别和策划与业务、目标精准匹配的数字能力，就是数字化赋能解决"凭什么卖？卖给谁？怎么卖？卖多少？"的问题。从价值创造的过程来看，重点聚焦以数据为驱动要素的数字能力所支撑的"凭什么卖？"，基于价值创造的落脚点"卖多少？"，在价值创造的主体、载体、过程、实现方法等方面需要反复回答的"卖给谁？"与"怎么卖？"。

【说明】

1. 经营复盘

经营复盘就是以数字化转型的视角，摸家底、找差距、搞盘点、做评估，以年度经营指标的达成为切入点，围绕价值效益的三个视角（参见 Q10）展开的一系列活动。经营复盘的意义在于为即将开始的新一轮战略识别、战略实施、战略落地工作提供必要条件与决策参考。

2. 战略识别

参照团体标准《数字化转型　参考架构》（T/AIITRE 10001），企业规划数字化转型战略应从可持续竞争合作优势、业务场景、价值模式三个方面探索操作路径。

（1）可持续竞争合作优势的确认。首先是用好一个平台与一张表格，一个平台就是数字化转型诊断服务平台（www.dlttx.com/zhenduan），一张表格就是优化的 SWOT 分析表。

通过数字化转型诊断服务平台可以开展数字化转型的诊断对标工作，初步获得企业的优势与短板作为参考，来判断企业数字化转型所处的阶段。

企业的内部环境优势、劣势分析可从企业所具备的胜任力、所拥有的资源、所开展的活动三个角度展开；外部环境的威胁、机会分析分为宏观环境（PESTEL）与微观竞争力（波特五力模型）分析等。

进行内外部环境分析的目的是通过优势、劣势、威胁、机会的不同组合，获得消除威胁与劣势的防御性建议、改进劣势抓住机会的扭转型建议、放大优势监视威胁的多种经营建议、利用优势与机会的增长型建议，并在此基础上确定可持续竞争合作优势的需求。

（2）业务场景的确认。在获得了可持续竞争合作优势需求的前提下，首先必须对公司的整个业务架构（画出业务架构图是必须的）有全面的了解，这样才能梳理、分解公司在实际经营管理活动中所涵盖的不同的业务活动，不同的业务活动对应不同的业务场景。例如，对于农产品深加工企业而言，整个业务过程有农产品的种植养殖、收购及辅料采购、商品化研发、初加工、深加工、物流仓储、销售与售后服务、全过程的品质控制与检验等，这些业务活动可独立或组合成不同的业务场景。在业务梳理的基础上，可从组织主体、价值活动客体、信息物理空间三个视角明确业务场景。业务场景必须明确需求、目标、与目标对应的工作内容，以及可以支持业务场景的资源条件，资源方面主要是人员、技术、设备、信息化软硬件以及其他工具，业务场景目标必须来源于公司年度经营目标的分解，并且是具体的、可实现的。

（3）价值模式的确认。参考企业的使命、愿景、价值观及经营定位，从价值创造模式、价值分享模式等方面考虑，进行价值模式的分析与设计。结合信息化发展现状明确价值活动的主体、主要价值活动、价值管理方式、价值传递的过程、价值度量方式、价值分配机制等。价值模式映射业务模式或者商业模式，对业务模式或者商业模式最简单的理解是什么人用什么方式去赚哪些人的钱，再把钱怎么花出去。

3. 战略实施

（1）分析业务痛点。围绕价值效益的三个视角，可在匹配企业业务和目标上开展精准分析。传统行业的成长型中小企业的业务痛点基本集中在提质降本增效方面，成熟的科技型企业的业务痛点基本集中在产品与服务的创新方面，居于细分行业头部或具有行业规模优势的企业的需求多为业态转变方面。比如，一家水产加工企业，主要原料为淡水鱼与小龙虾，面临的主要痛点就是原料价格不稳定、原料供应受季节性影响，导致采购成本偏高、物料保障受阻，影响企业的发展，如何通过信息化手段结合数字化转型的要求进行数字能力的建设，必然是企业最关注并急需解决的难点；又如，一家大型石化设备制造企业，受新冠肺炎疫情影响，大型装备的到货及时性与完好性成为满足客户需求和提升客户满意度的难点，该企业通过上线 ERP、物流软件等实现了装备运输的在线可控跟踪，这就是企业数字能力与业务目标精准匹配的成功案例。

另外，谈数字能力，必然与信息化的基础建设、软硬件的投入有关，也与自身经营现状、客户群体有关。

（2）识别数字能力。经过对企业发展战略的梳理，获得企业可持续竞争合作优势的需求、业务场景与价值模式，最后参照价值效益模型初步推断企业目前的价值效益目标。依据价值体系优化、创新和重构的总体需求，以及从组织主体、价值活动客体、信息物理空间三个视角明确的业务场景，对标数字能力建设的六大视角，获取数字能力的总体需求，并将数字能力建设的总体需求与业务场景进行相对应的逐级分解，得到不同的能力单元，不同的能力单元对应不同的量化指标。例如，武汉乐普食品有限公司的数字能力的总体需求为风味休闲卤制品的全生命周期管理能力，湖北华贵食品有限公司的数字能力的总体需求为莲藕产业链全过程溯源能力。

根据确定的数字能力的总体需求，基于对业务需求的精准分析，汇总业务痛点与约束条件后确定分批次、分阶段建设数字能力的重点，拟定当务之急必须打造的数字能力及其量化指标。例如，前述武汉乐普食品有限公司以数字能力总体需求模块"风味休闲卤制品的全生命周期管理能力"为基础，通过分解，拟打造"基于订单快速响应的物料保障能力"，该能力的量化指标为采购及时率 $\geqslant$ 95%、物质到货及时率 $\geqslant$ 97%、原材料库存资金占有率 $\leqslant$ 15%、物料采购合格率 $\geqslant$ 97%。

（3）分析数字能力。聚焦拟打造的数字能力，开展数字化转型中业务流程、组织结构、技术获取、数据利用、数字化治理、组织机制、管理方式、组织文化等方面的现状分析，总结管理机制建设方面的成效与不足，同时将资金、人才、设备实施、信息资源、信息安全等方面的支持、资源现状与拟打造数字能力进行匹配性梳理，以明确符合性与适宜性。

（4）策划数字能力。数字能力实施策划的核心是策划数字能力实施流程图。首先，策划过程管控机制，主要工作是依据 PDCA 循环界定业务架构，并建立制度与体系保障文件。其次，策划系统性解决方案，包括判断有哪些业务流程需要优化，并在此基础上开展适应性职能职责调整，还包括技术实现、数据开发利用等，其中，策划数据开发利用的关键是明确信息化应用架构是否支持数据的在线获取与自动集成，必要时可利用外部资源进行开发转换。例如，武汉乐普食品有限公司为了获取采购物料合格率数据，协同金蝶服务商在金蝶云之家开发了品质检验审批表单。最后，策划治理体系，包括策划利用信息化工具传递便捷性的优势建立制度、文件、培训学习等方面的管理保障，根据企业实际情况制定将数字化资金纳入专项规划的相关制度，以及使用信息化工具开展数字化辅助管理决策等。

4. 战略落地

（1）培训。两化融合管理体系作为数字化转型的工具、方法论，强调实效性与融合性，通过两化融合相关的知识培训，可首先完成形而上的知识掌握，然后实现形而下的落地应用。

（2）建设数字能力。严格按照确定的数字能力策划方案开展数字能力的建设工作。

（3）评测与改进。评测与改进工作是数字能力建设过程中的重要环节，需要通过监视、测量、考核、改进工作的开展情况，以判断数字能力量化指标是否能够真正有效地对接与反映企业经营活动，并调整与修正达不到数字能力打造要求的指标。召开量化指标研讨会是个不错的方式，可通过开放探讨的形式重新复盘整个数字能力建设过程，使识别和策划的数字能力与企业的业务和目标精准匹配。

【案例】

湖北长江石化设备有限公司（以下简称长江石化）以"与全球石油化工同发展共荣辱"为使命，对标可持续竞争合作优势的需求，在综合梳理公司整体业务架构的基础上，以精准匹配业务发展目标为导向，对涉及的业务场景进行了分解，明确了"以客户需求为导向的研发、设计，基于订单快速响应的物料保障，基于订单快速响应的智能制造，为客户提供以高品质、创新服务为基础的产品交付，以及以保障质量安全为前提的产品全生命周期管理"等业务场景。

在确定了业务场景的基础上，结合价值模式、可持续竞争合作优势，该公司着眼业务需求，确定了数字能力的总体需求。

该公司的战略目标：在全球石油化工行业创造并持续保持高端、专业制造商的地位,2021 年销售收入达到 4 亿元,2022 年销售收入达到 6 亿元,2023 年销售收入达到 8 亿元。

该公司的可持续竞争合作优势的需求:持续保持石油化工行业影响力与品牌实力的需求、领先石化行业加工能力与技术水平的需求、卓越质量与安全管理贯穿产品全生命周期的需求、供应链生态协作助力长江石化持续发展壮大的需求、以信息化发展为核心推动创新服务与柔性规划的需求、引进与培育石化行业高素质人才同长江石化共同成长的需求。

该公司基于主要价值活动的价值模式:以"数字化转型赋能长江石化与全球石油化工行业同发展共荣辱"为引领,通过历史业绩、行业广告、专业论坛、研发创新活动等影响全球大型石化企业及全国国有石油化工企业,基于规模和先进智造优势提供压力容器、换热器等高端、专业石油化工设备。

该公司的数字能力总体需求:参照价值效益模型,初步推断该公司目前的价值效益目标为生产运营优化中的效率提升,从而确定基于订单快速响应的产品交付能力、仓储与运输装置自动化作业能力、仓储管理能力、基于订单快速响应的生产管理能力、基于订单快速响应的物料保障能力等为该公司的数字能力的总体需求,以上能力单元可以组合为产供销一体化管理能力模块。

该公司与业务痛点相关的业务需求:在保证产品质量的前提下,提升产品交付的效率及客户体验,通过用友 U8、致远 OA、易派客销售平台、易派客采购平台、易派客云运输平台等系统,实现客户订单从发货到交付过程的数字化和在线化,以及发货、配货、物流、查询等各环节的流程自动化,通过优化内部管理持续提高交付效率、交付完好率等。

与业务需求对标的数字能力:与业务需求相关的业务场景是基于订单快速响应的物料保障、以为客户提供高品质与创新服务为基础的产品交付,确定打造的数字能力为"基于订单快速响应的产品交付"。

基于数字能力分解模型的"基于订单快速响应的产品交付":组织主体为位于湖北省某市某镇中华路的某石化设备有限公司,最高管理者、管理者代表、综合管理部、企管部、生产部、供应部、质量检验部、财务部、市场部、仓储部等参与,参与人数为 125 人;价值活动客体为基于订单快速响应产品交付的相关活动,包括通过易派客获取订单、生成长江石化订单与设计任务书、ERP 生成采购单、完成易派客线上采购、生产状态跟踪、产品检验发货、物流运输在线跟踪等;信息物理空间为用友 U8,致远 OA,易派客销售平台、采购平台、易物流云运输平台等系统的集成与一体化链接，以及其他与数字能力相匹配的信息化基础设施设备。该公司数字能力量化指标见表 3-1。

表 3-1　数字能力量化指标

量化指标	指标内容	目标值	归宿系统	完成周期
货物运输完好率	货物完好交付数 / 订单约定货物数	≥98%	易派客	订单约定时间
运输及时率	实际货物到达时间 / 约定货物到达时间	≥92%	易派客	订单约定时间
采购及时率	零部件按时采购数 / 零部件采购总数	≥90%	用友 U8、易派客	订单约定时间
设计图纸未完成率	图纸设计未完成总套数 / 要求设计图纸总套数	≤5%	致远 OA	订单约定时间
生产交付按时率	实际交货总台数 / 要求交货总台数	≥95%	用友 U8、致远 OA	订单约定时间
年度成品不合格率	年度成品不合格数 / 年度成品总数	≤0.5%	致远 OA	经营年度

　　精准匹配企业业务和目标的数字能力策划：通过输入该公司的内外部环境、业务场景、数字能力及目标、两化融合实施现状、支持条件与资源现状，输出了数字能力过程管控机制的需求与实现方法、系统性解决方案的需求与实现方法、治理体系的需求与实现方法、支持条件和资源的需求，以及两化融合实施的职责、方法和进度。该公司的数字能力策划流程图如图 3-2 所示。

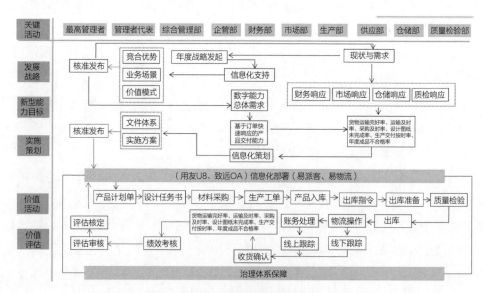

图 3-2　数字能力策划流程图

Q40：在建设数字能力时，如何进一步分解形成可执行的任务？

王叶忠

A在数字能力规划过程中，企业往往需要在识别数字能力总体需求的基础上，将每一方面的能力逐级分解为不可再分的能力单元后，形成从点到线、从线到面的能力建设体系和可执行的数字化建设路径。与价值创造载体相关的能力，可进一步细分为新产品创新能力、研发设计创新能力。新产品创新能力又包括从需求数据获取、模型开发到产品实现不同过程的能力，在此基础上可进一步细分为不同特性的能力单元。

团体标准《数字化转型 新型能力体系建设指南》（T/AIITRE 20001）明确了数字能力分解和组合的过程及方法。数字能力分解与组合的过程包括六个任务：一是依据发展战略中确定的可持续竞争合作优势、业务场景和价值模式，明确价值体系优化、创新和重构的总体需求；二是从组织主体、价值活动客体和信息物理空间三个视角出发，将数字能力建设的总体需求进行与业务场景相对应的逐级分解；三是以能力单元承载不能或不必再分解的数字能力，根据数字能力和相应的价值效益需求，从过程维、要素维、管理维三方面系统策划和构建能力单元；四是根据业务创新转型和特定价值效益的需求，分析并确定能够支撑获取预期价值效益成效的细分能力所对应的能力单元集合，参考能力单元组合范式，基于价值流、信息流等构建相关细分能力所对应的能力单元之间的相互协同和协作关系，构建形成面向特定价值效益的能力单元组合；五是基于能力单元组合推动数字能力的协同建设，推进数字能力的模块化、数字化和平台化，支持能力节点、能力流、能力网络、能力生态等类型数字能力的不断发展进化；六是建设覆盖全企业的能力单元组合的集合，以承载企业全部数字能力，构建数字能力体系，服务于组织战略实现，支持价值体系优化、创新和重构。

在数字能力建设过程中，在能力策划、分解的基础上，企业需要按照策划、支持、实施与运行，评测，改进的过程管控机制，进一步将数字能力的打造过程分解为可执行的任务。

【说明】

数字能力的建设是一个从总体需求到能力单元分解，再通过能力单元建设、能力单元组合、能力体系建设，最终支持企业业务创新转型和战略实现的过程。企业应基于《数字化转型　参考架构》（T/AIITRE 10001），参照《数字化转型新型能力体系建设指南》（T/AIITRE 20001），从企业发展战略需求出发，将数字能力分解为可执行的任务，并确保能力建设任务的各项成果能够组合为符合企业战略的数字能力体系。

数字能力分解和组合的过程包括以下关键环节。

（1）基于价值体系优化、创新和重构的企业战略，获取数字能力的总体需求。企业的效益价值目标实现的过程，即价值投入、价值转换、价值产出的过程，体现为企业的价值流，生产型企业的价值流通常表现为获取客户需求、研发设计、生产制造、产品交付等活动。数字能力的总体需求，来源于企业的发展战略中确定的可持续竞争及合作优势、价值流业务场景和价值模式，以及支持可持续竞争优势、业务场景和价值模式的关键数字能力。

（2）基于数字能力分解视角，进行数字能力单元的分解。数字能力实际是由类似积木或者贴片的"能力单元"搭建起来的，因此，我们需要打开能力的"黑盒子"，找出打造一项数字能力需要哪些"能力单元"。分解出可执行的能力单元的关键，是要基于正确的视角进行拆分，不能单从数据，也不能单从组织或者物理作业的角度拆分能力单元。这个视角包括三个维度：一是不同层级的组织；二是从 OT 到 IT 的不同信息物理空间；三是价值活动过程。最终分解出来的每一个能力单元都是这样一个三维能力立方体。例如，需求响应能力，只从业务一个维度就是满足客户需求的能力，结合组织就是特定的业务部门满足客户需求的能力，再结合信息物理空间就是特定的组织采用特定的数字化手段通过数字化平台实时满足客户的能力。所以只有从三个维度，才能准确地找出企业具体需要打造什么样的数字能力。

（3）将数字能力单元的策划和建设作为数字能力建设的落脚点和切入点，形成可执行的路线图和关键任务。万丈高楼平地起，从能力单元开始，企业需要根据数字能力和相应的价值效益的需求，从过程维、要素维、管理维三个维度策划和构建可执行的能力单元建设任务。

（4）基于能力单元组合，形成能力协同和整体优化。企业需要将不同的能力单元组合起来，形成协同，能力才能发挥作用。能力单元组合分为四个层级，不同层级协同的水平不一样："能力节点"只能支持单点之间的协作，"能力流"支持能力之间的线性协作，"能力网络"支持能力之间的互动网络化协作，"能力生态"支持企业生态体系的能力协作。能力单元通过以上四种能力协作方式形成企业的"数字能力体系"。

（5）基于能力单元组合，创新业务模式，支持价值获取和战略的目标实现。不同的能力单元组合起来，将变革企业的组织、流程和业务模式，企业需要基于新的组织、流程和数字化的业务模式，实现业务创新、价值提升的战略目标，验证数字能力建设的有效性。

【案例】

数字能力分解及形成可执行任务，是企业数字化转型规划成功的基础。笔者江西铜业在编制智能制造及"十三五"信息化规划时采用了这套方法，明确了江西铜业"十三五"数字化转型的能力建设总目标、主要架构、能力单元、能力协同模式及智慧矿山、智慧冶炼、智慧物流等业务创新模式，实现了集团信息化和智能制造统一规划、统一实施、统一标准、统一数据的目标。主要做法有以下几点。

1. 数字能力的总体需求

围绕客户"十三五"战略，通过集团高层访谈、业务部门调研，了解了客户的总体需求，采用智能制造成熟度模型，对客户的智能制造现状进行了全面评测。同时，围绕客户的集团经营体系和产业链，形成了包括智慧决策、智慧运营、智慧矿山、智能制造、智慧物流五大核心的智慧化能力建设总体需求。

2. 能力分解与能力单元规划

围绕总体需求的五大能力，从能力架构维度、集团组织维度、集团产业链供应链过程维度，结合大数据、人工智能、云计算等技术实现的要求，绘制主要能力的价值流。基于价值流，同国际五大同类公司对标，同最佳实践、技术标准对标，找出价值流数字化薄弱环节，针对薄弱环节，采用智慧决策、智能制造、智慧矿山等行业参考模型，对相关的能力进行分解，分解为单元化能力组件。在划分单元化能力组件的基础上，明确了相关能力的组织、流程、技术、数据要求。

3. 能力组合、能力蓝图与业务创新模式

在能力单元规划的基础上，采用能力蓝图将能力单元组装起来，形成战略、运营、执行的能力体系。基于能力蓝图，与集团不同业务板块负责人共同研讨，拟定能力组合的创新目标、业务改进指标，明确未来业务创新的主要模式及能力支持需求。基于能力蓝图，进一步从业务架构、应用架构、数据架构、技术架构等方面，深化设计系统解决方案。

4. 可执行目标、路线图及评价体系

为了确保数字能力规划可落地，针对数字能力的总体需求、能力单元规划、能力组合规划（能力蓝图），在系统解决方案架构设计的基础上，咨询团队拟定了数字能力建设和评价标准。基于统一标准，形成了从集团到矿山、冶炼厂、加工厂、物流公司最终可落地的31项建设任务、实施计划、责任组织、预算和评价标准，确保任务可执行、结果可考核。最后，集团董事长主持召开了项目规划报告评审验收及集团新一轮数字化和智能制造建设启动大会，各项能力规划在企业内部陆续开展。

Q41：不同行业在数字化转型中，数字能力建设的侧重点有何不同？

李林声

A 企业应根据其价值体系优化、创新和重构的总体需求，系统识别拟打造的数字能力（体系），明确数字能力建设的总体需求和关键着力点。

不同的行业，如科研院所、流程型制造业、离散型制造业、服务型企业、建筑工程施工企业、现代农业等，在数字化转型过程中，须结合其行业特点和发展战略的需求，有针对性地识别和策划与其发展战略相匹配的数字能力（体系），避免盲目赶时髦、急功近利。应充分考虑所识别和策划的数字能力（体系），是否能支持业务按需调用，是否能快速响应市场需求的变化，是否能加速推进

业务创新转型变革，从而获取可持续竞争合作优势。不同行业的侧重点有所不同。

一、科研院所

一是打造与价值创造的载体有关的能力，主要包括产品创新能力等，加强产品创新和产品研发过程创新，不断提高产品附加价值，缩短价值变现周期。

二是打造与价值创造的过程有关的能力，主要包括产品试制与运营管控能力等，纵向贯通产品试制管理与现场作业活动，横向打通产业链供应链各环节生产经营活动，不断提升信息安全管理水平，逐步实现研发与试产全价值链、全要素的动态配置和全局优化，提高全要素研发试产效率。

三是打造与价值创造的驱动要素有关的能力，主要包括数据开发能力等，将数据作为关键资源、核心资产进行有效管理，充分发挥数据作为创新驱动核心要素的潜能，深入挖掘数据价值，开辟价值增长新空间。

二、流程型制造业

打造与价值创造的过程有关的能力，主要包括生产与运营管控能力等，纵向贯通生产管理与现场作业活动，横向打通产业链供应链各环节生产经营活动，不断提升信息安全管理水平，逐步实现全价值链、全要素的动态配置和全局优化，提高全要素生产率。

三、离散型制造业

一是打造与价值创造的过程有关的能力，主要包括生产与运营管控能力等，纵向贯通生产管理与现场作业活动，横向打通产业链供应链各环节生产经营活动，不断提升信息安全管理水平，逐步实现全价值链、全要素的动态配置和全局优化，提高全要素生产率。

二是打造与价值创造的载体有关的能力，主要包括产品创新能力等，加强产品创新和产品研发过程创新，不断提高产品附加价值，缩短价值变现周期。

四、服务型企业

一是打造与价值创造的过程有关的能力，主要包括运营管控能力等，横向打通产业链供应链各环节经营管理活动，不断提升信息安全管理水平，逐步实现全价值链、全要素的动态配置和全局优化，提高全要素服务效率。

二是打造与价值创造的对象有关的能力，主要包括用户服务能力等，加强售前需求定义、售中快速响应和售后延伸服务等全链条用户服务，最大化为用户创造价值，提高用户满意度和忠诚度。

五、建筑工程施工企业

一是打造与价值创造的载体有关的能力，主要包括产品创新能力等，加强产品创新和产品研发过程创新，不断提高产品附加价值，缩短价值变现周期。

二是打造与价值创造的过程有关的能力，主要包括施工作业与运营管控能力等，纵向贯通运营管理与现场施工作业活动，横向打通产业链供应链各环节生产经营活动，不断提升信息安全和施工安全的管理水平，逐步实现全价值链、全要素的动态配置和全局优化，提高全要素的生产率。

六、现代农业

一是打造与价值创造的载体有关的能力，主要包括农产品创新能力等，加强农产品创新和农产品研发过程创新，不断提高农产品附加价值，缩短价值变现周期。

二是打造与价值创造的过程有关的能力，主要包括现场施工与运营管控能力等，纵向贯通运营管理与现场施工作业活动，横向打通产业链供应链各环节运营管理活动，不断提升信息安全和食品安全的管理水平，逐步实现全价值链、全要素的动态配置和全局优化，提高全要素的生产率。

【说明】

不同行业的行业特点与能力建设的侧重点见表 3-2。

表 3-2　不同行业的行业特点与能力建设的侧重点

行业类型	行业特点及痛点	能力建设的侧重点	
		能力视角	能力单元/能力模块的机理描述
科研院所	1. 行业特点 （1）科研院所最重要的经济特征是外部性，智力资本丰厚构成科研院所的核心资源特征。 （2）无形资产重于有形资产，构成科研院所的核心资产特征。 （3）提供研发公共品，构成科研院所的核心产出特征。 （4）科研院所的管理偏重柔性管理，培育创新文化、培养团队精神、营造宽松自由的学术氛围，是科研院所的重要文化特征。 2. 行业痛点 科研人员流失性大、科研成果与市场脱节等	与价值创造的载体有关的能力	科研院所企业可重点识别的产品创新细分能力，包括但不限于： （1）产品数字化创新能力：利用新一代信息技术加强产品创新，开发支持与用户交互的智能产品，提升支持服务体验升级的产品创新等能力。 （2）数字化研发设计能力：利用新一代信息技术强化产品研发过程创新，开展面向产品全生命周期的数字化设计与仿真优化等，提升并行、协同、自优化研发设计等能力
		与价值创造的过程有关的能力	科研院所企业可重点识别的产品试制与运营管控细分能力，包括但不限于： （1）新产品试制现场作业能力：实现新产品试产全过程、作业现场全场景集成互联和精准管控，提升全面感知、实时分析、动态调整和自适应优化等能力。 （2）数字化运营管理能力：实现研发与试产的运营管理各项活动数据的贯通和集成运作，提升数据驱动的一体化柔性运营管理和智能辅助决策等能力。 （3）信息安全管理能力：实现覆盖研发与试产全过程、作业全场景、运营管理各项活动的信息安全动态监测和分级分类管理等，提升信息安全防护和主动防御等能力
		与价值创造的驱动要素有关的能力	科研院所企业可重点识别的数据开发细分能力，包括但不限于： （1）数据管理能力：开展跨部门、跨企业、跨产业数据全生命周期管理，提升数据分析、集成管理、协同利用和价值挖掘等能力。 （2）数字业务培育能力：基于数据资产化运营，提供数字资源、数字知识和数字能力服务，提升培育发展数字新业务等能力
流程型制造业	1. 行业特点 生产工艺过程连续、不可中断，主要是对原材料进行混合、分离、加热等化学处理，加工成产品。最终产品较为固定，按市场预测、产能或库存等生产为主，一般不易对生产过程进行变更，如石油冶炼、化工等行业。 2. 行业痛点 管理不精细、成本高、效率低	与价值创造的过程有关的能力	流程型制造业可重点识别的生产与运营管控细分能力，包括但不限于： （1）智能生产与现场作业能力：实现生产全过程、作业现场全场景集成互联和精准管控，提升全面感知、实时分析、动态调整和自适应优化等能力。 （2）数字化运营管理能力：实现运营管理各项活动数据的贯通和集成运作，提升数据驱动的一体化柔性运营管理和智能辅助决策等能力。 （3）信息安全管理能力：实现覆盖生产全过程、作业全场景、运营管理各项活动的信息安全动态监测和分级分类管理等，提升信息安全防护和主动防御等能力

行业类型	行业特点及痛点	能力建设的侧重点	
		能力视角	能力单元/能力模块的机理描述
离散型制造业	1. 行业特点 主要是对原材料物理性状进行改变和组装，通过较为固定数量和关系的零件或部件组成最终产品。离散型又细分为三类：一类以大批量生产为主，如汽车整车制造、电子元器件等；一类以多品种中小批量生产为主，如仪器仪表，机床等；一类以复杂单件生产为主，如重型机械、航空航天等。 2. 行业痛点 工艺落后、产品低端化、同质化严重	与价值创造的过程有关的能力	离散型制造业可重点识别的生产与运营管控细分能力，包括但不限于： （1）智能生产与现场作业能力：实现生产全过程、作业现场全场景集成互联和精准管控，提升全面感知、实时分析、动态调整和自适应优化等能力。 （2）数字化运营管理能力：实现运营管理各项活动数据的贯通和集成运作，提升数据驱动的一体化柔性运营管理和智能辅助决策等能力。 （3）信息安全管理能力：实现覆盖生产全过程、作业全场景、运营管理各项活动的信息安全动态监测和分级分类管理等，提升信息安全防护和主动防御等能力
		与价值创造的载体有关的能力	离散型制造企业看重点识别的产品创新细分能力，包括但不限于： （1）产品数字化创新能力：利用新一代信息技术加强产品创新，开发支持与用户交互的智能产品，提升支持服务体验升级的产品创新等能力。 （2）数字化研发设计能力：利用新一代信息技术强化产品研发过程创新，开展面向产品全生命周期的数字化设计与仿真优化等，提升并行、协同、自优化研发设计等能力
服务型企业	1. 行业特点 （1）服务型企业是指从事现行营业税中"服务业"科目规定的经营活动的企业。与制造型企业相比，服务型企业的一个最大特点就是人力资本在企业资本中的占比高，人力资本已经成为服务型企业的"第一资源"。 （2）服务型企业的经营理念是一切以顾客的需求为中心，其工作重心是以产品为载体，为顾客提供完整的服务。其利润总额中，提供服务所创造的利润占据重要比例，与传统的产品型企业相比，服务型企业能够更好满足顾客的要求，提高顾客的满意度和忠诚度，增加企业的利润，增强企业的市场竞争力。 2. 行业痛点 人力资源管理仅是事务性管理，没有上升到企业战略管理的高度，没有真正确立以人为本的管理理念，难以为企业发展提供稳定、可持续的支持	与价值创造的过程有关的能力	服务型企业可重点识别的运营管控细分能力，包括但不限于： （1）数字化运营管理能力：实现运营管理各项活动数据的贯通和集成运作，提升数据驱动的一体化柔性运营管理和智能辅助决策等能力。 （2）信息安全管理能力：实现覆盖服务全过程、服务全场景、运营管理各项活动的信息安全动态监测和分级分类管理等，提升信息安全防护和主动防御等能力
		与价值创造的对象有关的能力	服务型企业可重点识别的用户服务细分能力，包括但不限于： （1）需求定义能力：动态分析用户行为，基于用户画像开展个性化、场景化的用户需求分析、优化与定位等能力。 （2）快速响应能力：以用户为中心构建端到端的响应网络，提升快速、动态、精准响应和满足用户需求等能力。 （3）创新服务能力：基于售前、售中、售后等的数据共享和业务集成，创新服务场景，提升延伸服务、跨界服务、超预期增值服务等能力

行业类型	行业特点及痛点	能力建设的侧重点	
		能力视角	能力单元/能力模块的机理描述
建筑工程施工企业	1.行业特点 (1)建筑工程施工企业的组织结构动静结合。绝大多数企业的领导层和管理层是固定的,即常设的。而从事施工活动的项目经理则是变动的,即非常设的。这些决定了施工企业的流动性和布局分散的特点。 (2)建筑工程施工的流动性突出,工程项目分布点多、面广、线长,分支机构分布省内外,世界各地。 (3)施工条件一般较为恶劣。一般的建筑工程施工,生产周期较长,需要大量的原材料,购置和调配相应的施工机械设备,需要大量的施工人员。施工活动通常在露天进行,直接受风、雨、雷、电等自然界因素的影响。施工活动在大范围内分散进行,控制难度较大。尤其是在不同的国家和地区施工,为不同的行业服务时,涉及行业的要求、地方的要求、法律法规的要求复杂。同一现场往往有几个乃至十几个建筑施工或安装队伍共同施工,交叉作业,互相影响。施工的季节性强,连续高强度作业,休息环境差。 2.行业痛点 (1)施工流动性大,导致人力资源管理难度大,效率低。 (2)施工条件差,环境恶劣,导致安全生产隐患严重。 (3)施工分散性明显,导致生产控制难度较大,成本高等	与价值创造的载体有关的能力	建筑工程施工企业可重点识别的产品创新细分能力,包括但不限于: 数字化研发设计能力:利用新一代信息技术强化建筑工程施工蓝图(图纸)研发过程创新,开展面向建筑工程施工全生命周期的数字化设计与仿真优化等,提升并行、协同、自优化研发设计等能力
		与价值创造的过程有关的能力	建筑工程施工企业可重点识别的施工作业与运营管控细分能力,包括但不限于: (1)现场施工作业能力:实现现场施工全过程、作业现场全场景的集成互联和精准管控,提升全面感知、实时分析、动态调整和自适应优化等能力。 (2)数字化运营管理能力:实现运营管理各项活动数据的贯通和集成运作,提升数据驱动的一体化柔性运营管理和智能辅助决策等能力。 (3)信息安全和安全施工管理能力:实现覆盖建筑工程施工全过程、作业全场景、运营管理各项活动的信息安全和安全施工的动态监测和分级分类管理等,提升信息安全和施工安全的防护和主动防御等能力

行业类型	行业特点及痛点	能力建设的侧重点	
		能力视角	能力单元/能力模块的机理描述
现代农业	1. 行业特点 所谓现代农业是指用现代工业、现代科学技术及现代的经营管理方式来武装的农业。具体表现在用机械代替人力畜力提高生产效率。比如慧云的智慧农业云平台就是现代农业的一种模式，利用物联网技术、云计算服务等来自动监测农田、远程控制作物生长等。 2. 行业痛点 "六化"（生产过程机械化、生产技术科学化、增长方式集约化、经营循环市场化、生产组织社会化、劳动者智能化）程度低	与价值创造的载体有关的能力	现代农业企业可重点识别的农产品创新细分能力，包括但不限于： （1）产品创新能力：利用新一代信息技术/生物技术加强农产品创新，持续开发环保健康产品，提升支持服务体验升级的产品创新等能力。 （2）研发设计能力：利用新一代信息技术强化产品研发过程创新，开展面向农产品全生命周期的数字化设计与仿真优化等，提升并行、协同、自优化研发设计等能力
		与价值创造的过程有关的能力	现代农业企业可重点识别的现场施工与运营管控细分能力，包括但不限于： （1）现场施工作业能力：实现农产品施工全过程、作业现场全场景集成互联和精准管控，提升全面感知、实时分析、动态调整和自适应优化等能力。 （2）数字化运营管理能力：实现运营管理各项活动数据的贯通和集成运作，提升数据驱动的一体化柔性运营管理和智能辅助决策等能力。 （3）信息安全和食品安全管理能力：实现覆盖生产全过程、作业全场景、运营管理各项活动的信息安全和食品安全动态监测和分级分类管理等，提升信息安全和食品安全的防护及主动防御等能力

Q42：在数字能力建设过程中，如何有效地实现 PDCA 循环，迭代、动态地打造数字能力？

王叶忠

A 参照《数字化转型 新型能力体系建设指南》（T/AIITRE 20001），为确保数字能力建设与运行过程可管可控、可持续优化，企业应建立包含策划，支持、实施与运行，评测，改进的 PDCA 过程管控机制，推动从能力单元到能力模块的系统性解决方案和治理体系的构建与持续优化，并通过二者之间的协调联动与互动创新，获取数字能力的预期价值效益目标。

策划过程的重点主要涉及管控过程策划、系统性解决方案策划及治理体系策划等方面的内容。支持、实施与运行过程的重点主要涉及能力单元/能力模块建设、运行和优化的支持条件建设，以及实施与运行机制建立等方面的内容。评测过程主要重点涉及能力单元/能力模块建设、运行和优化的过程与结果等方面的评测。改进过程的重点是建立健全持续改进的机制，针对评测过程中发现能力单元/能力模块建设、运行和优化过程存在的不足以及数字能力存在的差距等，确定并选择持续改进的需求和机会，采取必要的纠正措施、预防措施，不断推动能力单元/能力模块建设、运行和优化，促进能力等级迭代升级。

企业应建立基于成熟度的能力评价模型，强化数字能力应用效果评估，定期开展效能评价，可由第三方独立机构开展评估。

【说明】

随着新一代信息技术的迅猛发展，数字能力也不断加速发展和演进。企业需要结合战略、技术与业务创新，通过策划，支持、实施与运行，评测，改进等活动形成 PDCA 循环，确保有效推动能力单元/能力模块的建设、运行和优化。PDCA 循环具体包括以下四个方面。

1. 策划

主要涉及过程管控机制策划、系统性解决方案策划及治理体系策划等方面的内容。

（1）过程管控机制策划，即对策划，支持、实施与运行，评测，改进等 PDCA 过程管控机制的具体需求和实现路径进行综合分析，策划能力单元/能力模块相对应的过程管控机制。

（2）系统性解决方案策划，即对数据、技术、流程、组织四要素的互动创新和持续优化的具体需求和实现路径进行系统分析，策划能力单元/能力模块相对应的系统性解决方案。

（3）治理体系策划，即对数字化治理、组织机制、管理方式、组织文化四方面的互动创新和持续优化的具体需求、实现路径进行体系化分析，策划能力单元/能力模块相对应的治理体系。

2. 支持、实施与运行

主要涉及能力单元/能力模块建设、运行和优化的支持条件建设，以及实施与运行机制建立等方面的内容。

（1）支持条件建设，即按照策划的过程管控机制、系统性解决方案和治理体系，提供必需的支持条件和资源，并对支持条件和资源进行统筹配置、评估、维护和优化，确保其持续供给、适宜和有效。

（2）实施与运行机制建立，即对策划的过程管控机制、系统性解决方案和治理体系的实施与运行过程等进行规范管理，明确相关方的职责与权限，建立沟通和协调机制，推进能力单元/能力模块建设与运行过程中过程管控机制、系统性解决方案和治理体系之间的相互协调和动态匹配。

3. 评测

主要涉及能力单元/能力模块建设、运行和优化的过程与结果等方面的评测。

（1）能力单元/能力模块建设、运行和优化的过程评测，应建立适宜的评价诊断机制，充分利用数字化技术等手段对能力单元/能力模块建设、运行、优化的全过程进行动态跟踪、分析、评价和诊断，识别持续改进的需求和机会。

（2）能力单元/能力模块打造的结果评测，即对能力单元/能力模块达成的数字能力打造等目标进行量化跟踪、分析、评价和诊断，识别预期数字能力打造的目标的实现程度，与行业、国内、国际等竞争对手对标，确定数字能力的领先程度或存在的差距，识别持续改进的需求和机会。

4. 改进

企业应建立健全持续改进的机制，针对评测过程中发现的能力单元/能力模块建设、运行和优化过程存在的不足及数字能力存在的差距等，确定并选择持续改进的需求和机会，采取必要的纠正措施、预防措施，不断推动能力单元/能力模块建设、运行和优化，促进能力等级迭代升级。

【案例】

云南中烟工业有限公司（以下简称云南中烟）为实现高质量发展的目标，实现从战略管控型向经营管控型转变，建立了从云南中烟（负责计划及优化）到两红集团（负责检查及执行），再到各卷烟厂（负责执行）集中运营管控的数字能力PDCA体系，改变了原来散乱的数字能力建设方式。

（1）策划。云南中烟在数字化转型中，审时度势提出了"走出去、创一流"的高质量发展体系，通过发布"1+11"高质量发展纲要，明确了高质量发展和数字能力建设的目标，明确了效益价值要求，在此基础上，对应"1+11"高质量发展战略，形成了数字能力规划。

（2）支持、实施与运行。云南中烟下属的红云集团、红河集团原来各有一套信息化队伍，各自的信息化水平已经非常高，走在行业前沿。云南中烟通过在全国率先实施两化融合管理体系，理顺了数字能力的过程管控体系，通过推行集团主数据平台，统一了集团数据管理。2021年年初，集团统一ERP平台上线，实现了对云南中烟主业务全流程的信息化支撑和统一平台运行，并形成了统一、开放、集成、先进的信息化能力平台，为云南中烟数字化转型、实现高质量发展奠定了基础。在数字化治理方面，围绕从战略管控型向经营管控型转变，建立了持续提升、全员参与的管理提示机制。以两化融合管理体系贯标为契机，围绕"两统一、两整合"，对集团的组织、流程、数据、技术管理体系进行了全面优化。

（3）评测。围绕高质量发展指标体系和高质量发展运行体系建设，云南中烟以流程为抓手，建立具有战略牵引力、流程驱动力、组织保障力、绩效推动力的综合管理体系和信息化平台，不断优化对所属单位和公司本部的绩效管理体系。

（4）改进。为准确把握各单位的基础管理情况和跨单位流程运行方面存在的问题，进一步明确管理改进方向，2018年，云南中烟在全系统全面开展"管理诊断基层行"活动，围绕流程体系建设、供应链效率提升、研产销一体化等相关流程开展内部诊断，共梳理了15项战略流程和管理支持流程，确定了12个专业化管理涉及的201项管理制度与流程文件，并制定了改进计划。

Q43：在数字能力建设过程中，数据、技术、人才、资金等资源该如何保障与协同？

王叶忠

A 数字能力建设不同于传统的 IT 系统建设，数据成为企业核心资产，贯穿企业价值创造全过程。技术与业务不断融合，成为数字能力的关键要素。人才成为数字能力赋能的对象，同时也是数字能力的智慧来源。资金需要保障数字能力的数据、技术、流程、组织等要素的融合提升，需要基于合理规划给予充分保障。

在数字能力建设过程中，需要根据数字化转型的不同阶段对数据、技术、人才、资金等资源保障和协同的需求，按照循序渐进、持续迭代的原则，基于企业自身的管理模式，明确过程管控机制、系统性解决方案和治理体系建设的需求，对支持条件和资源的统筹配置、评估、维护和优化做出不同的制度性安排，确保其持续、适宜和有效。

在规范级阶段，要建立职能驱动型的数据、技术、人才、资金等支持条件建设制度，并通过系统性解决方案、数字化治理，推动数字能力建设过程中的人、财、物，以及数据、技术、流程、组织等资源、要素和活动的合理协调。在场景级阶段，要建立并执行技术使能型支持条件建设制度，实现资金、人才、设备、信息资源等的投入保障和管理。在领域级阶段，要建立并执行知识驱动型支持条件建设制度，有效实现资金、人才、设备、信息资源等的投入保障和管理优化，将有关安排纳入企业级规划和绩效考核。在平台级阶段，要建立并执行数字驱动型支持条件建设制度，实现覆盖企业全局的、动态的资金、人才、设备、信息资源等的投入保障和管理，将有关安排纳入发展战略及绩效考核体系。在生态级阶段，要建立并执行智能驱动型支持条件建设制度，与生态合作伙伴建立联合资源保障机制，协同实现资金、人才、设备、信息资源等的投入保障和管理，形成生态开放、共生共创的生态资源开发和价值创造模式。

【说明】

在规范级阶段，能力建设处于实施、运行和优化的初级阶段，信息技术的应用主要是支持和优化主营业务范围内的生产经营管理活动，未能发挥赋能的作用。在这个阶段，企业应在职能部门的数据、技术、资金制度规范的基础上，初步建立企业范围内的数据、技术和资金协同模式，形成数据、技术和资金有效协同的过程管控机制、系统性解决方案和数字化治理体系。

在场景级阶段，企业应聚焦主营业务关键场景，建成支持关键业务活动数字化、场景化、柔性化运行的场景级能力，有效开展技术使能型的能力打造过程管理。在这个阶段，企业应聚焦重点业务场景柔性化运行的需要，围绕特定能力单元和能力模块建设，协调数据、技术、人才、资金，完善过程管控机制、系统性解决方案和治理机制。

在领域级阶段，企业应聚焦跨部门或跨业务环节，建成支持主营业务柔性协同和一体化运行的领域级能力，有效开展知识驱动型的能力打造过程管理。在这个阶段，企业应围绕端到端业务转型和流程优化的需求及端到端能力节点和能力流，在全企业范围内协调管理数据、技术、人才和资金，形成覆盖所有业务环节的过程管控机制、系统性解决方案和数字化治理机制。

在平台级阶段，企业应聚集整体的数据、技术、人才、资金资源，推动企业内全要素、全过程及企业之间的主要业务流程的互联互通和动态优化，实现以数据为驱动的业务模式创新。在这个阶段，企业应围绕能力网络建设的需求，在全企业范围内形成数字化运营体系，以数字驱动业务的方式，协同数据、技术和资金资源，实现基于数据的价值网络价值创造和业务运营模式。

在生态级阶段，应聚焦跨企业、生态合作伙伴、用户等，建成支持价值开放共创的生态级能力，自组织开展智能驱动型的能力打造过程管理。企业将在生态范围内，推动与生态合作伙伴间资源、业务、能力等要素的开放共享和协同合作，共同培育智能驱动型的数字业务。在这个阶段，需要建立生态联盟合作机制，推动形成生态圈开放、协作、共创、共享的数据、技术、资金协同模式。

【案例】

中车株洲电力机车有限公司（以下简称中车株机）在数字化转型过程中，通过不断摸索，总结出了一套数据、技术、人才和资金有效协同的模式。

（1）规范级阶段。2013 年到 2014 年，中车株机结合项目制造、业财融合等能力建设的需要，以引入两化融合管理体系为契机，规范了企业核心数据、技术、人才、资金的管理机制。

（2）场景级阶段。在 2015 年启动转向架智能制造项目的过程中，中车株机以"智能制造现场项目管理办公室"的模式，调集各业务环节的资源，初步形成以智能车间场景级能力建设为重点的数据、技术和资金协同机制，围绕转向架智能制造，形成了过程管控机制、系统性解决方案和治理机制。

（3）领域级阶段。从 2018 年开始，随着全球第一个轨道交通装备转向架智能车间的上线运行，中车株机原有的边研发、边设计、边制造的模式导致的业务协同和数据治理问题更加突出，企业开始着手运营管控变革，以"数字化运营"的模式，重新进行运营流程的优化和完善，形成了以运营中心为核心、以数据为驱动力的数据、技术和资金协同模式。

（4）平台级阶段。自 2020 年以来，企业进一步确定"产品 + 数据 + 服务"的数字化业务模式，进一步向平台化转型。同时，汇聚株洲轨道交通装备行业的主要企业，由中车株机发起，相关企业共同出资，打造了国内第一个国家级轨道交通装备制造创新中心，建设了智轨云平台，统一了区域内轨道交通装备产业的供应链管理，形成了产业链数字化生态协作新模式。

Q44：在数字能力建设过程中，如何在数字化治理体系、组织机制、管理方式、组织文化等各方面开展适应性调整？

郑小华

A　数字能力建设需要完善和优化现有的数字化治理体系、组织机制、管理方式，形成合适的价值观和文化。需要开展如下的适应性调整。

（1）数字化治理体系方面。需要从制度、领导力、人才、资金、安全可控等方面建立相匹配的机制，包括建立一把手工程、建立顶层规划和设计职能、建立项目建设统筹机构、统筹数字化人才培养及资金等措施，确保数字能力建设、价值创造、业务创新及数字业务培育等过程获得一致、持续的体系化保障。

（2）组织机制方面。数字能力建设需要同步开展组织变革，根据不同能力单元/模块的成熟度，推动流程化、网络化、平台化、生态化的柔性组织建设，建立基于职能职责的按需设置、动态分工、优化调整的机制。

（3）管理方式方面。要建立与能力单元/能力模块建设、运行和优化相匹配的工作方式和管理模式，推动职能驱动的科层制管理向技术使能型管理、知识驱动型管理、数据驱动的平台化管理、智能驱动的价值生态共生管理等管理方式转变，持续改进计划、组织、协调、控制和指挥等管理职能的运行方式及精细化和自动化水平，运用数字化手段提升员工工作技能，以更好地应对创造性工作。

（4）组织文化方面。需要使数字化转型战略愿景转变为组织和员工主动创新的自觉行为。需要通过宣贯、培训、共同参与、价值观建设及行为准则建立形成企业的数字化创新文化，在企业内部形成积极应对新一代信息技术引发的变革，践行创新、协调、绿色、开放、共享理念，建立开放包容、创新引领、主动求变、务求时效的价值观。需要重视数字化技能培养，并积极运用数字化技术解决问题、提升效能。

【说明】

数字能力建设和企业数字化转型的过程是管理变革的过程。既有的体制机制及组织惯性如果不能适应性调整，会严重影响数字能力建设的成效。一是数字能力建设要打破过去由信息部门主导、各部门配合的信息化建设机制，采用战略愿景引导、一把手工程、顶层设计牵引、多部门协同、资金/人才/资源保障统筹的系统工程方法。二是要通过培训、宣贯、沙龙、青年创新工作室、QC 小组、大数据竞赛等配套措施，同步实现人员思维的转变。三是在数字科技方面，要改变过去信息中心的规划、项目建设、运维服务及信息化能力评价等常规管理职能，提升数字化战略地位，强化架构管控、数据资产管理、数字技术应用、两化融合和管理变革方面的能力。对有条件的大型国企，建议组建数字科技团队，发展自主可控的数字化力量和外部力量，协同开展数字化建设。

【案例】

国家能源集团大渡河水电开发公司于 2014 年启动智慧企业建设。首先，基于体系工程开展顶层设计，描绘数字化转型蓝图。其次，在组织机制方面，成立了由总经理牵头的智慧企业建设办公室（后变成常设的智慧企业发展研究中心），统筹协调智慧企业建设，对项目立项、资金计划统筹、方案审查、建设管理、运行平台建立等实现专家负责制，确保按照建设蓝图推进。再次，在建设过程中，同步启动了各类专题培训 10 余次，总经理亲自授课，宣贯智慧企业和数字化转型相关的知识理念和最佳实践做法，举办智慧企业沙龙 100 多期，连续 3 年开展大数据竞赛。最后，组建大数据公司和数字科技集团，形成强有力的科技力量支撑智慧企业建设，并对外输出水电智能科技最佳实践和解决方案。

Q45：在数字能力建设过程中，信息技术部门、业务部门、战略部门如何协作，各自的职责是什么？

郑小华

A 在数字能力建设过程中，根据企业所处的数字能力分级阶段，相关干系人有着不同的分工，信息技术部门、业务部门、战略部门的职责需要有侧重的动态调整。数字能力分为 5 个不同等级，即 CL1（规范级）、CL2（场景级）、CL3（领域级）、CL4（平台级）和 CL5（生态级），不同等级数字能力建设的重点也不一样。因此，信息技术部门、业务部门和战略部门的职责分工及协同亦不同。

在规范级阶段，各部门均作为单一职能部门开展数字化技术应用，信息技术部门作为专业化部门，围绕信息技术规范化应用与管理，承担信息技术及系统建设的规划、推广应用和运行维护职能。业务部门、战略部门配合开展相关工作。

　　在场景级阶段，信息技术部门通常在高层领导的推动下，围绕数字场景建设开展了整体信息化规划，并独立承担数字化基础设施的建设任务，而业务系统的数字能力建设一般由业务部门主导。信息技术部门对于信息化水平开始组织测评管理。战略部门通常组织成立由决策层担任领导的信息化领导小组，数字化战略作为总体战略的子战略被纳入战略规划。

　　在领域级阶段，由于跨部门或者跨业务环节的业务集成协同和一体化运行的需求大量出现，信息技术部门在规划方面的职能除信息化规划外，重点在于一体化平台、应用集成、数据集成、业务系统的套件化建设等方面大量的建设统筹。战略部门或者企业管理部门开始对企业进行整体的业务流程设计和规划，用于指导数字化系统的集成和流程协同。业务部门尤其是生产部门更加注重数字化治理机制建设，以实现管理系统和工业系统的融合应用。由于业务部门和信息技术部门在数字能力建设的主导权上出现冲突，通常会建立由决策者牵头，各部门分头负责、协调联动的协作机制，开展矩阵式分权分责的协同和管理。

　　在平台级阶段，数字能力建设的特征是建成支持企业及企业之间网络化协同和社会化协作的平台级能力。战略部门充分认识到数字化的核心价值，并将其作为战略核心驱动因素，开展顶层设计，并将数字化转型战略执行情况纳入企业全员考核。数字能力建设和业务要素及管理体系深度融合，从而大范围触发产品创新、管理变革及企业转型。信息技术部门开始面对 IoT 技术、智能化装备、外部电子化连接及数据驱动的平台化架构转变等挑战。业务部门开始由流程化、一体化建设焦点转向平台化、社会化建设焦点，重点开始思考岗位数字化赋能以提升效能、优化业务流程以提升效率、创新管控模式以增加效益。

　　在生态级阶段，企业聚焦生态型组织建设，在生态圈范围内建成支持价值开放共创的生态级能力，数字能力建设的重点转为赋能赋智及协同创造。战略部门开始实践业务转型、价值共创、可持续性发展、反脆弱、新动能打造及原始创新等关键理念。信息技术部门的定位由成本部门转变成价值创造部门，数字科技力量成为企业创新力量，产业互联网、泛在物联网等平台开始在大型企业或者中型企业中出现。业务部门大量的相关人员开始进入数字科技部门，成为复合性数字人才，人机智能协同水平大幅提升。

【说明】

数字能力建设是战略部门、信息技术部门及业务部门协同共建的过程，其结果和成效受建设管理机制的影响。在数字技术从支撑性技术到关键要素及创新力量演进的过程中，信息技术部门的职责和作用也逐步从一般专业性服务到关键性综合支撑和创新主体演进，其作用和地位越来越重要。战略部门在数字技术价值演进的过程中，逐步提升数字技术的战略地位，并在战略规划和 KSF 定义中，将数字技术的规划从专业规划提升到战略层面的顶层设计规划，即发展规划之下、各业务部门 / 专业部门之上的框架性、指引性规划。业务部门从最初作为用户被动响应，到在体会到数字化应用价值之后，开始以需求引领核心业务能力单元建设，再到主动推进流程化、网络化、社会化、生态化的全面整合，以及领域级、平台级、生态级等能力建设、运行、提升的过程中，实现数字技术的价值创造、效益提升及创新发展。

【案例】

阿里巴巴集团在电子商务发展过程中，信息技术部门首先只是作为服务部门提供技术服务，支持电子商务的发展。随着业务规模的进一步扩大，阿里巴巴深刻认识到外部技术供应商的约束，开始了著名的"去 IOE"过程。在企业逐步走向云化的过程中，阿里云作为一个独立的科技组织实体，开始支持阿里巴巴新商业战略的实施。在此期间，阿里云快速发展，并开始对外提供商业服务。在发展的第三阶段，阿里云成为阿里巴巴集团的五大核心业务单元之一，成为阿里巴巴的新价值创造部门。

Q46：数字能力的发展水平分为哪些等级？如何评估？

王金德

A 参照《数字化转型 新型能力体系建设指南》（T/AIITRE 20001），数字能力分为 CL1（规范级）、CL2（场景级）、CL3（领域级）、CL4（平台级）和

CL5（生态级）五个等级。

　　CL1（规范级）能力的总体状态特征是，开展了规范级能力建设，支持和优化了相关业务范围内的生产经营管理活动，但尚未有效建成支持主营业务范围内关键业务数字化和柔性化运行的数字能力。CL2（场景级）能力的总体状态特征是，聚焦主营业务范围内的关键业务场景，建成支持关键业务资源配置效率提升，关键业务活动数字化、场景化和柔性化运行的场景级能力。CL3（领域级）能力的总体状态特征是，聚焦企业主营业务领域，建成支持主要业务流程资源高效配置，关键业务集成融合、动态协同和一体化运行的领域级能力。CL4（平台级）能力的总体状态特征是，聚焦全员、全要素和全过程，建成支持企业以及企业之间资源动态配置、主营业务网络化协同和社会化协作的平台级能力。CL5（生态级）能力的总体状态特征是，聚焦跨企业、生态合作伙伴、用户等，建成支持智能驱动的生态资源按需精准配置，以及生态合作伙伴间业务智能化、集群化、生态化发展，实现价值开放共创的生态级能力。

　　能力建设是一个循序渐进、逐级迭代的过程，数字能力的发展水平的评估应该依据数字能力呈现的不同等级的状态特征来确定。总体而言，应当围绕"数字能力建设为主线"对数字能力水平进行系统的衡量评估，即沿着从"需求识别"到"能力建设与运行"，再到"建设成效"这一主线统筹推进。

【案例】

　　以某汽车零部件制造商打造的 CL3（领域级）能力为例，以"数字能力建设"为主线对数字能力水平进行系统衡量评估，评估主线如图 3-3 所示。

　　评估时，沿着从"需求识别"到"能力建设与运行"，再到"建设成效"的评估主线统筹推进，其中，需求识别包括战略分析、可持续竞争合作优势需求识别确认、业务场景和价值模式策划等内容，能力建设与运行包括数字能力识别、数字能力三个维度的建设、能力赋能等内容，建设成效包括业务模式实现、竞争优势获取、战略实现等内容。

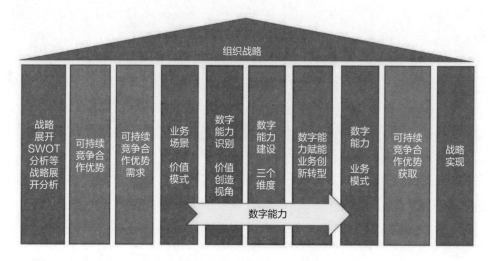

图3-3　某汽车零部件制造商数字能力评估主线

对于CL3（领域级）能力的评估，要特别关注能力模块的单元之间是否集成融合，注意是业务的集成融合，而非仅是信息系统的集成。关注数字能力的能力流能否实现跨业务部门、跨流程，以及是否是企业的主营业务过程。

此外，必须关注能力单元所涉及的主要活动和过程的描述，是否包含组织主体（组织单元）、价值活动客体（研发、生产等产品生命周期中的业务活动）、信息物理空间（涉及的IT/OT系统、网络等）等方面。以案例中的"订单排产能力"单元的描述为例，涉及的组织主体是生产控制与物流科、运作管理部等，涉及的价值活动客体是订单管理、采购需求、生产计划等，涉及的信息物理空间包括ERP、APS、WMS、智能客户订单管理系统、集成ERP/WMS/MES/QMS/PM等实时数据的智能排产平台等。

在衡量数字能力的指标实现情况时，必须关注用于计算量化目标的原始数据汇聚到哪个IT系统（数据库），这也是数字能力建设效果的在线体现。例如，案例中的"价值效益指标——OEE"，用于计算量化目标的原始数据汇聚到BSC/BI数据库。

第四章

技术应用

——如何开展新一代信息技术的

融合应用？

Q47：在数字化转型中，技术怎么转？

点亮智库·中信联

A 在数字化转型中，从技术支持视角来看，企业应加快由过去以技术要素为主的解决方案，转向以数据要素为核心的系统性解决方案，围绕数字能力建设，策划实施涵盖数据、技术、流程、组织四要素的系统性解决方案，并通过四要素的互动创新和协同优化，推动数字能力的持续运行和不断改进。在数据要素方面，应注重数据资产化运营，充分挖掘数据要素价值和创新驱动潜能。在技术应用方面，应注重数字技术与产业技术、管理技术等的集成、融合和创新，发挥数字技术的赋能效应。在流程优化方面，应注重端到端业务流程的优化设计与数字化管控。在组织调整方面，应注重业务流程职能职责与人员胜任力的匹配性调整。

【说明】

数字化转型涉及战略调整、能力建设、技术创新、管理变革、业务模式转变等一系列转型创新，是一项复杂的系统工程，需要系统性的解决方案。围绕数字能力的建设，企业应坚持技术和管理并重，策划实施涵盖数据、技术、流程、组织四个核心要素的系统性解决方案，在此基础上，通过四要素的互动创新和持续优化，推动数字能力和业务创新转型的持续运行和不断改进。

一是数据的采集、集成与共享。优化数据采集手段，提升设备设施、业务活动、供应链/产业链、全生命周期、全过程乃至产业生态的相关数据的自动采集水平。推进数据的集成与共享，采用数据接口、数据交换平台等开展多源异构数据的在线交换和集成共享。强化数据建模与应用，深入挖掘数据要素价值。

二是技术的集成、融合与创新。有序开展生产和服务设备设施的自动化、数字化、网络化、智能化改造升级。部署适宜的 IT 软硬件资源、系统集成架构，逐步推动 IT 软硬件的组件化、平台化和社会化按需开发和共享利用。建设覆盖生产/服务区域统一的运营技术（OT）网络基础设施，并提升 IT 网络、OT 网络和互联网的互联互通水平。自建或应用第三方平台，以推动基础资源和能力的模块化、数字化、平台化。

三是流程优化与数字化管控。开展跨部门、跨层级、跨业务领域、跨企业的端到端的业务流程优化设计,应用数字化手段开展业务流程的运行状态跟踪、过程管控和动态优化等。

四是职能职责调整和人员配置优化。根据业务流程优化要求确立业务流程职责,匹配调整有关的合作伙伴关系、部门职责、岗位职责等。按照调整后的职能职责和岗位胜任要求,开展员工岗位胜任力分析、人员能力培养、按需调岗等,不断优化人员配置。

【案例】

中国石化采用"数据＋平台＋应用"模式,构建了系统性解决方案,实现了资源、数据、能力的共享、共建。在数据方面,建设了经营管理数据服务平台,建立了30000多个数据资源模型,支持了财务、物资、营销、金融等业务领域数据分析类应用。在技术方面,打造了"石化智云工业互联网平台",以平台为支撑,促进内外协同、跨界融合,实现了跨行业、跨企业的资源汇集、数据共享、协同创新,构建了开放、共享、共创的工业互联网生态。在流程方面,围绕 IT 需求管理精准化要求,重新优化了流程,实现了业务流程上平台,使任何人和业务活动受平台监控。在组织方面,围绕 IT 需求管理精准化要求,优化了流程,优化了岗位职责,推行了域长负责制,将所有业务分成不同的业务域,专业人员与业务人员共同梳理业务需求。

Q48：如何理解、建设"中台"?

点亮智库·中信联

A 自"中台"概念提出以来,"数据中台""技术中台""业务中台"等不同提法相继出现,但主要为技术人员,尤其是内部技术人员所用,中台的社会化赋能作用尚未充分发挥。本质上,中台应是一个能力平台,利用新一代信息技术实现能力的数字化、模块化和平台化,向下赋能企业内外部资源按需配置，向上赋能以用户体验为中心的业务轻量化、协同化、社会化发展，大幅降低业务活动的专业门槛，推动业务活动"傻瓜化"，支持服务按需供给，推动企业快速、低成本地开展多样化创新，提升企业应对不确定性的自适应能力和水平。

【说明】

罗兰·贝格（Roland Berger）将中台定义为两类，业务中台和数据中台。业务中台的本质是为了更好地固化及沉淀企业的核心能力，并以中台集群的方式为核心竞争能力的优化与进化赋能。数据中台的本质在于数据的整合、共享及深度分析，为前台的决策赋能。但过于细分中台概念，把中台与业务和技术过于绑定，无益于推动中台作为能力平台的社会化应用，不如进一步解耦能力与业务，通过推动数字能力建设和平台化应用，为企业内外部业务人员及相关人员赋能，既可推动传统业务的优化，又可支持业务的创新和变革。

1. 中台能做什么

传统的信息化建设思路是，针对某个具体业务开发对应的软件系统，并借助软件系统将流程固化下来，这意味着系统对业务的支持将滞后于实际需求变化，甚至限制了业务转变。随着市场环境的变化，消费者需求日渐多元，这种孤立分割的建设思路愈发成为企业快速响应和创新的阻碍。中台将企业核心竞争力抽象和固化，使其脱离某个固定的流程或场景，能够灵活调用，充分地支持业务服务轻量化、协同化、社会化发展和按需供给。同时，能力与具体业务解耦后可以减少重复建设，不受业务场景限制，可更有效地进行迭代优化，促进企业内外部资源按需配置，最终赋能企业快速、低成本地开展多样化创新。

2. 谁做了中台，效果怎样

从知名芬兰游戏公司超级细胞（Supercell）的案例中我们可以一窥中台如何有效地支持企业进行创新。游戏开发是一项充满不确定性的复杂任务，为了缩短游戏开发周期，快速找到市场机会并获得成功，Supercell 设置了精干、小规模且数量众多的游戏开发团队，从而尽可能在短时间内尝试多个方向。为此，

Supercell 建立了强大的技术平台来支持游戏开发业务。轻量化的开发团队规模小、数量多，不可能每个团队都配置完整独立的技术团队和系统工具。又因为游戏开发周期短，所以需要及时响应每个团队的需求。这些因素使得 Supercell 技术平台必须将各游戏开发团队的共性需求统一抽象出来，针对这些共性需求建设能力模块，并以平台化的方式提供给各团队使用。

自 2010 年成立起，Supercell 已经发布了 5 款全球热门游戏，成绩超过了大部分游戏公司。2019 年，Supercell 的总收入为 15.6 亿美元，和全球游戏巨头 Ubisoft 基本持平，但后者员工数量近 15000 人，而 Supercell 的员工只有 323 人。Supercell 的年人均产值达到了 178 万美元。让员工都能够专注于工作中最核心的内容，而将重复的复杂工作隐藏在后端，这正是中台理念的源头。

另一个广受关注的中台实践是阿里巴巴的中台建设，这里仅以其数据中台实践为例进行说明。在阿里巴巴的业务快速增长时，海量数据对数据存储产生了巨大压力。在此背景下，阿里巴巴于 2012 年建立了淘宝消费者信息库，将淘宝、天猫、1688、高德等多个业务线的用户数据全贯通。通过对大量多维度数据的利用，阿里巴巴获得了丰厚的收益，如依靠数据的自动化投放策略，广告业务收入提升了数倍。在认识到中台带来的成效后，2015 年 12 月 7 日，时任阿里巴巴集团 CEO 张勇通过一封内部信正式提出了"中台战略"。

3. 如何建设中台及中台建设的条件

尽管中台展示出了无可争辩的效用，但其并不适合所有企业。根据中台的特点，我们发现企业建设中台往往需要具备以下基础。

（1）足够的系统建设积累。中台建设对系统架构设计和工程开发能力提出了更高的挑战，没有足够的信息系统建设经验将难以胜任，在没有学会标准动作前贸然尝试变化和创新反而会面临更大的风险。

（2）共性业务需求。从 Supercell 和阿里巴巴的案例中我们可看到，中台重要的作用是减少重复的数字化建设，消除冗余投入，倘若企业业务线简单，并无重复建设情况，就不必进行中台建设。

（3）中台运营能力。中台的一大优势在于加快能力的不断沉淀和迭代优化，这意味着中台需要与业务一起不断变化和更新。如果企业不具备持续运营中台的能力，中台也将无法发挥效果。

中台和其他工具一样，都是为了满足企业的实际需要而发展出的应用，并不是保证企业竞争力提高和规模增长的万能药。实际上，提出中台战略的阿里巴巴集团 CEO 张勇也在 2020 年 12 月表示要将中台变薄，因为"尽管阿里巴巴有很强的中台，有很多现成的基础资源，但对于还处在起步阶段的业务，去找中台要资源，效率不够高"。处在业务高速发展阶段的企业，面对更大的不确定性，更注重颠覆式创新，找到共性能力的难度更大，对能力重复建设的容忍度也较高。可见中台建设与否与企业所处的阶段也息息相关，要真正建好和用好中台，需要企业全面构建起"以价值为导向、以能力为主线、以数据为驱动"的数字化转型运营体系，构建起能够独立运转的能力单元，让中台真正发挥出作为"作战体系中枢"的作用。

Q49：企业上云上平台的阶段性重点分别是什么？

点亮智库·中信联

A 企业上云上平台可分为资源上云上平台、业务上云上平台、能力上云上平台、生态上云上平台四个阶段。资源上云上平台，主要侧重于云技术手段的应用。业务上云上平台，主要侧重于业务的协同与优化。能力上云上平台，主要侧重于数字能力赋能业务平台化的创新变革。生态上云上平台，主要侧重于数字能力赋能价值生态的共创共享。达到能力上云上平台阶段，才能基于能力平台有效支持企业重构价值创造、传递和获取模式，才是真正意义上的数字化转型。

【说明】

企业上云上平台的四个阶段的主要内容如下。

资源上云上平台：以成本降低为导向，开展计算存储等基础设施云化和软件云化部署。

业务上云上平台：以业务集成协同为导向，推动核心业务系统上云，实现数据集成共享和业务流程集成运作。

能力上云上平台：以业务模式创新变革为导向，构建基础资源（设备、人力、资金）和数字能力（研发、制造、服务等）平台，实现企业内外动态调用和配置，支持柔性化、服务化的新业务模式。

生态上云上平台：以生态构建为导向，企业成为社会化能力共享平台的重要贡献者，与合作伙伴共同实现了生态基础资源和能力的平台部署、开放协作和按需利用。

【案例】

1. 资源上云上平台

企业建设私有云基础设施、租用公有云平台的计算存储资源、订阅 SaaS 云服务等。

2. 业务上云上平台

中国华能集团有限公司建成投运华能企业云数据中心，加快管理信息系统上云，在 ERP 等企业综合治理应用的基础上，推进数字化财务建设，加快财务业务转型。

3. 能力上云上平台

中国电信集团有限公司打造企业数字化平台，搭建以云网融合为核心的数字化平台，逐步沉淀通用产品能力，对内打造企业内部服务生态，提升智能化运营、管理及服务能力，对外打造垂直行业服务业态，建设数据驱动型应用能力。

4. 生态上云上平台

在消费互联网领域，美团基于营销、物流等能力平台，构建涵盖电商、本地生活、生鲜、物流等领域的价值生态，与合作伙伴实现生态化价值效益的共创共享。在产业互联网领域，海尔建设 COSMOPlat 平台，基于开放的多边共创共享生态理念，聚集了 390 多万家供应商，连接了 2600 多万台智能终端，为 4.2 万家企业提供了数据和增值服务。

Q50：什么是数字孪生？在工业领域有哪些典型应用场景和关键点？

方 敏 郭朝晖

A 数字孪生是包含物理实体、虚拟模型、孪生数据、服务和连接五个维度的综合体，可以通过多维虚拟模型和孪生融合数据双驱动，以及虚实闭环交互机制，实现监测、仿真、评估、预测、优化、控制等功能，形成虚实共生交互机制，从而在单元级、系统级和复杂系统级等多个层次的工程应用中监控物理世界的变化，模拟物理世界的行为，评估物理世界的状态，预测物理世界的未来趋势，优化物理世界的性能，控制物理世界的运行。

从工业领域来看，根据现实世界在虚拟空间中的映射，数字孪生能够反映实体模型、属性参数、运行路径、布局规划等各类数据变化，从而在历史追溯、实时监控、未来预测等维度上实现产品/系统的分析、评估和验证，迅速发现产品/系统中存在的问题和提升点，并及时进行调整与优化，减少现场实施时的变更或返工，从而有效地降低成本、缩短工期、提高效率。通过对现实世界中的实体进行映射，数字孪生基于算法对实体状态进行判断、分析甚至预测，从而实现虚拟设计和生产制造优化。

【说明】

数字孪生的概念由美国密歇根大学 Michael Grieves 教授于 2003 年首次提出。经过多年的衍生发展和产业应用，同时得益于物联网、大数据、云计算、人工智能等新一代信息技术的发展，数字孪生的应用已经从最早的航空航天领域向电力、船舶、城市管理、农业、建筑、制造、石油天然气、健康医疗、环境保护等领域全面拓展。有关专家认为，数字孪生就是物理实体的数字化虚拟复制，以计算解决现实问题。如果说数字化就是计算机代替人来做逻辑处理和计算，那么当利用计算机对物理世界的实况做出判定或决策时，就需要在计算机的虚拟世界中表征物理世界的状况，任何物理实体的状态变化都会影响虚拟世界。在软件中以对象的方式表征物理实体，对每个物理实体都建立相应的软件对象，就是数字孪生。

除此以外，对象化的设计方式可以支持利用单元对象以搭积木的方式构建越来越复杂的系统，从组件孪生开始，构建设备、机组、产线、车间，直至整个工厂的数字孪生体，成为整个工厂的数字表征。

有人认为数字孪生就是三维可视化展示，例如，在基于各类三维引擎所制作的动画背景中加入一些展示数据，用于接待参观、体验演示的 3D/VR 展示平台。这种理解是片面的。数字孪生的核心是数据和计算，对生产现场采集的数据进行近乎实时的计算，以获得对生产现场工况的精准认知，以便做出合理的决策。三维可视化展示虽是三维空间的映射，但缺乏基于数据对状态、事件的判断及算法对决策的支持，这使得三维可视化展示本身没有从业务痛点出发，无法解决实际场景中所遇到的各类棘手的问题，也无法切实可行地为企业带来价值。

【解决方案】

1. 数字孪生技术助力美的实现降本增效（离散型制造业）

【痛点问题】2011 年，美的集团的营业收入达 1341 亿元，但净利润仅为 67 亿元，自有资金为 -51 亿元，员工人数超过 20 万人。如何创新应用数字技术，推进数字化转型，全面实现降本增效，加速业务模式创新，不断创造新价值空间，成为企业生存和发展面临的关键问题。

【解决方案】2012 年，该集团创新性地启动了"632"项目，陆续投资 120 亿元用于数字化转型。围绕全面实现降本增效，采用了以数字孪生为基础的美的工业互联网解决方案（见图 4-1)，包括新品开发、生产改善、工厂运维三个主要部分。

（1）在新品开发阶段，运用数字孪生技术实现产品可制造性仿真验证、人机装配及工艺仿真，从而缩短开发周期、节约样机费用。这一阶段最核心的指标是新品开发周期，而最大的影响就是试制、试产阶段多次重复验证测试对进度的影响。数字孪生驱动开发是利用仿真技术构建虚拟试制工厂，基于产品图纸在虚拟工厂中进行虚拟试生产，从而提前暴露和发现问题，把问题消除在萌芽之中。这大大增强了投模决策前发现问题的力度，意味着将更少的问题留到后端，有效降低了试制、试产样机的制作成本，包括时间成本和财务成本，保障了产品如期上市，从而比竞争对手提前一个身位迈入市场，赢得先机。

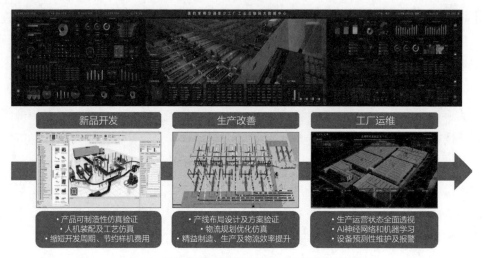

图 4-1 以数字孪生为基础的美的工业互联网解决方案

（2）在生产改善阶段，运用数字孪生技术实现产线布局设计及方案验证，基于物流规划优化仿真（见图 4-2），实现精益制造、生产及物流效率提升。

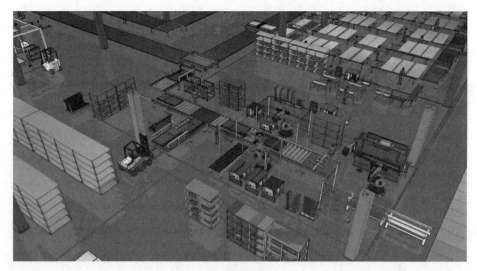

图 4-2 物流规划优化仿真

物流规划优化仿真包括全流程的园区级规划仿真，及时发现生产和物流的瓶颈，充分验证上百种布局方案后择优落地。从物料进厂到产品出厂，数字孪生技术实现了数字工厂的全面拉通。实现物流路径的智能规划，包括 AGV、牵引车、人工运输的协同物流，货架、立库、成品仓的模块化验证，物流交叉和拥堵的优化消除，推式及拉式生产物流配送分析等，从而进一步缩短路径、减少库存。

进行机器人设备生产兼容性及瓶颈检查，通过静态及动态干涉分析，对不符合项提前整改，确保投资效果。通过图形示教，可快速实现机器人姿态设计、运动路径干涉检查和姿态合理性分析，机器人姿态和轨迹的离线编程，多工程项目、多品牌机器人的协同调试，特种机器人喷涂、焊接等的动作示教、离线编程及虚拟调试等。

在生产规划中，利用虚拟仿真技术对工厂的生产线布局、设备配置、生产制造工艺路径、物流等进行预规划，并在仿真模型"预演"的基础上，进行分析、评估、验证，迅速发现系统运行中存在的问题和提升点，并及时进行调整与优化，减少现场实施或实际生产时的变更或返工，从而有效降低成本、缩短工期。

（3）在工厂运维阶段，运用数字孪生技术实现生产运营状态全面透视（见图4-3），并结合AI神经网络和机器学习，实现了设备预测性维护及报警，提升了运维效率。

图4-3 运用数字孪生技术实现生产运营状态全面透视

基于OPC-UA、SiemensS7-PLC等协议，利用设备数据驱动仿真环境运行，可实时反映设备及产线状态。

定制化的大数据报警系统，将原本以图表显示的报警转化成三维实时仿真事件系统，可极大地提高报警事件的三维可视化效果和响应速度。

通过多维度的现场监控看板，可实现设备运行状态的可视化、透明化，并可通过看板、蜂鸣器、美信、微信、邮件等多种方式来处理设备故障。

通过实时监控和记录设备状态，结合设备或者零件的性能，并综合设备的维护计划、维护人员的经验，经综合分析判断，输出指导性预防运维的事项、时间等信息，保证设备能长时间正常运行，减少设备故障对生产的影响。

【取得成效】美的集团拓展了从产品设计到工业仿真设计的数字孪生应用，将产品数据、工艺数据及制造资源引入工艺仿真和制造仿真中，帮助实现了产品可制造性、数字化虚拟装配及生产布局方案等的验证。通过虚拟工厂数字孪生，结合 MES 实际反馈的工厂运作情况，不断提升工厂制造效率，提高了产品品质，实现了精准交付，并与 SCADA 平台协同，优化了设备与机器人作业流程，实现了降本增效。

截至目前，美的数字孪生在各个工厂已全面应用。经过内部财务测算，通过产品可制造性虚拟装配，一次装配通过率提升至 99%，试制试产周期缩短了 34.6%；通过精益生产方案的科学优化，工厂产能提升了 21.2%，物流拥堵程度下降了 37.5%；通过产线设计物流规划方案验证，节约了投资费用数百万元，产能较计划提升了 22.5%；通过数字孪生 -3D 大数据报警、能源管理，响应速度提升了 32%。

2. 数字孪生技术用于特钢工厂的质量管理（流程型制造业）

【痛点问题】特钢是通过添加特殊的合金元素，采用特殊加工工艺制造而成的，具有特殊物理化学性能或特殊用途的钢铁产品。特钢种类繁多，常见牌号数量以千计。

特钢的生产工艺特殊。即便在同一个车间内，不同牌号、不同规格的工艺流程可能都是不一样的。工艺参数不同，轧制道次可能也不同，并具有一定的随机性。这样的生产方式，不利于质量参数的跟踪和追溯，也不利于生产数据的管理。

因此，某特钢厂的相关信息系统一直无法有效运行，过程质量管控面临一系列核心痛点（见图 4-4），包括冶金规范要求、制造工艺参数、过程质量特性、设备运行控制要求等信息普遍处于纸面化的离线状态，大量的质量数据无法自动采集，现场数据往往手工记录在纸质台账中等。这既影响了生产调度，又影响了质量管理。

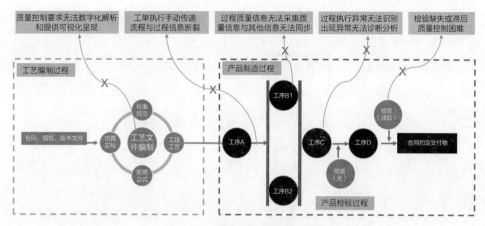

图 4-4　过程质量管控的核心痛点

【解决方案】以物料为主线将各种来源的数据进行时空匹配，组织质量数据。该系统的设计基于优也 Thingswise iDOS 嵌入式工业 PaaS 平台。它的核心架构集成了最新的云原生技术、大数据、机器学习和微服务技术等。Thingswise iDOS 具有物联层、数孪层和应用层。物联层具有连接工业设备对工业数据进行汇聚、预处理、规范化管理和存储等功能。数孪层以对象的方式表征物理实体，对每个物理实体都建立相应的软件对象，也就是数字孪生，在数字孪生中以数据表征物理实体的属性及状态，以算法模型模拟行为规律。应用层是对业务逻辑的实现，构建人机交互的 App。

【取得成效】基于 Thingswise iDOS 建立的质量大数据系统，可对特钢生产全过程的工艺参数进行实时采集和对标，自动识别异常，产生"安灯"信号，并按照角色自动推送消息来加快解决现场问题；可自动对接检化验系统提取产品检验数据，形成实时的质量特性 SPC 控制曲线，从传统的间歇式采样 SPC 监控转变成数字式全样本实时 SPC 监控；可自动对过程异常和不良数据进行统计分析，识别应优先解决的显著问题，引导持续改进的方向，为整体提升质量管理水平提供了条件；取消了生产线纸质手工台账记录，自动生成生产报表，降低了员工的工作强度，非增值工作时间缩短了 67%；实时的生产状态数据，配合工厂鸟瞰图和"安灯"信号，实现了远程可视化工厂管理，全面提升了职能部门和人员的工作效率。

Q51：5G 技术的典型应用场景及关键点有哪些？

王 瑞 罗建东

A 随着 5G 技术在全球的商用部署，5G 技术以其大带宽、低时延、广连接、高可靠等特性，与云、智能、计算、行业应用等协同，对垂直行业进行改造或重构，推动千行百业的数字化进程。以 5G 技术为代表的多域协同新型 ICT 技术，不仅在生产领域推进企业生产系统的升级换代，而且在社会民生领域为全社会数字化转型拓展新空间。5G 技术已助力 20 多个行业进行数字化转型。在生产方面，5G 技术的典型应用主要在钢铁、矿山、港口、石油化工等行业和生产工厂；而在社会民生方面，5G 技术则广泛应用于教育、医疗等领域。

一、钢铁

依托先进的技术，钢铁行业正在向信息化、智能化、自动化转型。5G 技术的典型应用场景包括智能点检、智能加渣机器人、远控天车、AR 远程指导、自动转钢等。

二、矿山

5G 技术正在推动传统矿山智能化发展，帮助煤矿实现"井下一张网"，同时可以满足作业面、综采面等移动场景和井下安全作业的需求。5G 技术的典型应用场景包括无人挖掘机、无人运输、井下定位、安全监测等。以无人挖掘机为例，利用 5G 技术大带宽、低时延的特性，在提升生产效率的同时减少或避免人员现场作业，提升了矿山安全水平。通过在作业现场部署高清全景摄像头，在工程机械本体加装远程操控系统及配套的控制传感器、视频监控终端，将现场情况实时回传，为远程控制台上的操作员提供如同在采矿设备本体上作业的视野。操作员在控制台上的每个操作指令，都通过 5G 网络传输到现场的采矿设备，实现了远程精准操作和采矿流程的无人化，提高了生产的安全性及效率。

三、港口

5G 技术推动全球港口从劳动密集型逐渐转向科技密集型，实现数字化和机械操作的无人化。5G 技术的典型应用场景包括吊机远控、智能理货、港区无人驾驶、无人巡检等。

四、石油化工

5G 技术将与化工行业深度有机融合，促进企业绿色化、精细化、智能化的可持续数字化转型，促进企业在安全、环保、运营管理水平及效率上进一步提升。5G 技术的典型应用场景包括 5G 作业人员监测、在线设备监测、5G 机器人巡检等。

五、工厂

5G 技术驱动制造业实现物理世界与数字世界的融合及转化，运用智能终端、工业互联网平台等满足制造业企业生产经营转型升级、降本增效的需求。5G 技术的典型应用场景包括设备剪辫子、产线 AI 质检、数字化产线、多网融合、云化 AGV 和 AR 远程辅助等。以车间"设备剪辫子"为例，这个场景类似于每个人家里的计算机、电话和电视从网线互联变成无线互联，在制造车间里，我们用高可靠的 5G 网络替代线缆实现设备的无线互联。在华为 5G 智能工厂的手机产线中，传统布线达到 560 千米，产线每半年随新机型的升级需要进行调整，每次调整需要停工一周，运用 5G 技术实现产线制造设备的无线互联后，每次调整时间缩短为两天。

六、教育

5G 智慧教育能提升教育信息化和智能化水平，推动教育现代化进程。5G 技术的典型应用场景包括互动教学、远程教学、智能考试、综合评价、智慧校园等。

七、医疗

5G 技术可有效保障智慧医疗应用的稳定性、可靠性和安全性，打破医患的地域和时空限制，大幅提升医疗效率。5G 技术应用的典型场景包括远程会诊、远程超声、远程监护等。

5G 行业应用已经从孵化期进入规模发展期，我国各大运营商已实施了6000 多个创新项目，并签署了数千个 5G 商用合同。下一步，需要找准对行业真正有价值的刚需场景，构建可以适应多样化应用场景的 5G 网络能力，培育多样化终端生态，进一步构建可持续的商业模式，推动 5G 行业应用发展，进一步赋能数字经济。

【解决方案】

1. 华菱湘钢、中国移动、华为"5G+ 远控天车"

【痛点问题】天车集装卸、搬运、运输功能于一身，是钢铁生产最主要的设备之一，也是决定钢厂高效运转的关键因素。天车经常吊运超过 1000℃的钢水、铁水，天车司机需要通过地面指挥人员的指示，将钢水、铁水运送到指定地点。吊运容不得半点差错，需要天车司机的精神高度集中，这导致司机的压力特别大。同时，天车经常在厂房内的高空运行，天车驾驶室封闭狭小，天车司机每天都需长时间待在驾驶室内操作，工作环境恶劣。由于长时间弯腰驼背低头作业，很多人都患有颈椎痛、视力下降等职业病。如今，很少有年轻人愿意从事这项工作，导致企业面临招工难题。

现有的解决方案是采用有线或 4G/WiFi 方案实现远控天车。但是，有线方案存在移动性差、部署难度大及成本高的问题；而 4G 和 WiFi 方案难以满足大带宽、低时延的需求，导致 PLC 丢包率高，监控视频卡顿严重，不能满足当前的监控要求。另外，WiFi 还存在覆盖效果差、抗干扰能力差、不稳定等缺点，存在延迟 / 误码大的情况，具有安全隐患。因此，5G 技术以超高速率、超低时延、超强稳定等优势成为远控天车的最佳选择。

【解决方案】随着 5G 商用步伐的加快及政策的大力支持，利用 5G 技术实现生产方式智能化、数字化转型愈发必要。5G 技术以大带宽、低时延、广连接、高可靠等特性，与云、智能、计算、行业应用等深度协同，将赋能行业数字场景创新及信息化业务演进。

从 2019 年开始，华菱湘钢、中国移动、华为联手共建智慧工厂，将"5G+ 远控天车"投入生产应用。这是 5G 技术在全国钢铁行业首次落地，也是全国钢铁行业 5G 实景应用第一例。

远控天车解决方案由天车操作系统、5G 网络和天车（含 PLC、摄像头）三部分组成。通过天车操控系统实现实时远程操控天车；通过 5G 低时延网络下发指令，向操作员提供第一视角的高清视频，执行"零"延时操控，保障远程操控精准实时，将操作人员从恶劣的工作环境中解放出来，改善工作环境，提高工作效率，避免安全生产事故发生。

该项目网络通信系统采用全 5G 通信，覆盖行车区域和远程操作中心。利用

5G 技术大带宽、低时延的特性，采用"5G+MEC 技术"构建的生产园区全连接无线网络，以湘钢 5G 融合专网能力为基础，结合实际生产需求，能够满足远控天车应用场景下高质量视频传输、高可靠实时远程操控的网络需求。

在华菱湘钢率先实现的 5G 远控天车操控系统中，通过传感器、雷达结合激光 3D 轮廓扫描技术，获取周边物料、车辆、车头高度及卸载位置的信息和画面，将 11 个高清摄像头获取的多视野的超高清视频实时传送到服务器端，并以超低时延的动作反馈对远端的天车进行远程驾驶，这对网络提出了极高的要求，需要低至 20ms 的网络时延和高至 1Gb/s 的网络速率。通过 5G 网络实时将数据传输至服务器端，进行数据处理，建立现场三维模型，计算出动作指令集，下发给天车执行，实现设备自主运行。

在远端，通过 5G 网络覆盖厂房，通过 CPE 连接 AR 路由器及交换机，连接摄像头及 PLC 工业控制器，并通过 PLC 工业控制器实现对天车的控制。

在控制端，通过 CPE 连接 AR 路由器及交换机，通过 PLC 及 NVR 模块，接入天车远程控制平台和高清显示器，实现远程控制及集中监控功能。

【取得成效】5G 技术结合视频回传和远程控制，实现了多个天车的同时远程操控，改善了作业环境，提升了工作效率，让工人更有尊严地工作。从现场环境和远控环境对比来看，其为钢厂和工人带来以下变化：工人工作环境改善，钢厂招人更方便，且钢厂后续还可以在此基础上进一步实现数字化。

构建基于 5G 技术的天车远程控制系统，让一线员工脱离现场恶劣的工作环境，更高效地完成工作，消除了作业风险。采用远控天车以后，人工效率提升了 33%，产能提升了 50%，推动了智慧工厂的数字化改造。

2. 中国华电煤矿综合组网 5G 无线通信系统方案

【痛点问题】一是煤矿井下视频 AI、工作面控制网、无人驾驶、机器人、自动测量点云数据传输等应用场景及承载多域、多类业务的情形，需要大带宽、高可靠、低时延、广连接的煤矿专用 5G 通信网络。井下现有的有线、无线、工业以太网均不能满足煤矿网络对异构性、稳定性、时间敏感性的要求。

二是根据煤矿井下生产控制系统对网络高可靠性、数据安全隔离的要求，5G 通信系统应能独立组网且能自主简单维护，采用用户面或 MEC 下沉、非独立 5G 通信系统组网的方案不能满足煤矿生产控制系统的需求。

三是煤矿井下巷道具有限定空间、长距离、非可视等特点，需要工作频率为

700～1000MHz 的 5G 通信网络，但目前绝大部分 5G 通信系统的工作频率均不在此范围内。

四是根据煤矿井下对电气防爆、设备便携安装、设备防护性能的要求，以及设备发射功率小、井下电磁干扰严重、电源电压波动范围大、故障率高等现实情况，需要对矿用 5G 通信系统设备进行定制化设计和开发，目前矿用 5G 产品数量和种类偏少，不能满足煤矿井下的要求。

【解决方案】中国华电不连沟煤矿 5G 通信系统（见图 4-5）采用 700MHz &2600MHz 综合组网的 5G 无线通信系统方案，建成基于 SA 架构的井上下 5G 通信系统专网，实现了与运营商大网的对接，最终形成井下"5G+MEC"与感知网络融合，即井下物联网（煤炭行业工业互联网），骨干传输网带宽达 50～100Gb/s，有效合法标识接入点达 40000 个以上，实现传感器上云、设备上云，实现有线网络、无线网络、办公网络及生活区民用网络融合。

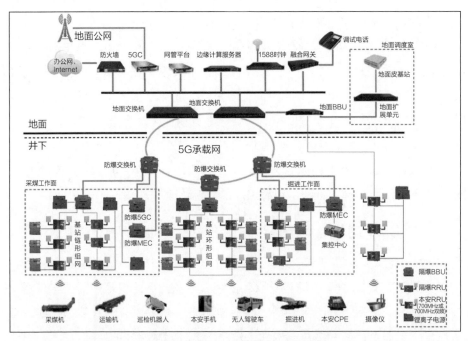

图 4-5　中国华电不连沟煤矿 5G 通信系统

【取得成效】煤矿 5G 专网的建设，为矿井两化深度融合、生产提效和智能化转型创造了直接条件，矿井安全生产管理和生产经营管理水平不断改善。

在安全生产管理方面，矿井安全动态感知能力显著提高，大大提升了应急救援和硬件保障能力。矿井信息化水平的进一步提升，使风险预控、隐患闭环管理更加及时完善，设备运行异常预测、故障诊断等模型更加完善，极大地提高了机电管理水平、降低了机电设备事故率，保障生产连续化。同时，智能化系统带来了矿井生产能力更大的提升。

在生产经营管理方面，"5G+煤矿工业互联网"实现了生产、经营、管理数据上云，为人财物、产运销、生产安全管理提供了云化、统一、安全隔离、可扩展的网络。"5G+区块链"会大大提高采购、合同管理、销售的效率。

综合考虑项目初期建设成本、后期完善成本、正常运维成本等，煤矿5G专网的建设将降低吨原煤制造成本 8 ～ 9 元，每年带来的间接经济效益达数百万元至亿元以上。

Q52：区块链创新应用的典型场景及技术发展重点是什么？

吕佳宇

A 区块链是新一代信息技术的重要组成部分，集成了分布式网络、加密技术、智能合约等多种核心技术，有望解决网络空间的信任和安全问题，推动互联网从传递信息向传递价值变革，重构信息产业体系。区块链系统划分为基础设施、基础组件、账本、共识、智能合约、接口、应用、操作运维和系统管理九部分。目前，区块链主要在能源电力、智能制造、金融服务、政务服务、信息通信等领域拥有创新应用的典型场景。联盟链是区块链现阶段重要的落地应用。为适应不同业务场景的需要，区块链技术的发展正朝着数据流通更高效、网络规模再扩大、技术运维更精细、平台安全更可控的方向不断探索突破。

【说明】

区块链由多方共同维护，使用密码学原理保证传输和访问安全，能够有效实现数据一致存储，难以篡改，可防止抵赖。典型的区块链以"块—链"结构存储数据。

在典型的区块链系统中,各参与方按照事先约定的规则共同存储信息并达成共识。区块链体现了分布式记账、难以篡改、多方维护、内置合约性等特征。

截至目前,区块链主要在以下领域拥有创新应用。

第一,在能源电力领域,主要有绿电交易、绿电溯源、可再生能源消纳、共享储能、虚拟电厂、需求侧响应、能源大数据、碳资产交易等。

第二,在智能制造领域,主要有工业物联网、智能化管理、标识解析、协同制造、供应链管理、智能化研发、数字化车间试点、智能化工厂建设等。

第三,在金融服务领域,主要有供应链金融、跨境结算、支付清算、数字票据、金融审计、企业征信、权益证明、证券交易等。

第四,在政务服务领域,主要有信用监管、电子证照、城市交通、电子票据、行政审批、涉公监管、便民服务、知识产权保护、精准扶贫等。

第五,在信息通信领域,主要有网间结算、数据流通和共享、身份认证、携号转网、漫游清算等。

为了深化区块链创新应用,形成更多典型场景,特别是基于联盟链的应用场景,须从以下几个关键方面推动区块链发展。

第一,数据流通更高效。随着区块链技术的发展,以及联盟治理模式的升级演进、链外多方数据的协同,实现共享流通将成为发展重点。区块链技术与安全多方计算技术、可信执行环境技术等的结合,为链外数据流通提供了解决思路。

第二,网络规模再扩大。单一区块链网络规模的扩展及链间的互操作将成为扩大网络规模的重点。其中,联盟链共识算法优化技术和链与链之间的可信交互渠道的跨链技术将成为区块链技术发展的重点。

第三,技术运维更精细。随着区块链应用的推进,须着力对不同的技术点进行完善优化,在共识机制、加密算法、智能合约、对等网络等技术优化的基础上,加强网络流量控制和账本数据量控制,简化节点部署,保证区块链系统在特殊场景下稳定可靠、服务可用。

第四,平台安全更可控。平台安全及技术可控始终是关注的重点。根据用户需求提供强隐私、高安全的区块链整套应用部署方案,提供完整的全国密技术方案与数据隐私保护方案,将是不断发展的方向。

【解决方案】

1. 国家电网基于区块链的可再生能源电力消纳

【痛点问题】随着新型电力系统建设的推进,可再生能源发电量呈快速上升趋势,促进了能源结构的优化,但是,水电、风电、光伏发电的送出和消纳问题开始显现。

一方面,我国可再生能源电力供需仍以省内平衡和就地消纳为主,可再生能源电力的间歇性特性,使得可再生能源发电的成本除了电场的建设成本和接网费用,还包含新增备用容量和调峰等备用成本。我国可再生能源发电项目上网电价高于当地常规电价的部分及接网费用,通过向电力用户征收电价附加费的方式在全国范围内分摊,而备用等辅助服务相关的费用由省级电力调度交易机构在省内平衡,这导致各省对消纳省外的可再生能源电力缺乏积极性。

另一方面,虽然在国家发展改革委、国家能源局出台《关于建立健全可再生能源电力消纳保障机制的通知》(以下简称《通知》)之前,我国已出台了一系列政策,逐步规范和优化可再生能源电力消纳市场,但在消纳可再生能源电力方面缺乏激励措施,且市场机制不够健全。

【解决方案】可再生能源电力消纳凭证是电力交易中心统一对可再生能源电力消纳量从源头进行绿色编码,生成的可再生能源电力消纳凭证(以下简称凭证),每兆瓦时消纳量对应一个凭证,凭证分为水电凭证和非水电凭证,凭证具有唯一编码。基于区块链构建可再生能源电力消纳保障机制,利用区块链技术多方协作、数据可追溯性和不可篡改的特点,可进一步提高凭证在签发、交易等全流程中的透明性与可控性,为凭证增信。基于区块链的可再生能源电力消纳保障机制(见图4-6),通过将消纳责任权重计算公式、消纳责任权重、凭证等信息上链,可有效保证数据的真实性、不可篡改,使各市场主体积极主动承担消纳责任。凭证的发行和交易通过智能合约自动执行,降低了交易中心的人工成本,可提升可再生能源消纳水平。利用区块链技术的核心在于,可以将可再生能源消纳凭证上链存证,可以在点对点网络中支撑交易流程,增加凭证的权威性,实现全程溯源,解决凭证核发流程烦琐的问题,便于生成统计报表;同时,可防止虚假交易和重复交易,促进可再生能源消纳。

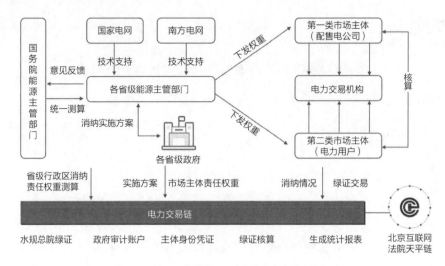

图 4-6　基于区块链的可再生能源电力消纳保障机制

（1）凭证签发。为有效保障消纳责任权重的客观公正，依据规定，国务院能源主管部门组织有关机构按年度对各省级行政区可再生能源电力消纳责任权重进行统一测算，并结合各省级能源主管部门及经济运行管理部门等各方面的意见，进行综合论证。然后，于每年3月底前，国务院能源主管部门会向各省级行政区下达当年可再生能源电力消纳责任权重，各省级能源主管部门据此制定本省级行政区可再生能源电力消纳实施方案，方案内包含年度消纳责任权重及消纳量分配。

可再生能源电力消纳凭证签发流程（见图 4-7）：电力交易平台组织市场主体和发电厂交易，交易完成后，由交易平台向可再生能源超额消纳凭证交易系统同步发送可再生能源市场化交易的物理执行结算结果，权重系统依据交易合同和交易信息，通过区块链智能合约对超额消纳量核发相应的凭证。

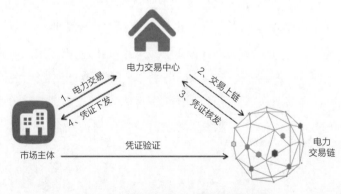

图 4-7　可再生能源电力消纳凭证签发流程

此凭证具有唯一编码,内嵌对应可再生能源电力的生产者、生产时间、生产地点、电力电量类别、有效期等信息,电力交易中心对以上内容进行电子签名。凭证上链,返回存证地址,把存证地址再补到凭证上。下发最终生成的凭证,写入各消纳责任主体的消纳账户。

凭证核发时通过区块链标记,并设置凭证失效时间,避免凭证在次年被重复统计;同时,通过链上共识,确保发电企业所发的每兆瓦时可再生能源电力只会被核发一次凭证,不会被重复核发。

(2)凭证交易。按照规定,超额消纳量交易可作为各省份完成消纳责任的补充。因此,市场主体可以在凭证交易系统上出售超额完成的凭证,或者发起凭证购买信息,利用区块链共识机制实现交易双方价格协商,一旦双方达成一致交易价格即可通过智能合约自动签署合约。交易执行过程是,用购买方的电子签名覆盖出售方凭证的电子签名。

凭证交易流程如图4-8所示。市场主体A由于未完成消纳量,通过区块链广播发起凭证/消纳量交易需求,市场主体B超额完成消纳量指标,也通过区块链发起凭证出售信息,双方通过区块链达成一致价格后,使用区块链电子合同签署凭证交易合同,并将交易合同的关键信息上链。在需求方完成支付后,触发凭证转移合约,该合约执行从A到B的凭证转移,增加一条B到A的"转移"记录,由B对A的"公钥+凭证"进行签名,然后上链,市场主体A获取凭证及凭证对应的链上地址。同时电力交易中心的可再生能源电力消纳系统中对应的消纳量统计信息也自动发生变化,市场主体A的消纳量增加,市场主体B的消纳量减小。

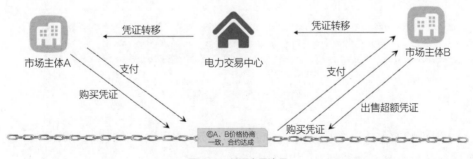

图4-8　凭证交易流程

为确保各省份可再生能源电力消纳量指标完成,规范凭证交易,规定若所在省份消纳量没有达到最低消纳量标准,则该消纳责任主体只能在省内市场交易超额消纳凭证，不能跨省份交易超额消纳凭证。

（3）凭证核算。凭证在交易过程中始终带有所属方的电子签名，通过电子签名对责任主体分别统计，就可以生成凭证统计报表，进而核算各消纳责任主体的消纳量。

根据《通知》，自愿认购的绿证也可作为各省份完成消纳量的补充，在核算消纳量完成情况时，需要计入自愿认购的绿证对应的消纳量。在电力交易中心和可再生能源信息中心之间建立数据共享机制，通过区块链实现凭证交易系统和绿证认购平台的互联互通。消纳责任主体将认购的绿证相关信息上传到消纳系统时，能够快速、准确地识别绿证的有效性，一旦判定符合消纳量核算要求，则自动计入该消纳责任主体消纳量完成指标，实现消纳量统计报表的快速核算。

（4）凭证验证与追溯。由于电力交易链记录了凭证核发、转移的全过程，所以用户可以在电力交易链上对凭证真伪进行验证，追溯核发、转移过程，同时，区块链上各个参与方共同对凭证签发、交易、核算等全流程进行有效监管。凭证验证与追溯流程如图 4-9 所示。

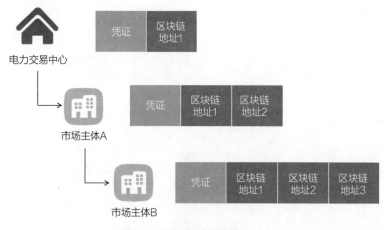

图 4-9　凭证验证与追溯流程

【取得成效】凭证交易系统，不仅能够记录各市场主体的消纳量从下发、交易流转到核算完成的全程数据，而且可以将发电厂、电力交易中心、购电企业，以及电量、价格等各种信息附在凭证中，便于后续分析。自 2020 年 11 月在 27 个省级交易市场上线使用以来，凭证交易系统累计为河南、宁夏、江苏等 10 个省份达成区块链超额消纳凭证转让 240 余万个。每年可完成 17 万元的交易主体身份凭证及近 2 亿元的区块链超额消纳凭证签发,降低市场接入成本上亿元。

2. 中国华电"阳光采购链"采购平台方案

【痛点问题】央企普遍建有物资采购电商平台,多数服务于本企业,也有少部分对外提供服务,但平台在交易参与各方数据互信、数据安全和数据权限等方面存在问题。一是交易参与各方数据互信的问题,供应商对提交询比价采购的报价、投标报价文件的保密性有质疑,供应商对招标代理和采购人发布的采购文件的有效性有质疑,采购方对供应商提供的重大装备的质量有质疑,企业对采购业务人员存在廉洁从业要求,政府监管部门和公司内部监管部门对物资采购电商平台中的监管数据有信任度要求。二是数据安全的问题,系统中的数据存在被黑客窃取和利用的风险。三是数据权限的问题,开发人员、运维人员和系统管理员的权限管理需要自我约束,以取信于系统用户。

【解决方案】华电电子商务平台通过引入区块链技术搭建"阳光采购链"采购平台,实现了交易全流程可溯源、全数据可核验。数据在电商平台业务系统产生时,立即进行区块链存证,生成"数据身份证"、存证时间戳、区块高度等信息。在招投标环节,供应商的相关信息(如资质、信用、投标文件等)和招投标流程的相关信息(如招标公示、评标结果、中标公示等)一经上链,便永久保存,无法被恶意篡改。各方交易主体可对数据进行核验,通过查看存证标识,快速判断系统当前数据与区块链存证数据是否一致。对招投标过程有任何质疑的,都能够通过既定追溯接口查寻到招投标流程中各方的原始存证数据,提升各参与方之间的信任程度,为各方带来实际的业务价值,助力电商平台增信、合规,从而实现真正的"阳光采购"。

整体系统架构图如图 4-10 所示。

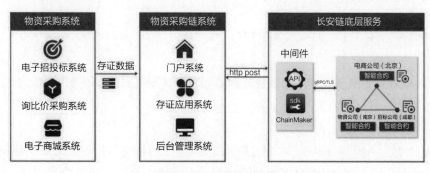

图 4-10　整体系统架构图

其中，底层支撑服务平台架构图如图4-11所示。

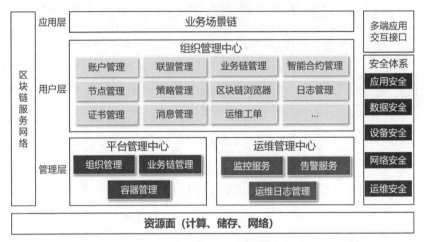

图4-11　底层支撑服务平台架构图

招标业务模块，研发了基于"区块链＋招标投标"模式、全过程应用区块链加密存证技术的电子招投标系统（架构图见图4-12），实现招投标业务全流程数据的及时存证、实时核验。

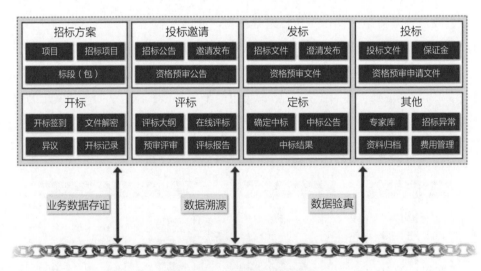

图4-12　电子招投标系统架构图

询比价业务模块，研发了融合区块链技术、基于信任交易的询比价采购系统（架构图见图4-13），充分保障采购企业利益，实现企业采购去中心化和直通式处理。

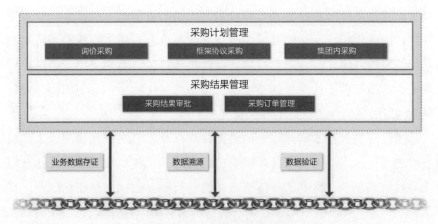

图 4-13　询比价采购系统架构图

电子商城业务模块，研发了商城采购与区块链技术融合的电子商城系统（架构图见图 4-14），利用区块链技术，服务于商城采购实际交易场景。

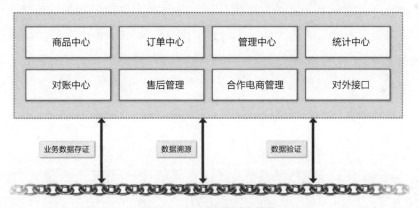

图 4-14　电子商城系统架构图

在数据安全方面采取了以下措施：一是结合区块链传统的签名算法，配合证书体系和 TLS 协议，实现关键交易数据使用区块链特有算法加密后存储，有效防止关键数据的外泄；二是研发基于区块链技术的多维度权限分配、权限变动数据跟踪追溯模块，解决管理人员随意分配权限和监管的问题。

【取得成效】区块链技术可以在物资采购管理可信监管领域发挥巨大优势。"阳光采购链"采购平台使用区块链技术贯穿整个电商平台，打通了制标、投标、评标、履约全流程,保证了业务全流程上链存证,提高了招投标过程监管的透明度、可信度。

一是构建集团科技创新体系，体现央企担当。遵循国家政策和行业规范，按照市场化、国际化和法治化的要求，围绕放管服改革、优化市场营商环境，以数据为基础、服务为依托、客户为目标，以区块链科技创新为支撑，通过建设华电链实现核心科技推动下的业务创新，助力集团数字化转型，带动集团产业链上下游企业协同发展，体现了央企的社会责任担当。

二是通过区块链技术构建统一的数据共享标准，节约数据管理成本。通过区块链技术的深化应用，为集团内各机构提供信息共享和交换服务，将逐渐解决各部门业务系统因起点、标准不一，所造成的信息不一致、信息孤岛问题，节约数据管理成本。基于区块链技术建立统一的物资信息库、数据接入、共享交换的标准，为精细化业务应用提供了共享交互的基础，有效降低了集团内各机构之间信息交互的成本。

三是推进技术发展，优化产业结构。实现各职能部门间的互联互通，以达到更高的管理效率和服务质量。平台建设过程将进一步带动和催生新兴产业发展，促进资源配置的优化和产业结构的优化调整，助推产业聚合升级，产生巨大的社会效益。物资采购领域的实践也为区块链在其他场景，如碳资产管理、供应链金融、重大设备质量追踪、综合能源服务等场景，以及其他能源企业的应用奠定了基础，积累了经验。未来，随着技术发展和应用探索，区块链必将对推动我国能源需求转型、革新能源市场机制、实现"双碳"目标和可持续发展提供重要支撑。

Q53：物联网技术有哪些特征，在企业数字化转型中有哪些应用价值？

柴森春 彭 昭

A 根据《物联网 术语》（GB/T 33745—2017）的定义，物联网是通过感知设备，按照约定协议，连接物、人、系统和信息资源，实现对物理世界和虚拟世界的信息进行处理并作出反应的智能服务系统。物联网具有三方面显著特征：一是全面感知，即利用射频识别（RFID）、传感器、二维码等多种方式随时随地获取物联网对象的信息；二是可靠传递，通过各种电信网络和互联网融合, 对接收到的感知信息进行实时远程传送; 三是智能处理与决策, 利用各种智能计算技术, 对数据进行分析处理, 提升洞察力, 实现智能化的决策和控制。物联网技术在企业数字化转型中的价值主要体现在, 企业可通过物联网高效采集、整合和分析设备、资产、产品等与"实物"相关的多种类型数据, 催生远程故障诊断、预测性运维等增值服务新模式, 并通过数据价值深度挖掘, 实现了新的收入增长, 共同推动数字化转型。

【说明】

1. 物联网的定义和架构

物联网是第四次工业革命浪潮中的一项核心技术, 也是制造业企业实现数字化转型的重要工具。根据《物联网 术语》(GB/T 33745—2017) 的定义, 物联网是通过感知设备, 按照约定协议, 连接物、人、系统和信息资源, 实现对物理和虚拟世界的信息进行处理并作出反应的智能服务系统。物联网可通过 RFID、红外感应器、全球定位系统、激光扫描器等传感设备, 实现对物理实体的识别、定位、跟踪、监控和管理。

物联网架构一般分为感知层、网络层和应用层。感知层包括物联网中的终端设备及内置的相关软件和算法等, 是整个物联网中的"神经末梢", 主要承担识别物体、感知物体、采集信息、自动控制的作用。网络层由各种私有网络、互联网、有线和无线通信网、网络管理系统等组成, 在物联网中起到信息传输的作用, 是物联网中的"中枢神经", 该层主要用于传递感知层和应用层之间的数据, 是连接感知层和应用层的桥梁。应用层是物联网和用户的接口, 用于完成数据的管理和数据的处理, 是物联网的"大脑", 能将这些数据与各行业的信息化需求相结合, 实现广泛智能化应用的解决方案。

2. 物联网的特征

物联网技术主要包括三种特征, 分别是全面感知、可靠传递和智能处理。

(1) 全面感知即利用 RFID、传感器、二维码等多种方式随时随地获取物联网对象的信息, 实现数据采集的多点化、多维化、网络化。这不仅表现在对单一的现象或目标进行多方面的观察获得综合的感知数据，也表现在对现实世界各种物理现象的普遍感知。

（2）可靠传递是指通过各种电信网络和互联网融合，实时远程传送接收到的感知信息，实现信息的交互和共享，并进行各种有效的处理。这一过程通常需要用到现有的电信网络，包括无线和有线网络。传感器网络是一个局部的无线网，移动通信网是承载物联网的有力支撑。由于物联网内的实体间广泛互联，常常形成异构互联，错综复杂的"网中网"形态实现了物体的信息实时、准确地相互传递。

（3）智能处理与决策是指，利用云计算、模糊识别等各种技术，分析处理随时接收到的跨地域、跨行业、跨部门的海量数据和信息，提升对物理世界各种活动和变化的洞察力，实现智能化的决策和控制。随着人工智能技术的发展和成熟，边缘智能技术可将机器学习算法部署到更加贴近数据源头的网络边缘侧，能够就近提供智能化服务，从而满足实时性、隐私性、节省带宽的需求。

3. 物联网的应用价值

物联网可支撑企业将设备、资产、产品等"实物"连成网络，高效采集、整合和分析这些"实物"关联的多种类型数据，这开启了创新性地使用各种技术的大门，共同推动了数字化转型。物联网技术的应用催生了远程故障诊断、预测性运维等增值服务新模式，并通过数据价值深度发掘，实现了新的收入增长，将产品制造商转变为综合服务提供商。以制造领域为例，物联网技术应用的成效主要体现在数字化及智能化的工厂改造上，包括机械设备监控和环境监控。未来，应提高工业设备的数字化水平，挖掘原有设备数据的价值，提高设备间的协同能力。

4. 物联网的发展趋势

进入工业 4.0 时代以来，物联网正在向 IT、OT 深度融合的方向发展。IT 与 OT 的融合能够贯通 OT 工业设备和环境设施数据、IT 基础设施数据，实现双向互用。一方面，OT 系统借助 IT 基础设施获取工业设备及过程的数据，利用 IT 领域的各种算法模型开展 OT 工业设备及过程的状态监控和风险边界预估，有效降低潜在风险。另一方面，IT 领域的云和虚拟化等新技术，可以提高 OT 工业设备和过程数据的可访问性、稳定性和流动性。IT、OT 融合的规律和特点使制造业生产线装备成了 IT 与 OT 技术融合的主战场。

考虑到目前传统工业网络通信协议和拓扑结构的多样性,工厂内同时存在由多种工业现场总线、工业以太网和工业无线网组成的复杂网络,通信能力各异的网络共同承载人机物法环等数据的传输。因此,工业物联网需要聚焦于 IT、OT 深度融合的架构设计、工业软件对接等领域,实现工业企业内部的工业信息系统间的数据流通,助力企业优化决策,进一步提质增效。

【案例】

在航空运输业中,传感器和设备之间产生的大量数据是一种丰富的资源,可用于降低成本、增加收入、改进流程和提高乘客体验。

物联网应用在航空运输业早期的一个表现形式是使用信标——这是国际航空电讯集团(SITA)在 2015 年推出的。美国航空公司第一个在达拉斯—沃思堡国际机场的试点项目中使用 SITA 通用信标登记技术平台服务。有了信标技术,航空公司就能轻而易举地为乘客提供最佳的室内导航、到达登机口步行时间预测、休息室使用和登机提醒等服务,并在发出信息前获知乘客的准确位置。

空中客车和 IBM 于 2013 年开始合作,共同改造空中客车的机队解决方案。2015 年,其推出了利用物联网和 IBM 沃森的平台——空中客车 Smarter Fleet,为运行维护、工程建设和飞行运营提供了端到端的电子解决方案。希捷航空公司、意大利航空公司、大韩航空公司和印度尼西亚航空公司也与 IBM 开展了合作。

自 2015 年以来,亚航一直在使用物联网支持的通用电气(GE)飞行效率服务(FES),利用精确导航服务和燃料管理计划来大幅节省成本,当时的目标是在 2015 - 2020 年内节省 3000 万~ 5000 万美元的运营成本。

2016 年,达美航空采取了一项历史性举措,即引入 RFID 来取代条形码手动扫描,而手动扫描条形码自 20 世纪 90 年代初以来一直是行业标准。达美航空当时投资了 5000 万美元,以确保更好地跟踪行李,提高透明度,并在整个行李处理过程中进行初步部署,成功率达到了 99.9%。

微软的 Azure IoT 技术一直运用于航空航天工业的各个方面。微软与加拿大航空公司合作,旨在实现更好的空中交通控制,通过使用支持物联网的飞机数据,提供优化路线和环境条件的准确信息,以降低燃料消耗。此外,劳斯莱斯在全球范围内为商用飞机提供了 13000 多个引擎,该公司正在使用 Microsoft Azure IoT 解决方案和 Cortana Intelligence Suite 来保持飞机的可用性和效率。

霍尼韦尔 GoDirect 航空服务应用平台是一套由物联网支持的系统，可分析现有飞机数据，识别潜在故障，提高飞机可靠性，降低运营成本并减少延误。GoDirect 可以将与辅助动力装置（APU）相关的航班延误减少 35%，并且使预测部件故障的准确率达 99%。2017 年，该公司与国泰航空签订合同，在一架空中客车 A330 上部署联网飞机维修服务。2018 年，该公司与美国电话电报公司合作，将物联网用于一系列解决方案，包括联网飞机（Connected Aircraft）等。

【解决方案】

华为、泛海三江——智慧烟感解决方案

【痛点问题】消防安全是国家公共安全的重要组成部分，随着生活水平的日益提高，人们对消防安全保障的要求也日益提高。目前，大型公共场所在消防方面已经取得重要进展，但以住宅、厂房仓储等为主的小型场所，由于消防管理水平限制、消防意识淡薄、消防运行机制较差等，依旧面临巨大的火灾防控挑战。另外，在多数情况下，火灾没有预见性，火灾处理中由于消防知识和经验的不足，有可能导致火灾进一步扩大，造成不必要的人员伤亡和财产损失。

【解决方案】智慧烟感解决方案以"端－管－云"的系统架构为基础，通过烟感探测器、NB-IoT 技术及 OceanConnect IoT 平台，能实现实时、动态、互动、融合的消防信息采集，全面提升消防设备设施监控、管理及维护服务水平。

该解决方案的应用价值在于，利用大数据分析，基于"事件管理＋设备管理＋人员管理"模式，实现从被动响应到主动预防的转变，相比传统的复杂烦琐的火灾报警模式，用户可通过平台、微信等对火灾情况进行实时动态监控，实现火灾信息多方送达，准确定位火情，智能调度消防资源迅速进入现场，可解决传统火灾报警中存在的虚假警情、信息错误和遗漏等问题，提升接警效率。

【取得成效】华为和泛海三江已经在五台山部署了智慧烟感解决方案，全面推动五台山文物建筑群火灾预警机制转型升级，用物联网消防技术为文化遗产打造一道强有力的消防屏障。

Q54：北斗如何助力数字化转型？

李　安

A　天上北斗，大国重器。北斗卫星导航系统是我国着眼于国家安全和经济社会发展的需要，自主建设、独立运行的卫星导航系统，由 3 颗地球静止轨道卫星（GEO）、3 颗倾斜地球同步轨道卫星（IGSO）和 24 颗中圆地球轨道卫星（MEO）等组成。目前，北斗卫星导航系统已提供导航定位和通信数传两大类、七种服务：面向全球范围，提供定位导航授时（RNSS）、全球短报文通信（GSMC）和国际搜救（SAR）三种服务；在我国及周边地区，提供星基增强（SBAS）、地基增强（GAS）、精密单点定位（PPP）和区域短报文通信（RSMC）四种服务。我国的北斗产业发展从卫星导航系统建设开始，经历了"三步走"的阶段：1994 年，我国正式开始北斗卫星导航试验系统（北斗一号）的研制，形成区域有源服务能力，解决有无问题；2004 － 2012 年，我国启动了具有全球导航能力的北斗二号系统研制，实现 14 颗卫星组网运行，从区域覆盖到服务亚太地区，形成区域无源服务能力，追赶国外；2013 － 2020 年，北斗三号系统全面建成并投入运营，形成全球无源服务能力，比肩超越，标志着北斗正式迈入全球化时代。随着北斗三号全面建成，提供全球服务，国家时空服务体系能力进一步提升，拥有"时间"和"空间"属性的时空数据为数字化转型所需的多维数据提供了必要的支撑，为实现数字化转型奠定了基础。深化北斗赋能数字经济发展，通过建设自主可控、高精度、高可靠的时空智能基础设施，打造天地融合更加全面、高精度定位授时更加泛在、产业化发展更具规模的北斗智能时空体系，对加速数字化转型进程、建设数字中国有着重大而深远的意义。

【说明】

北斗卫星导航系统作为时空大数据发展的"大杀器"，最重要的作用就是提供自主可控的时间空间信息，与物联网、人工智能、大数据等新一代信息技术融合发展，充分发挥北斗卫星导航系统提供高精度时间空间信息、全球时空信息统一的优势，通过实时高精度时空信息的应用，提升智能信息产业发展的新动能。北斗卫星导航系统应用的多样性是惊人的，这些应用提高了农业、矿业、建筑业等各个领域的生产效率，实现降本、提质、增效，支撑数字经济高质量发展。

开展时空标注，提升企业资产数字化水平。从时空智能的角度来看，北斗与物联网等技术结合，对企业资产进行高精度时空标注后，可以实现企业资产时空数字化管理，并逐步产生新的商业价值。

打造时空平台，赋能企业数字化发展。以北斗为核心的综合PNT（定位、导航、授时）体系建设，实现时空数据基准统一、覆盖无缝、安全可信、高效便捷，支撑产业体系内和体系间的融合，支撑供应链金融、网络化协同、个性化定制、服务化延伸等新模式的建设。

发展时空协同，培育产业数字化生态。"北斗的应用只受想象力限制"，企业将已有产业与时空信息产业充分融合，推进场景联通、数据贯通和价值互通，培育出更多新产品、新模式、新业态，拓展跨界发展空间。

【解决方案】

1. 中国兵器工业集团车辆安全智能监测解决方案

【痛点问题】随着科技的发展和社会的进步，人们除了对汽车的动力性、经济性、操纵性和舒适性有不断的追求，对汽车的安全性也提出了更高、更新的要求。在过去相当长的时间里，提高车辆安全性都意味着提高被动安全性能，对交通事故的主动预防措施不够。随着信息技术的发展，建立基于车载视频监控的主动安全城市车辆智能监控系统，可有效地提升车辆运营的安全性，提前预知危险，加快反应速度，降低交通事故发生频率，进而减少生命财产损失。

【解决方案】通过在货车、长途客车、旅游包车、公交车等车辆中安装主动北斗安全智能监测终端，提供车辆位置监控、驾驶员疲劳驾驶预警、驾驶员驾驶行为分析、车辆前向碰撞预警、车道偏离预警、驾驶员身份识别、盲区辅助驾驶、指挥调度及大数据分析等功能和服务，切实消除疲劳驾驶等安全隐患，加强营运企业对驾驶员的安全监管，有效避免重特大道路运输事故的发生，实现"人—车—路"相结合的全方位车载主动安全实时监控，及时消除安全隐患，确保行车安全。

【取得成效】在危险到来前警示驾驶员，确保其有足够时间实施避险，避免交通事故的发生或降低事故的损失，同时为管理部门提供更精细的动态监测数据，对提升安全管理水平、减少安全事故发生具有积极的作用。同时，有效解决因驾驶员驾驶技术、意识水平不高等主观因素造成事故频发的问题，大大提升道路交通网络的运输效率和安全水平，有效保障国家和人民的生命财产安全。

2. 中国石化油区智能巡检解决方案

【痛点问题】油田护卫专业化刚起步，信息化系统的建设和应用基本处于空白阶段。在辖区内实施人工、车辆巡护，劳动强度大，且存在较多的监控盲区，摸排取证困难。现有的信息传递机制存在传递效率低、信息准确度较差的问题，无法及时应对突发状况。一方面，容易造成信息泄露，缺乏数据分析，信息利用率不高；另一方面，定位准确度不高，不利于精准管控，不利于提升油区治安管控质效。此外，装备较为落后，难以有效保护护卫人员的合法权益。

【解决方案】一是精确定位，对井位、场站、管线、巡护点、巡护区域、事件多发地等进行高精度坐标采集，对人员、车辆实现高精度实时定位，发挥高精度地图服务在智能巡检的感知、定位、决策中的重要作用。二是工作赋能，基于时空大数据、专家经验、业务数字化技术，对日常巡检、事件上报、设备预警、任务协同处理等工作进行赋能，在明显减轻工作量的同时，提升工作质量。三是多源协同，通过北斗整合巡护、应急、视频监控、生产、自动化等业务数据，以时空数据为基础构建多源协同的智慧巡检机制，使油区护卫工作由单纯巡护向模式自定、标准统一、数据一致的大协同巡护转变。四是智能预警，基于物联网、机器学习等技术，结合大数据预警模型、形势研判模型、事件推荐模型，构建油区事件智能预警、事件处置沙盘推演、巡护区域形势研判三位一体的智能预警处置模型，达到降低油区事件发生率、提高事件处置效率的目的。五是精准应急，利用精准定位及高精度地图服务，形成应急资源一张图，实现动态展示、资源定位、跨区域调度、多部门协作，达到精准掌控和合理利用所有应急资源的目的。

【取得成效】实现了一体化联动控制、高效化协同指挥、敏捷化人员响应、规范化业务流程，实现了精准指挥、精准定位，提高了预判能力，降低了无效巡护强度，在节约了车辆油料成本的同时，降低了油区事件发生率，减少了油田损失，全面提升了安全感知和处置的能力。有效利用科技化的侦察手段和快速交互的移动端设备，提升了沟通效率、事故响应和处理效率，避免了偷盗油案件影响扩大，提高了油区安保维稳力度。建立了应急联动机制，全面感知油区应急资源分布，提高了突发事件应急协同处置能力。

3. 国家电网用电领域智能监测解决方案

【**痛点问题**】随着我国经济快速发展，各行各业的电力需求也显著提高，但窃电问题也变得越来越突出。近年来，虽然国家电网在反窃电方面做了大量工作，但违法、违约用电活动仍呈蔓延和扩大的趋势，且窃电行为逐步向多元化发展。传统的反窃电工作工具简陋、智能化程度低，只能通过"多对一"数据筛查或人工巡查的方式，耗费了大量的人力、物力，却仍无法快速定位窃电点及固化窃电证据。

【**解决方案**】利用北斗授时与定位技术，在智能反窃电设备中集成北斗授时定位模块，安装于线损异常区域，用于实时监测用户用电负荷，采集到的数据可以通过 4G 网络、VPN 等传到远程监控系统，也可以通过蓝牙、微功率无线等方式上报给移动作业终端 App。设备接入北斗定位系统，可精确定位，实现反窃查现场的"位置＋时间＋数据"有效合一，使核查证据自动具备定位与时间标记，实现数据链的关联固化，保证窃电取证的有效性、合规性。

【**取得成效**】该方案已在国家电网有限公司四川、河北、福建、冀北、山西、宁夏等省公司部署应用。2020 年，四川雅安公司锁定嫌疑用户 120 户，400V 分压线损同比降低约 1.5 个百分点，台区线损治理取得了巨大的效益。

4. 国机集团农机作业动态管理解决方案

【**痛点问题**】我国为提高粮食作物产量、改善耕地耕层结构、提升土壤抗旱排涝能力，坚持在农业机械化生产进程中推行保护性耕作技术，"农机购置补贴"正在逐步转化为"农机作业补贴"，但在土地深松作业尤其是深松作业面积的准确认定和作业质量的检测方面还比较落后，造成每年都有虚报面积的现象发生。如何对农机作业进行有效管理，对作业面积和作业质量进行科学精准的监督和验收，成为政府部门急需解决的问题。

【**解决方案**】通过在农机上安装深松实时监测终端，由传感器实时采集作业过程中的位置、图像、农机具姿态等信息，实现作业动态监测，由监测终端完成深度解算和位置定位，并通过移动网络将数据上传至管理平台，记录和统计所有安装监测终端的农机具的作业数据，包括深松深度、行驶轨迹、作业面积、作业时间等，从而对整个深松作业过程进行监督管理，为深松补贴的合理发放提供依据。

【**取得成效**】提高了作业质量，达到了有效打破土地的犁底层、加深耕作层、促进农作物健康生长的效果；极大地提高了土地蓄水能力和抗旱排涝能力，还可以改善土壤中气体有效交换的效果，增加了土壤的气性微生物和矿物质的有效分解，从而提高粮食产量。同时，通过对农机的实时位置、作业质量、作业现场进行实时监控，实现了对深松作业的实时监控，为作业监管、质量监督、补贴发放等工作的开展提供了可靠的技术手段，为农机管理部门提供了便捷高效的农机深松监管服务。

Q55：在"双碳"目标的牵引下，能源行业的数字场景及技术应用的重点是什么？

朱卫列

A 依托现有的相关技术，如物联网、云计算、大数据、人工智能等，促进能源行业勘探、设计、加工、生产、运输、消费、管理、服务等全产业链的数字化转型，加速培育和发展清洁、低碳能源产业，优化清洁能源资源配置，强化能源企业在节能降耗及碳排放预测、监测和追踪等领域的相关工作，培育碳排放权交易市场，推动绿色能源安全和可持续发展，为实现碳达峰和碳中和铺设一条数字化之路。

【说明】

能源行业包括煤炭、电力、石油、石化等行业，这些行业的整个产业链均与碳排放有关，节能降碳的重要性尤为突出。能源行业是资产密集型行业，行业中央国企占据主导地位。当前，在"双碳"目标的牵引下，能源行业正在进行新一轮的战略调整和转型，新型电力建设、清洁能源、氢能、储能等技术发展迅速。基于以上情况,未来与"双碳"相关的能源行业数字化建设与应用将呈现出投入大、应用广、效果逐步显现的特点。

1. 规划、勘探、设计和建设方面的场景

在规划、勘探、设计和建设环节，能源企业主要从调整能源结构、投资、投

产更多清洁能源等角度实现降碳，数字场景非常广泛。电力行业提出了构建以新能源为主体的新型电力系统的新目标，未来的电力项目投资将逐步转向以清洁能源为主，采用数据驱动的清洁能源建设的场址选择、CAD 设计、BIM、虚拟电厂设计将越来越广泛，在建设过程中，远程集控中心、工业 5G 通信、移动设备将逐步成为业务核心。石油、石化行业会加大对制氢、分布式发电、地热、CCUS 领域的投资，同时，充分利用天然气的绿色低碳能源属性，积极提升天然气在产品结构中的占比，持续加大勘探开发力度，推进致密气、页岩气、煤层气等非常规天然气的开发，而所有这些项目在规划、勘探、设计等阶段开始便需要数字技术，在选址、设计、建设、安装调试等过程中通过数字化设计，优化未来油田的整个生产过程，减少未来油气生产过程中电力、蒸汽、水的消耗，提高生产作业中的能效，为节能减排奠定基础。能源行业在项目建设中，进度、成本、预算、工程组织等均需要利用数字化系统进行管理，实现人员、工程设备的合理调用，提高工作效率，实现减排。

2. 生产、运营场景

在生产、运营环节，能源企业主要通过革新生产技术、加强碳排放检测、加大监管力度、提高数字技术的利用水平等，达到提高生产能效、低碳减排的目的，数字技术在能源企业节能降耗、减碳、增效等方面有着广泛的应用场景。煤炭行业建设数字矿山、智能矿山，需要运用数字化、智能化技术实现低耗能及低碳开采。发电企业开发锅炉优化燃烧技术，需要运用深度学习等人工智能技术降低发电煤耗，从而减少碳排放。水电站运用基于机器学习的水轮机设备状态诊断技术，可提高机组可用率，提升绿色能源发电占比。石油、石化行业建设智慧炼厂，以实现智慧管控和节能增效，加速炼化产业用能结构调整，推进"气代煤"等相关工作，提高火炬气、伴生气等资源利用率，减少碳排放。在能源生产过程中，增加碳排放测量点布置，实时采集生产工艺数据和碳排放数据，并进行数字化对比、分析，可有效实现对能源企业碳排放的监管，提升对能源企业的实时监管能力。

3. 能源调度、输送、运输方面的应用场景

能源输送、运输及整个供应链均有能量消耗和损失，而能源损失往往增加碳排放。新一代数字技术在能源企业的供应链管理中有着广泛的应用场景。建设煤炭运输过程中的铁路、公路、船舶一体化智能监管平台，可提升煤炭供应链管理

效率,实现减排。加速建设智能电网和数字化电网,以实现发电、输电、变电、配电、用电和调度等过程的信息化、自动化和智能化,在保障电力供应的同时,利用数字技术多调用、输送清洁能源或能效高的发电厂的电量。未来,分布式能源比重会加大,需要自动化、智能化平台来实现电力供给方与消费主体之间的互动,以提高太阳能、风能等可再生能源的利用比例,减少碳排放。在石油、天然气运输方面,将会加大天然气管网建设,进而实现天然气管网的智能调度。研究氢能制运储销全产业链数字技术,拓展智能加油站建设,提升上下游协同效率,降低运输和库存消耗,达到减排目的。传统物资、备品配件的管理是能源行业的基本业务,通过数字化、智能化手段实现产业链信息、资源和能力的整合,可间接起到减少碳排放的作用。

4. 加强集团碳排放管控

未来,能源企业必须对下属企业的碳排放实施全过程管控,相应的数字场景包括利用数字技术对碳排放进行统一的规划、统计、管理,实时监控碳排放在空间、时间和组织维度上的踪迹,实现在设计、勘探、建设、生产、运营管理等各环节对碳排放、消耗、捕捉等过程数据的采集、记录、计算;借助数字技术对碳排放及碳捕捉成本进行分析,计算减排边际成本;结合大数据构建能源企业碳排放趋势预测模拟系统,实现对碳排放的预测、分析、控制和管理,实现能源生产过程和碳排放过程的精细化、在线化、智能化管控。

5. 培育建设碳排放权交易市场和统一电力市场体系

自 2021 年 2 月 1 日起,我国施行《碳排放权交易管理办法(试行)》。全国碳排放权交易市场将碳排放配额作为交易产品,高耗能、高碳排放企业的发展将受到越来越大的压力。此外,正在推动的全国统一电力市场体系建设也会对发电行业碳排放有相当大的影响。这些都会带来新的应用场景,包括交易平台、碳排放计量、报价策略等。此外,由此产生的金融衍生业务场景,如基于大数据、人工智能技术的碳排放智能预测、煤价预测、油价预测等,都将成为智能化应用的新场景。

【案例】

1. 中石油节能减排实践

中石油将中俄东线天然气管道打造为国内首条智能管道的样板工程，基于"移动端＋云计算＋大数据"的体系架构，集成项目全生命周期数据，实现管道从建设到运营的数字化、网络化、智能化管理，运用 SCADA 系统作为管道运行的"大脑"，实现了 100% 的全自动化焊接、自动超声（AUT）检测和机械化防腐补口，提高了生产效率，减少了能源消耗。

中石油大港油田利用"智慧大脑"操控抽油机的曲柄摆动动态调整、停电自启等。低产液油井实时动态分析自身生产状态，节电率达 41%，碳排放量大幅减少。

中石油油气生产物联网系统实现了中小型站场、部分环境恶劣的油田生产站点无人值守，减少了大型站场的管控人员，大幅提高能源利用效率。大庆庆新油田通过安装流量传感器、压力变送器等，实现了联合站"集中监控、无人值守、有人巡检"，减少了人工到现场的频次，减少了碳排放。

2. 中石化节能减排实践

中石化利用 5G、大数据、数字孪生等技术，对工程建设和制造过程进行能耗监控和数字化改造，降低了能源消耗，减少了碳排放。

在油气田地面建设方面，中石化以数据共享为核心、以三维可视化的设计为基础，建立油气田地面工程数字化集成设计系统，实现跨平台、跨地域协同工作与资源共享，实现边设计边建造的效果，有效缩短建设周期，减少现场人员投入，直接推动了节能减排。

在炼厂建设方面，中石化在元坝项目中做了以数字化交付为目的的数字化工厂设计与建设，以 AVEVA NET 为集成平台，整个项目建设过程整合了工艺智能流程设计集成系统、工程设计基础系统、三维协同设计系统等，显著提升了对工程总承包（EPC）的管理效果，减少了不必要的资源与能源浪费。

第五章

管理变革

——如何构建新型数字化治理体系？

Q56：在数字化转型过程中，管理怎么转？

点亮智库·中信联

A 在数字化转型过程中，从管理保障视角来看，企业应加快由过去封闭式的自上而下管控转向开放式的动态柔性治理，从数字化治理、组织结构、管理方式和组织文化等方面统筹推进。在数字化治理方面，应加快从传统IT治理，向数据、技术、流程、组织、安全等架构统筹和协调管理转变；在组织结构方面，应加快从科层制管理的"刚性"组织，向流程化、网络化、生态化的"柔性"组织转变；在管理方式方面，应从职能驱动的科层制管理，向技术使能型管理、知识驱动型管理、数据驱动的平台化管理、智能驱动的价值生态共生管理等转变；在组织文化方面，应注重将数字化转型的战略愿景转变为员工主动创新的自觉行动，以保障数字化转型系统工程的有效实施。

【说明】

在数字化治理方面，建立与数字能力建设、运行和优化相匹配的数字化治理机制，推动传统IT治理向人、财、物，以及数据、技术、流程、组织等资源、要素和活动的统筹协调、协同创新和持续改进的能力转变，强化安全可控的技术应用，以及安全可控、信息安全等管理机制的建设与持续改进。

在组织结构方面，环境不确定性的增强，要求企业加快从科层制管理的"刚性"组织，向流程化、网络化、生态化的"柔性"组织转变，建设支持快速、敏捷响应用户个性化需求，适应数字经济时代的动态、柔性组织。

在管理方式方面，增强员工适应力，推动员工主动创新，加快从职能驱动的科层制管理向技术使能型管理、知识驱动型管理、数据驱动的平台化管理、智能驱动的价值生态共生管理等转变。

在组织文化方面，要塑造支持开放包容、创新引领、主动求变、务实求效的数字文化氛围，培育和深化数字文化、变革文化、敏捷文化、开放文化和创新文化，引导数字化转型战略愿景转变为员工主动创新的自觉行动，形成推进数字化转型的不竭动力。

【案例】

1. 中国电建大力推进数字化治理体系建设

中国电建结合自身特点，从数字化治理、组织结构、管理方式、组织文化等方面形成转型合力，为企业数字化转型保驾护航。

在数字化治理方面，信息化、数字化建设坚持"一张蓝图干到底"。"十二五"期间，提出建设"数字工程，智慧企业"，重在快速提升信息化意识；"十三五"期间，提出建设"互联互通，数字电建"，形成各单位信息化、数字化应用"百家争鸣、百花齐放"的局面；"十四五"期间，推行全面数字化转型。加大数字化专项资金投入，保障数字化产品研发、创新、升级、应用等方面的资金支持力度。建立信息化专家、信息化专业人才和信息化从业人员三个层次的梯队。

在组织结构方面，加快推进总部机构改革，通过"去机关化"、新"三定"、制定权力责任清单和授权放权清单等形式，明晰总部定位。成立数字公司，一方面，满足工程数字化的发展需求，另一方面，与客户直接接触，推动工程数据产业数字化，提高应对市场变化的能力。

在管理方式方面，建立健全信息化、数字化制度体系，促进管理的规范化、标准化。建立总部辅助决策主数据目录体系，支撑各级各类运营分析展示和监管监控。以财务共享中心建设为契机，推动相关业务系统的集成融合，提升企业内部协同效率。基于项目管理 PRP 系统建设，推动工程全链条、全生命周期的数字化应用，提高全要素生产率。

在组织文化方面，组织集团各板块企业开展"一把手谈数字化转型""数字化转型百问百答"等活动，利用宣讲培训、典型方案推广、产业数字化优秀实践展示等多种形式，提升全员数字化转型意识，明晰数字化转型目标、思路、方法，打造数字化转型企业文化。

2. 南京钢铁股份有限公司结合自身特点开展数字化治理体系建设

南京钢铁股份有限公司（以下简称南钢）结合自身特点，从数字化治理、组织结构、管理方式、组织文化等方面形成转型合力，推进企业数字化转型落地。

在数字化治理方面，构建以数字应用研究院为首的数字化治理组织，合理划分和规定最高管理者、管理者代表及相关人员流程化的职责和权限，通过培训等方式提升数字人才的技能。设定数字应用研究院的数字化转型绩效指标，根据关键绩效指标（KPI）开展数字人才绩效考核。持续有效运行信息安全管理体系，采用适宜的信息安全技术和手段进行过程管理和防范。设置数字化相关专项预算，资金投入适宜、及时、持续有效。

在组织结构方面，将设计、生产、营销和服务等主要的价值创造过程整合在事业部内，体现一体化的优势，事业部成立"产销研"联合小组、SBU 项目组等，融合各方面的资源和力量，打造"产销研"一体化升级版。

在管理方式方面，按照国际先进的 APQC 流程理念搭建管理制度框架，形成愿景与战略等 16 个方面的框架节点，通过推进业务和数字化的融合，更加高效地运行信息化系统，来不断提高应变能力和适应能力。

在组织文化方面，倡导"让创新成为每位员工的工作习惯"的理念，提升创新高度，加快创新速度，夯实创新厚度，挖掘创新深度，以基础研究、自主创新、协同创新助推企业智慧生命体建设，打造创新南钢、智慧南钢。

Q57：数字时代需要什么样的数字化治理体系？如何构建？

点亮智库·中信联

A 推进数字化转型，企业需要摒弃传统的思维范式、突破现有的职能分工限制，将这些过去一般分而治之的领域进行综合和统筹，推动数字化治理体系从原来以项目为中心的管理模式向更加体系化、以能力赋能为中心的管理模式转变。数字化治理体系包含以下主要内容。

一是确保战略协同的数字化转型推进体系。围绕打造数字化与业务发展的战略双升级目标，建立涵盖"一把手"、数字化负责人，以及战略、业务、运营、市场、财务、人力等高层领导的协同推进机制，提升管理层的认识水平、变革决心和领导能力，构建"数字+业务"横向互动及集团、各板块、各企业纵向一体的工作协同机制，有力推动数字化转型升级与经营发展目标的共同实现。

二是以用户为中心的组织管理变革体系。建立与数字化转型相匹配的组织架构和运营管理模式，从科层制管理的"刚性"组织向流程化、网络化、生态化的"柔性"组织转变，以支持企业快速、敏捷地满足用户个性化需求，创造和开拓新的市场领域，适应当前数字经济时代的商业竞争环境。

三是强化过程管控的数字化转型制度体系。重视以企业架构为核心的数字化转型顶层设计，构建涵盖数据、技术、流程、组织、安全等要素的建设、运维和持续改进的协同治理制度，在对日常经营活动过程管控的同时，开展对数字化融入业务的跟踪、评价和改进，同步管控、复盘、改善，明确过程绩效、加强过程考核，监测、分析和持续改进过程，从而最大限度地获取过程的增值效应。

四是激发转型活力的数字人才体系。梳理数字化转型关键岗位和能力需求，开展关键岗位数字人才能力测评，形成关键岗位的人才能力提升及激励计划。推动企业树立开放创新、共生共赢的价值观，培育和深化数字文化、变革文化、敏捷文化、开放文化和创新文化，加强价值理念体系建设、行为规范指导和宣贯培训，并将价值理念融入员工选拔过程中，融入激励机制、创新机制等管理机制中，支撑企业成功转型。

企业可以通过两化融合管理体系升级版贯标，推动企业同步、系统地开展数字化转型推进体系、组织管理变革体系、数字化转型制度体系和数字人才体系的建设，解决数字化转型过程中企业原有的组织文化、体系机制、工作方式和员工能力等方面不适应数字经济新需求的问题，从而加速企业数字化转型的大规模推广。

【说明】

1. 为什么要构建完善的数字化治理体系？

当前，全球经济正从工业经济向数字经济加速转型，数字化转型已经成为关乎企业生存和发展的必答题。但对大多数企业来说，数字化转型之路并非一帆风顺。麦肯锡的研究报告指出，在调查的企业中，数字化转型的成功率仅为20%。即使是在媒体、电信等数字技术应用较为普遍的行业中，成功率也不超过26%，而在石油、天然气、汽车、基础设施和制药等较为传统的行业中，数字化转型的成功率仅4%～11%。

　　企业推进数字化转型不仅涉及新技术的创新应用，也涉及企业组织管理的系统变革，只有构建与新技术应用相匹配的组织管理模式，才能有效推进数字化转型进程。大多数企业数字化转型失败的原因不在于没有成熟的技术系统或产品解决方案，而主要在于组织文化和体系机制等方面的准备不足或不匹配，包括各部门、各职能在传统的组织体系下相对割裂、难以形成统一的客户观并付诸执行，领导层对数字技术理解和认识不到位，员工数字能力不足，原有工作机制不适应数字化时代新的需求和特点，日常业务和工具的数字化升级改造不足，数字化转型变革期间的内部宣贯沟通不到位等。企业需要摒弃传统的思维范式、突破现有职能分工限制，将这些过去一般分而治之的领域进行综合和统筹，推动数字化治理体系从原来以项目为中心的管理模式向更加体系化、以能力赋能为中心的管理模式转变。

2. 如何通过两化融合管理体系升级版贯标，构建数字化治理体系？

　　2013 年，在工业和信息化部的指导下，中信联（原两化融合服务联盟）开始推动两化融合管理体系贯标。2019 年，点亮智库推出以 DLTTA 数字化转型架构与方法体系为核心的两化融合管理体系升级版贯标，通过贯标推动企业同步、系统地开展数字化转型推进体系、组织管理变革体系、数字化转型制度体系和数字人才体系的建设，解决转型过程中企业原有的组织文化、体系机制、工作方式和员工能力等方面不适应数字经济新需求的问题，从而加速企业数字化转型的大规模推广。

　　在数字化转型推进体系建设方面，两化融合管理体系升级版提出了完善领导和决策体系、各部门分工与协作体系及纵向一体化推进体系的要求和方法。对此，企业在贯标过程中可成立由"一把手"挂帅的数字化转型领导小组，由各部门领导参加的数字化转型工作小组，以及数字化转型工作办公室等常设的工作机构，构建数字化转型的领导与决策机制。同时，把数字化转型作为"一把手"工程，建立战略、业务、数字化、财务、人力等相关部门的分工与协作机制，以及从集团公司到分子公司纵向一体的数字化推进体系和工作机制。

　　在组织管理变革体系建设方面，两化融合管理体系升级版引导企业强化技术融合应用和组织管理变革的有机协同，通过贯标优化组织架构和运营管理模式，加快从科层制管理的"刚性"组织，向流程化、网络化、生态化的"柔性"组织转变，加快从职能驱动的科层制管理，向技术使能型管理、知识驱动型管理、数据驱动的平台化管理、智能驱动的价值生态共生管理转变。

　　在数字化转型制度体系建设方面，两化融合管理体系升级版创新了管理体系的方法论,以数字能力建设为主线加强过程管控和闭环管理。贯标过程以数字能力建设为主线,贯穿企业数字化转型的战略洞察和规划、战略分解、战略落地、战略闭环和迭代等全过程。帮助企业更好地统筹数字化转型战略全局,促进数字化投资与业务变革发展持续适配,从而降低企业数字化转型失败的风险。同时,围绕数字能力建设,以价值效益为导向,不断实践和迭代优化治理体系,形成闭环的过程管控机制。

在数字人才体系建设方面,两化融合管理体系升级版提出了应梳理数字人才能力需求,开展能力测评,完善数字人才的选、育、用、留机制。对此,企业在贯标过程中可全面梳理数字化转型的关键岗位和能力需求,建立不同层次的数字人才培育体系,实现高层赋智、中层赋能,推动一线员工的数字素养和技能提升。通过开展关键岗位数字人才能力测评,形成数字人才能力提升及激励计划,构建数字人才交流互动、知识创新等赋能机制。通过开展广泛的理念宣贯活动推动各级人员转变观念,通过理论教学和复盘训战相结合,加速数字人才技能培养。通过常态化的数字化转型工作和持续的数字能力打造,达到在实战中培养数字人才的目的。

因此,以数字化转型为核心的两化融合管理体系升级版能够帮助企业系统地开展数字化转型推进体系、组织管理变革体系、数字化转型制度体系和数字人才体系建设,持续完善企业内部管理体系,构建适应数字时代的机制体系,有效地提升数字化转型整体价值,确保企业数字化转型战略落地更稳妥、数字能力建设更有效、数字化转型投资更稳健。

Q58:如何看待企业数字化转型中"一把手"的作用?

点亮智库·中信联

A数字化转型是一项长期战略和系统工程,"一把手"的重视程度、变革决心和领导能力对转型的成败起着至关重要的作用,但并不能确保转型成功。数字化转型必须是"一把手"工程,但又不能仅是"一把手"工程,还需要各级"一把手"和全员的一致认同、主动参与和有效作为,通过全员宣贯、全员赋能、全员激励等,将数字化转型的价值理念、战略目标、主要任务和方法策略融入全员的日常行动，系统提升组织总体效能，确保数字化转型战略目标的有效达成。

【说明】

一是全员宣贯，形成共识。企业应以实现员工个人与企业共同发展为宗旨，建立员工培养和发展机制，通过培训、文化宣贯等让全员对数字化转型的重要性、理念、方法、路径等达成共识，把数字化转型工作融入组织基因和日常行动中。

二是全员赋能，提升创造力。企业要充分利用新一代信息技术推进员工工作、学习和发展方式的创新变革，提升员工工作效率，赋能员工学习成长。推动物联网、人工智能、协同工作平台、虚拟现实等数字技术在工作场景中的深度应用，打造高效、透明、协同的数字化工作环境，提高团队生产力。建立完善的企业知识图谱，推动企业内外知识成果的系统梳理、整合、展示、流通、利用，支持员工知识水平和业务能力的持续提升。打造集聚知识、技术、资金、人才、资源等要素的开放式创新平台，通过赋能赋权激发员工创造力，高效完成岗位工作，快速响应用户需求和市场环境的变化。

三是全员激励，激发内生动力。传统的以职能和部门为核心的绩效考核和激励体系已经难以适应数字时代人才培养和使用的要求。企业应充分发挥数据的驱动作用，明确员工的数字化转型相关职责，精准评价员工的贡献，建立以价值贡献为导向的数字化转型人员绩效考核、薪酬和晋升制度，有效解决数字化转型工作高阻力、低参与、不担责，以及"大锅饭"等问题，引导全体员工积极主动参与数字化转型工作。

Q59：企业在数字化转型中如何同步推进管理变革？

吴帆帆

A 管理变革是企业为有效支撑战略目标落地或主动应对内外部环境变化而对企业组织架构、流程体系和运营管理模式等方面进行的适应性调整和优化。管理变革是企业数字化转型的重要组成部分和生产关系层面的"软约束"。领先企业的实践证明，在企业数字化转型中如果管理变革及时到位，会大大加快企业的数字化转型进程，数字化转型就会取得事半功倍的效果；反之，传统的组织与管理模式则可能会成为企业数字化转型的绊脚石，使数字技术应用的效果大打折扣。

企业数字化转型中的管理变革要遵循系统、创新、协同的指导思想。

"系统"是指管理变革的规划设计要纳入企业数字化转型总体框架中，要服从服务于数字化转型战略的总体部署，与企业发展战略、业务优化创新、数字化技术部署等有效衔接和匹配。企业进行数字化转型，首先要规划出适宜的业务架构，然后规划设计企业基于业务架构的流程体系，开展详细的流程设计，明确基于流程的各类需求，最后进行数字化转型的各种工程项目实施。组织改造要依据企业业务架构的设计结果，开展一系列流程化的组织建设和管理模式调整。

"创新"主要指在数字化浪潮下，工业化时代形成的许多企业管理模式正在受到前所未有的冲击，管理的理念、模式和方法正在发生颠覆性的变化，开始孕育形成数字化时代的管理新模式，核心是从工业化时代的管控转变为数字化时代的激活和赋能。在这样的大趋势下，无论是组织架构设计、流程体系重构还是运营管理模式调整，都应该遵循数字化时代企业管理的发展方向来进行谋划部署，而不是原有架构、体系和模式的修修补补，甚至是本末倒置，通过数字技术进一步强化那些已经不符合时代潮流的管理体制机制和管理模式。

"协同"主要体现在企业组织实施管理变革的过程中，要按照两化融合管理体系的要求，以打造数字能力为主线，有效协同数据、技术、组织、管理等要素相关的人财物资源和制度体系。重点是构建业务部门和数字技术部门的协同工作机制。数字技术主管部门要围绕各业务领域数字化转型中的重大问题和具体需求，充分与各业务部门做好沟通，发挥业务部门在流程优化、业务贯通、要素互联、数据融合共享等方面的作用，形成协同推进的互补工作机制。

【案例】

为提升数字化环境下的企业经营管理能力，中车长春轨道客车股份有限公司（以下简称中车长客）基于企业战略需求，按照"系统设计、细化到岗位、固化到软件"的整体原则，从 2017 年开始，历时两年完成了一套成体系的"企业管理蓝图"，其中包含培育 22 个系统业务、搭建工作流程体系框架、编制 2259 个工作流程、建设项目管理（营销业务）体系、编制《系统管理手册》、制度"废改立"六项标志性管理变革成果。按照"数字化长客建设"方针，将企业管理蓝图完整、准确地固化至信息化平台中，实现数字技术与企业运营管理的深度融合，以信息化、数字化手段推动企业管理变革成果有效落地。

1. 明确数字化蓝图构建的工作思路

一是以支撑企业发展战略为纲，以"数字化长客建设"为基本方针。根据企业发展战略及运营管理实际情况推动数字化平台建设，确保规划内容和实施路径符合企业业务发展要求，做到方向明确、内容具体、措施得力，具备长效持续的运转功能。二是以体现企业三条主线（基础线、工作线、控制线）为核心任务，以管理再造成果有效运行为最终工作目标，建设支撑企业经营管理全周期的一体化数字平台。三是以企业管理蓝图及系统管理体系内容作为数字化建设的根本依据和数字化平台能够真正发挥作用的前提。数字化平台运行逻辑是经营管理行为的客观体现，为优化和完善管理体系提供依据，确保三条主线有机融合、首尾相接、相辅相成。四是从信息安全和技术掌控的角度出发，在充分、正确理解企业发展战略的基础上，立足"自主开发、深度掌控、为我所有"。五是数字化平台建设技术框架和功能设计要成熟稳定，达到操作简便、运行高效的效果，具备统计分析和管控功能，做到模块功能齐全、配置灵活、运维简单。

2. 构建企业数字化蓝图

基于企业战略，按照顶层设计、逐级细化的思想，遵循"整体规划、分步实施"的原则，深入理解企业战略及数字企业发展目标，详细分解管理蓝图，结合企业数字化应用现状、最佳业务实践开展"企业数字化蓝图"规划。中车长客数字化蓝图如图 5-1 所示。

3. 构建系统管理"正向设计"方法论

中车长客以"系统管理"理论为指导，提出了以系统管理为核心、以"自主创新、正向设计"为原则、以"解决主要矛盾，兼顾整体平衡"为目标的方法论。将企业这个完整的大系统划分为综合、业务、技术、资源、制造、合规六大子系统，

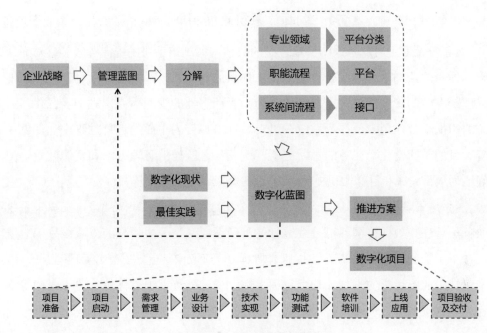

图 5-1　中车长客数字化蓝图

分别承担不同的功能。在每个子系统内明确系统牵头管理部门,在业务管理的各个环节,起到计划、组织、协调、控制和评价的作用。中车长客经过摸索实践,创建了适合自身业务特点的系统管理"正向设计"方法论。

一是明确系统定位和系统功能。系统定位是高度概括该系统在企业中存在的目的、价值和理由,体现系统的独特功能与作用;系统功能是系统支撑企业发展目标所开展的核心业务和管理活动。二是分解系统工作。把系统功能从管理和业务两个维度逐层分解展开,把系统工作范围和可交付成果逐步划分为更小、更便于管理的组成部分。三是识别系统接口和输入输出。工作分解中每个单元工作开展的必要条件,即输入;每个单元工作在输入的基础上经过加工形成的成果,即输出;将有输入输出关系的工作节点定义为接口,并对每个单元工作的内、外部接口进行识别和描述。四是建立系统业务主流程。以系统的功能单元为节点,根据每个节点对应的功能角色和要求,以及各节点之间的逻辑关系,形成端到端的业务链条,完整展现为完成每个功能节点的价值交付所需进行的所有业务活动及向上下游提出的需求,形成系统业务主流程。五是系统机构设计。为实现系统的定位和功能,强化关键及薄弱职能,并使各层级功能更加有效地运转,从集团化、国际化目标出发,对系统的组织机构进行再设计。

4. 编制《系统管理手册》

《系统管理手册》是系统管理理念的载体。编制该手册是提高各级领导对系统管理体系的认知水平、在公司上下统一认识的有力抓手，是落实项目管理与职能管理最有效的管理措施。它建立了一套具有动态性的管理体系，进一步强化了系统的职能平台作用，使得各系统在以市场订单项目为中心的运行过程中，能够随着项目的不断变化、业务的不断更新，改变与之匹配的管理方法和资源配置，更好地为项目完成和目标实现提供有力支撑。

《系统管理手册》是促进各系统支撑公司战略及业务 / 职能战略，支撑本系统业务与管理高效、协同、可持续运行的管理纲要，是公司领导的施政纲领。它既包含了主管领导对本系统工作的基本判断、价值取向、指导思想、管理运营设计，又包含了业务运行的规划计划、目标指标、资源配置、绩效评价、改进方向等内容。以物资系统管理为例，《系统管理手册》如图 5-2 所示。

目　录

中国中车
CRRC

中车长客
物资系统管理手册

编制部门	物资管理部	
编制人		
编制日期		
文件审签	系统主管领导	总经理
	董事长	

1. 系统概述
1.1 系统定位和功能
1.2 系统业务流程
1.3 系统公司级职责
1.4 系统管理对象
2. 系统环境分析
2.1 系统外部环境分析
2.1.1 系统服务对象/相关方
2.1.2 系统服务的输入输出
2.2 系统内部环境分析
2.2.1 系统组织环境
2.2.2 系统资源环境
2.2.3 系统管理环境
3. 领导力
3.1 系统的领导管理思想
3.2 系统目标与指标
3.3 管理方针和原则
3.4 岗位、角色、职责

图 5-2 《系统管理手册》（以物资系统管理为例）

近年来，经过系统优化改革，中车长客的组织结构已由事业部制转为矩阵式。中车长客的矩阵式组织结构是以系统为单元构成的直线职能制框架与以事项管理为线索的项目管理相结合的组织管理结构。该结构以营销业务流程为主线，以需求和承诺为工作基础，以追求"效率、效益、效能"为目标，以系统管理为运行理念和工具。

5. 规划流程体系架构

中车长客基于机构改革和系统优化形成的系统案卷文件，结合以往流程建设所取得的经验，规划了数字化转型中的流程体系架构。

一是明确流程分类。根据功能、属性的不同，将公司的流程分为业务流程和工作流程。业务流程（业务链）是以实现组织的主要功能为目标，将实现该功能的管理（业务）对象按逻辑关系展开，并进行业务解构及节点设计，形成的端到端的业务专业链条，可完整展现系统关键业务和管理活动及其流转逻辑，是系统功能实现的支撑。工作流程是将业务流程分段分层后进行细化，并明确执行角色、执行依据、时间等条件，从而将业务流程转化成可执行的工作流程，是每项业务/管理活动具体的执行程序和进一步的细化分工。

二是开展业务流程分层。将业务流程分为公司主业务流程、系统业务流程两个层级。公司主业务流程（营销业务流程）是公司核心业务流程，是公司所有工作指向的目的，公司内其他所有工作都是直接、间接配合支持公司主业务流程对应的项目工作的，是项目管理的核心，也是公司矩阵式管理的主线，是公司各系统工作的取向，它决定了各个系统的定位、功能，是评价各项工作开展状态好坏的重要标准。系统业务流程展现系统关键业务和管理活动及其流转逻辑，是主要专业活动的串联，是工作的关键路径，确定了系统工作范围，是系统工作完整性的保证，是系统管理建设的纲领，是系统间及系统内工作责任判定的依据，是一项业务在系统间主从工作关系设定的依据。

三是开展工作流程分层。按公司级与系统级两个层级，针对客户需求与非客户需求两种不同需求，将工作流程分为公司级客户需求工作流程、系统级客户需求工作流程、公司级非客户需求工作流程、系统级非客户需求工作流程四大类。公司级客户需求工作流程是以由业务系统牵头组织各系统识别、承诺满足中车长客外部客户需求为目标的工作流程。系统级客户需求工作流程是各系统以支撑公司级客户需求工作流程为目标而编制的系统内的工作流程。公司级非客户需求工作流程是系统为履行非客户需求类的公司级职责（平台和基础管理职责）而牵头组织相关系统开展工作的工作流程。系统级非客户需求工作流程是各系统以支撑公司级非客户需求工作流程为目标而编制的系统内的工作流程。

Q60：如何培养数字人才，以适应企业数字能力建设？

点亮智库·中信联

A 数字人才的关键特征是具备面向数字时代的系统构建、应用企业数字能力的本领，具备战略规划、能力建设、技术开发、组织管理和业务运营等方面的专业能力。这些是数字人才能够推进数字化转型这一复杂系统工程的关键条件。

为适应企业数字能力建设，可开展覆盖全员、体系牵引、分级分类、闭环管控的数字人才培养工作。一是覆盖各级单位的职能部门、业务部门、数字化部门等全员范围，推动各部门深化理解、协同共进，共同建设产品创新、生产与运营管控、用户服务、生态合作、员工赋能、数据开发等方面的数字能力。二是基于统一的方法体系，充分结合行业/领域/企业的特点，构建企业的知识图谱，形成系统的知识库、课程库、案例库、讲师库和人才库。三是充分考虑高层领导、中层干部、业务骨干、一线员工等不同层次数字人才的特点和需求，开展具有针对性的分级分类培训。四是建立体系化设计、多元化形式、全流程陪伴、实践中提升的闭环管控机制，将数字人才培养和实际工作场景充分结合，确保培养效果。

【说明】

高层领导的培养重点为系统性的数字思维提升。通过专题学习与调研交流相结合的方式，重点剖析国家战略及政策的导向和要求，研判产业数字化发展趋势，洞察数字经济时代战略变革方向，提供新时期企业数字化转型的方法和路径建议，助力决策层系统性地统筹和布局数字化转型工作。

中层干部的培养重点为数字创造力的提升。通过理论教学、标杆打造与对标研讨、参访调研、专题培训、实践问题交流等方式，围绕数字化转型的总体认识、战略布局、能力建设、技术应用、管理变革、业务转型、数据要素、安全可靠等模块，以价值导向、能力主线、数据驱动贯穿培训全过程，全面提升中层干部构建和应用企业数字能力的创造力。

业务骨干的培养重点为数字执行力的提升。聚焦数字能力建设实践的具体问题，开展专题学习和交流，围绕智能制造、物联网、区块链、虚拟现实、集成电路、工业互联网等数字技术领域，深化理解和应用，提高数字执行力。

一线员工的培养重点为数字技能和素养的提升。采用内部和外部相结合、共性和特性相结合、线上和线下相结合、学习和实训相结合的方式，开展一线员工赋能培训，鼓励员工掌握新一代信息技术的应用方法，提高工作效率，不断提升自身业务水平，激发员工参与推动数字化转型的积极性、主动性和创造性。

Q61：如何构建复合型、创新型数字人才队伍？

闫长坡　曹　翊

A 数字化转型的难点在于复合型、创新型人才队伍的建设。数字人才队伍建设包括为我所用的外部人才资源获取和内部人才队伍建设。外部人才资源（例如咨询公司、系统供应商）对普及传播数字化知识和提升企业数字技能具有一定的推动作用，但内部人才队伍培养是关键，只有内部员工才能深刻理解和洞察企业业务，熟悉和了解企业管理模式。

一是做好基于企业数字化转型战略的数字化人力资源规划。要探索建立数字人才能力模型，摸清企业人才现状。根据企业数字化转型战略制定企业数字化人力资源规划，发现和培养企业中具备潜质的人才，尤其要提升业务、管理等各专业领域和高中低各层级人才的数字化意识和技能。同时，根据企业转型需求，做好外部数字人才的引进和培养规划。二是改变传统的定岗定薪的人力资源使用模式。建立基于任务、项目和能力的合伙型人力资源组合平台，以即插即用的人力资源配置方式灵活地完成工作任务。三是构建基于数字人才画像的培养体系。基于企业的数字化战略发展需求，建立与企业发展和业务需求相匹配的分层分级的数字人才画像，针对不同层级的数字人才需求，制定不同阶段的学习地图，进行不同层级的能力培养。领导层重点培养赋能型数字化领导能力，管理层培养数字化经营与管理能力，操作层重点培养数字化工具和手段的应用能力。四是构建基于内生动力的激励赋能机制。运用大数据等技术深入挖掘分析团队成员的内生需求，制定精准的激励方案，并利用数字化手段对各层次人才的价值贡献进行量化分析和精准评价，开展个性化激励和考核，从而有效地激发各级人才的活力和创造力。

【案例】

英飞凌公司依据战略规划，根据现有分类的人才技能清单，提出包含培养方向、目标和任务的技能培养清单。采用"10/20/70"的培训理念：10%的正式教育（正式课堂课程），20%由师傅传帮带，70%在工作实践中自我提高和获取技能。这个技能培养清单是个性化的定制清单，从现有能力状况出发，根据战略发展提出的新技能需求及通过实际工作展现的成果来对人员进行技能评估，明确满足状态及培训需求，进行闭环管理。采用多种形式分享知识和共同学习：一是自我学习及小队学习和分享知识，充分利用公共学习平台和内部 SAP 在线培训平台进行业务流程、信息技术、信息安全等培训；二是采用创新角分享最新的知识和实践经验，包括制造技术、流程改进、人工智能、机器人流程自动化等；三是建立激励机制，技能提高是年度员工发展情况的评估部分之一，每年制定员工培训计划并严格执行。同时，启动金点子工程，员工可实实在在地获得为公司流程改进所取得的收益。

Q62：推进数字化转型的相关部门的工作侧重点分别是什么？

点亮智库·中信联

A 数字化转型不只是 IT 部门（数字化部门）的职责，应构建起覆盖全员的职能职责体系和协同工作机制，主要涉及的相关部门及其工作侧重点为：一是战略部门，牵头负责内外部环境分析，结合企业发展战略明确可持续竞争合作优势需求，制定数字化转型战略，确保企业发展战略与数字化转型战略协调一致，甚至融为一体；二是 IT 部门（数字化部门），统筹开展数字化转型跨部门协调沟通及评价和改进,搭建数字能力平台,灵活赋能业务发展,有条件的企业可牵头开展数字化转型战略蓝图设计和落地实施机制策划,有条件的部门还可牵头负责流程优化设计、创新管理等;三是业务部门,牵头负责以用户为中心开展业务场景和价值模式设计,完成业务流程的优化调整,开展必要基础资源的数字化和标准化,开展数据建模;四是人力资源部门,负责依据数字能力建设的要求,完善组织机制建设,及时调整岗位职责并明确技能要求,建立数字人才的教育培养体系,搭建学习、交流和赋能平台,制定和执行覆盖全员的数字化转型考核激励机制,并纳入企业整体绩效考核体系;五是财务部门,负责对数字化转型相关资金的统筹管理作出制度化安排,开展资金统筹优化、协同管理和精准核算,确保资金投入的有效性、稳定性和持续性。

Q63:企业在数字化转型中如何建立有效的跨部门协同工作机制?

康 翔 孙广亿

A数字化转型是一项庞大的系统工程,需要各部门通力协作,打造多维度的协同工作机制。

一是统筹业务发展战略与数字化转型战略。围绕打造数字企业与业务发展战略双升级的目标,按照"同步规划、同步建设、同步使用"的原则,统筹各部门工作,实现"一张蓝图全感知、一个平台全融合、一张蓝图干到底",内外融合、系统协同、滚动迭代、构建生态,有力推动数字化转型升级与经营发展目标的共同实现。

二是构建"数字技术+业务"双向互动的协同平台,以此汇聚业务、技术、资源、组织、人力、数据等要素,形成数字化转型企业级协同工作机制。

三是构建企业各部门协同工作机制。建立与数字化转型相匹配的组织架构,推动企业组织架构从金字塔型向平台型转变。建立与数字化转型目标相匹配的运营管控模式,提升组织管控效率。重点是要明确业务部门与IT部门的职责，IT 部门要围绕推动信息化与各业务领域数字化转型中的重大问题，充分与各业务部门沟通，发挥业务部门在流程优化、业务贯通、要素互联、数据融合共享等方面的作用，形成协同推进的互补工作机制。

四是统筹资源条件协同投入。要围绕数字化转型，持续加强人财物等各项资源条件的统筹和协同投入，必要时匹配专项资金以确保数字化转型基础平台、功能应用、数据采集、互联互通等所需的资源投入，以新技术应用引领企业业务数字化转型。同时，要强化内外部资源共享，提升产业链纵向与横向合作的水平，开展跨企业、跨行业协同合作，提高协同共享效率。

五是强化过程管控协同。在对日常经营活动过程管控的同时开展对数字化融入业务的项目跟踪、评价改善工作，同步管控、同步复盘、同步改善。将 IT 部门与业务部门集合成一个团队，统一领导、统一规划、统一推进实施与考核评价。实施全过程与结果相结合的考核、评价与激励机制，以此为抓手，调动各方协同高效工作的积极性，助推转型目标的实现。培育协同共享的企业文化，建立信任、沟通、交流、协同的团队文化理念，形成高效协同的文化生态。

六是强化协同价值的输出。企业对外经营活动最紧密的利益相关者就是客户与供应商。要协同业务部门围绕客户服务开展数据中台、业务中台建设，以数据中台架构打造面向市场的数字化平台，为行业客户提供端到端的数字化、智能化解决方案。同时，要围绕供应商构建供应链共享服务平台，将供应链管理、服务贯穿其中，在健全的风控体系基础上为供应链各方提供可信赖、最便捷、最专业的供应链配套需求服务，建立和谐、健康、良性的产业生态圈，从而形成价值驱动的生态协同闭环。

七是协同推进数据治理。数据治理要结合企业数据现状及工作要求，重点围绕数据标准、数据平台、数据目录、数据质量、数据共享、数据应用等方面，构建具有企业特色的数据治理体系，打造科学化、精细化、智能化的数据治理新范式，充分利用数字技术，打造业务主导、系统自治、部门自律、整体监督的多元共治模式。强化跨部门协调统一治理，从一个部门单打独斗变为跨部门联合治理，推进企业治理模式从功能条块化转向协同化、从碎片化转向系统集成优化、从线下转向线上线下融合、从单向管理转向双向互动，形成部门协同、业务联动的治理体系。

【案例】

江阴兴澄特种钢铁有限公司（以下简称兴澄特钢）是特种钢生产企业，公司经过多年的发展，在品种、规模、效益等方面取得了显著的竞争优势，但是，公司面临的产品批量小、品种多、技术协议多、流程长、产品成本信息失真等问题一直难以解决。由于产品成本信息没有成为市场竞争决策的工具，无法提供可靠的产品盈利数据，对公司客户关系管理、新产品研发缺少支持，使生产过程中的精益生产和技术改进一直徘徊不前。

为了解决公司效益增长乏力的问题，提升产品的市场竞争力，公司在 2019 年初开始实施"基于作业成本管理（ABM）的财务价值创造"项目，统筹推进打通产销研壁垒，建立财务价值创造体系，构建以价值创造为核心，财务、生产、销售、研发一体化的"钻石模型"，综合应用标准成本、目标成本、盈亏平衡分析、价值工程、数据钻取分析等工具，形成了兴澄特钢独具特色的价值创造钻石模型。项目主要内容是，基于作业成本管理，解决产品信息失真的问题，将不同品种、不同产线、不同规格、不同技术质量要求的产品成本信息客观地反映出来，通过应用标准成本法、目标成本法、量本利分析法，以信息化为载体，构建钻石模型。通过财务与销售相结合,进行合同效益预评价和市场竞争决策,优化产品定价决策,进行产品盈利分析、客户利润贡献分析、行业需求趋势分析等。通过财务和研发相结合，进行标准成本制定、产品设计阶段成本投入和效益预测，分析标准成本和实际生产成本间的差异，进行新品效益评价，优化产品结构。通过财务和生产相结合，对生产人员进行成本绩效考核，对生产过程进行精准改善，消除生产过程成本浪费点，以目标成本倒逼生产降本，促使销售提价或品种优化，推动产品质量提升，促进全员技术水平提高。

主要操作步骤如下。

（1）成立财务、生产、销售、研发一体化小组，由公司分管财务、生产、销售、研发的领导组成，定期会商，制定办法。

（2）确定实施作业成本法为一体化的关键，并对技术人员、生产人员、财务人员进行作业成本法培训。

（3）选择一条生产线作为作业成本法实施试点，构建作业成本核算系统，并和公司现有的生产系统、销售系统、财务系统及生产分厂过程控制系统开展数据共享改造，分步扩展到公司其他产线，用一年时间将作业成本法应用推广至公司所有产线。

（4）根据实施作业成本法得到的数据，优化公司标准成本数据，研发人员根据作业成本数据制定新产品标准成本。

（5）进行产品盈利分析，在推进作业成本法实施的同时，同步开展全流程盈利分析（见图 5-3）。

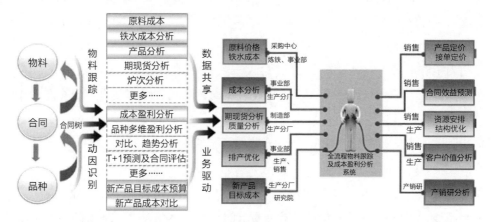

图 5-3　全流程盈利分析

（6）销售系统根据标准成本数据进行销售合同效益预评价，财务系统应用量本利分析法进行销售批量效益计算，生产系统根据预评价数据和销售批量数据进行生产作业安排（如批量合并、产线选择、新品开发安排等）。

（7）财务系统根据产品效益数据、标准产品成本数据、实际成本数据，组织生产、研发人员进行成本比较、缺陷分析、品种盈利分析、客户利润贡献分析，形成分析机制，循环改进。

（8）财务系统根据公司年度和月度的利润预算目标、竞争性产品销售价格、实际生产成本历史月份数据，给生产系统制定目标成本。

（9）定期将一体化的成果在公司内部发布，让大家看到项目实施的成果，增加信心，持续优化实施方法。

通过一年多的项目实施，公司各项技术和经济指标都得到了显著提升。公司毛利亏损产品比例由 45% 下降到 10%，亏损客户比例由 31% 下降到 6.4%，尤其是多年亏损的高速线材生产线和 4.3 米厚板钢板线均实现扭亏为盈。公司 2020 年税后净利润增幅超过了 15%，持续保持行业领先地位，逐步从国内走向国际舞台。

Q64：在从事相同业务的所属单位管理（发展）不平衡的情况下，如何开展数字化转型工作?

窦宏冰

A 选择条件较好的 2～3 家单位作为试点，形成成果样板，以点带面。其他具备条件的单位，可以结合已形成的数字化转型成果样板，采用组织重构、调整关键少数干部等方式，促进本单位全面开展数字化转型工作。

【说明】

多家所属单位从事相同业务的情况，在央企中较为普遍，发展不平衡、不充分是常态。让具备条件的单位先行先试，形成成果样板，便于其他单位吸取经验教训，并结合自身情况找出本单位的数字化转型路径，也避免因试错成本过大而危及数字化转型工作本身。当然，如果难以形成成果，则说明当前并不具备数字化转型的条件，应将工作重心放在数字化方面。

Q65：如何开展数字化转型诊断评级工作?

点亮智库·中信联

A 数字化转型诊断评级工作是政府和企业推进数字化转型的有力抓手。通过常态化的诊断评级，能够持续系统地把握转型现状、跟踪发现转型问题，明确转型目标、重点和路径，建立动态改进和优化机制，提升转型工作的针对性和有效性。开展数字化转型诊断评级应坚持四方面原则、开展四步骤工作。

一、四方面原则

一是着眼全局优化。充分把握数字化转型是一项系统工程这一理念，从企业战略全局出发开展诊断评级体系设计，不片面追求信息技术或产品的先进性，而是强调技术应用和业务变革的同步协调发展，以及数据、技术、流程、组织等多要素的协同。

二是立足转型价值。以推动企业获得转型价值为根本出发点，从重结果而非重手段的角度开展诊断评级体系设计，引导企业有效应用新一代信息技术构建数字时代竞争能力，开展新技术、新产品、新模式的培育，获得实实在在的价值效益。

三是注重问题发现。通过强化诊断评级指标之间的关联设计及诊断评级分析模型的开发，在摸清发展现状的同时为企业提供短板和问题点诊断，深度挖掘和剖析痛点问题，引导各发展主体有针对性地制定解决方案。

四是强化对标分析。通过构建或基于第三方服务平台的样本数据库及对标分析模型，支持对区域、行业、企业乃至各级指标之间进行精准对标，通过内外部对标分析，发现差距，明确转型工作推进的重点方向，同时强化比学赶超，引导转型工作高效开展。

二、四步骤工作

一是构建数字化转型诊断评级模型。结合数字化转型的主要任务和目标，从转战略（发展战略）、转能力（数字能力）、转技术（系统性解决方案）、转管理（治理体系）、转业务（业务创新转型）五个视角，系统构建诊断评级的评价域及评价子域，并根据数字化发展的演进规律、数字能力建设和数据要素作用发挥的层级，依次给出规范级、场景级、领域级、平台级和生态级等数字化转型五个不同成熟度等级的总体要求及各等级在各评价域、评价子域中的具体要求，从而解决全方位、多角度评价组织数字化转型水平的度量模型问题。

二是构建数字化转型诊断评级方法和工具。根据诊断评级度量模型，进一步细化各等级评价指标与评价要点，设计诊断评级的数据采集体系、评分体系、算分体系、等级划分规则体系等，形成体系化的诊断评级方法和工具。如根据诊断评级模型设计诊断采集指标和采集题目，组成问卷，并针对每个采集的问题提供解释，对于集团型企业或区域，还可在统一的数字化转型诊断框架、指标体系和分析方法下，结合所属/所辖企业的行业属性、企业特征和需求，进一步细化诊断内容，构建分行业、分类型的问卷体系，形成体系化的诊断数据采集方式和分析评价体系等。同时，围绕企业发展战略及数字化转型的目标定位，可选取关键维度构建对标模型，通过自建或第三方平台建立样本数据库，支持开展企业间、业务板块间、区域间的多维度对标，多视角绘制企业转型画像。

三是系统地组织开展诊断评级工作。一方面，可依托诊断问卷、在线诊断平台、对标数据库等，系统地组织开展企业数字化转型自诊断。通过启动宣贯、专题培训、组织填报、答疑支持、数据复核、系统分析、综合对标等工作，支持企业通过自诊断把握自身数字化转型的现状和水平，在各评价域方面的发展情况和问题短板，以及与全国、同行业间的对标情况等。另一方面，可依据体系化的评级方法和工具，组织开展第三方数字化转型成熟度评级，通过评估专家组深入企业高层、各相关部门、生产服务现场等开展系统的诊断评估及对标分析，综合判断企业所处的数字化转型成熟度等级，深入总结企业转型优势亮点和问题短板，并研究提出相关发展建议，为系统推进转型工作提供参考。

四是深入开展诊断评级结果的持续应用。企业可根据诊断评级结果，优化数字化转型蓝图设计，进一步明确数字化转型的进阶目标、主要方向、重点任务，合理安排重大工程建设和重大项目分配，并通过动态开展诊断评级，持续跟踪战略规划、重点任务和项目的执行进展情况，实施量化考核激励，支持实现转型战略闭环，加速获取转型成效。同时，集团型企业和区域还可根据诊断评级结果，动态把握所属/所辖企业的转型进展特征，加强统筹布局和精准施策，加速选树标杆示范和宣传推广，引领带动更多企业转型发展。

【说明】

企业可以从以下几方面，应用数字化转型诊断评级结果。

1. 战略规划制定与实施

依托诊断评级全面摸清数字化转型发展的现状，准确把脉存在的问题，明确企业发展方向，以数据支撑企业战略规划制定和工作决策。通过周期性、常态化地开展诊断对标工作，跟踪战略实施成效，动态改进和优化数字化转型工作部署，以数据驱动精准决策、闭环管控和迭代优化。

某大型央企为科学编制《集团"十四五"数字化转型规划》，组织所有所属企业登录数字化转型诊断服务平台（www.dlttx.com/zhenduan）开展自诊断，诊断结果如图 5-4 所示。据此，该集团明确了"力争'十四五'期间由领域级迈向平台级发展阶段"的战略目标，同时针对诊断评级反映出的痛点问题，提出了重点业务场景和落地实施工程，并写入集团及所属企业"十四五"数字化战略规划中。

同时，该集团还建立了常态化的诊断评级工作机制，通过周期性的诊断评级跟踪战略目标和战略任务的实施成效，实现战略的闭环管控和滚动优化。

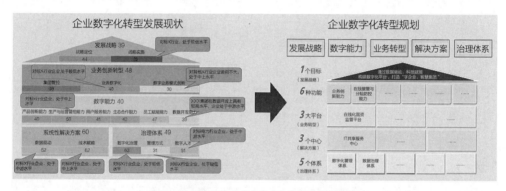

图 5-4　某大型中央企业数字化转型自诊断结果

2. 数字化转型绩效考核

依托诊断评级工作，制定科学定量的数字化转型绩效考核目标，完善企业绩效考核体系和激励办法，提升数字化转型目标管理水平。

某集团为确保数字化转型战略的深入落地实施，将相关要求纳入绩效考核体系，以考核激励促进全员参与数字化转型工作。

（1）设定绩效考核指标。该集团参考企业数字化转型诊断评级体系，遴选企业数字化转型核心指标，根据各部门的特点逐级拆分，纳入集团事业部门、职能部门及个人的绩效考核中。

（2）设定绩效考核基准值。该集团根据自身诊断评级结果，并参考数字化转型诊断服务平台（www.dlttx.com/zhenduan）样本数据库中对标对象的指标值，结合集团发展战略目标，确定每个考核指标的基准值。

（3）组织开展绩效考核和激励。集团总部通过常态化开展诊断对标动态跟踪考核指标值，根据考核结果对相关部门、个人进行奖励。

3. 企业标杆示范认定

依托诊断评级工作，在区域或企业内部遴选数字化转型标杆示范单位/部门/项目，跟踪试点示范成效，总结成功经验和方法，以标杆示范加速数字化转型的整体建设步伐。

某大型央企为以点带面加速集团整体数字化转型，特组织开展数字化转型标杆示范企业评选活动。

（1）制定标杆示范企业评选标准。该集团参考数字化转型成熟度模型，从发展战略、技术创新、数据要素、治理体系、业务转型五个方面制定了详细的评选标准和要求，设定 3A 级（领域级）为标杆示范企业评选的基准值。

（2）组织开展标杆示范企业评选。组织所属企业基于数字化转型诊断服务平台开展自诊断，根据诊断分析结果及诊断分析过程中对所属企业的认识，初步筛选集团数字化转型标杆示范企业。各事业部、子公司根据要求向集团总部提交申报材料，集团总部组织内外部专家成立工作小组，结合线上诊断结果和申报材料评选标杆示范企业。

（3）开展标杆示范企业奖励及宣贯。按照集团奖励办法对入选的标杆示范企业给予挂牌和奖励，同时总结提炼标杆示范企业在数字化转型过程中形成的可复用的典型工具、方法和创新举措等，在集团内外进行宣传推广，充分发挥以点带面的促进作用，推进全集团转型升级。

Q66：在推进数字化转型的过程中，为什么要制定标准？需要注意些什么？

点亮智库·中信联

A 数字化转型相关标准是标准化工作的前沿领域和必争之地，谁掌握了标准的制定权，谁就掌握了竞争的主动权。企业、服务机构、解决方案提供商等各方在推进数字化转型的过程中，开展或参与标准化工作，可以促进形成共同话语体系和转型合力，为提升品牌影响力和抢占市场先机赋能，并通过政府和市场采信进一步提升社会认可度。

企业、服务机构、解决方案提供商等在开展标准化工作中应当遵循以下几条原则。

一是注重系统观念和方法引领。开展标准化工作应当注重体系化，企业特别是大型企业可以建立数字化转型标准体系，将其作为标准化工作的顶层框架，明确目标与方向，结合自身优势和特点确定标准制定的优先顺序。针对当前产业界推进数字化转型普遍面临的战略不明确、路径不清晰、过程方法缺失等共性问题，各方在推进标准研制时，应该特别关注管理类、方法类标准的研制工作。

二是注重价值导向和统筹协调。不为了制定标准而制定标准，而是把能否帮助企业提升品牌影响力、强化市场竞争力，能否通过标准研制和推广强化企业推进数字化转型的合力、获取转型实效，作为开展标准化工作的出发点和落脚点。在此基础上，要在战略层面重视标准化工作，统筹资源投入、过程管控和内外部协调，避免"说起来重要，做起来次要，忙起来不要"的窘境。

三是注重自主创新和开放合作。充分结合行业发展特色与企业实践中积累的技术应用成果和管理创新经验，积极调动专家资源，发挥产、学、研、用资源的专业优势，形成高质量、自主化的标准化成果。在有条件的情况下，加强与先进国家和国际标准化组织的交流，积极加入国内国际标准工作组等，确保标准的科学性、适用性、实用性。

【说明】

1. 开展数字化转型标准化工作的作用

一是促进形成共同话语体系和转型合力。围绕发展战略转型、数字能力建设、技术融合应用、组织管理变革、业务创新转型等各项任务，通过总结凝练大量最佳实践案例，研制推广一系列普适的方法、工具和标准。通过在企业中有效地导入先进的理念和方法，将最佳实践案例内化为可操作执行的方案，引领转型创新实践，最大程度获得价值效益。同时，通过标准的研制、宣贯与推广，可以在企业内部构建起一套共同话语体系，更好厘清各项工作的边界和关系，更加有效地破除跨部门、跨企业、跨领域合作壁垒，加速凝聚协同推进数字化转型的强大合力。

二是为提升品牌和抢占市场先机赋能。一方面，参与或主导标准制定日益成为品牌价值的一种重要表现形式，企业、服务机构、解决方案提供商等主导标准制定，表明其在行业内有很高的权威，在商务洽谈中，也更容易获得客户、投资方等的青睐。另一方面，参与或主导标准制定也是抢占新赛道、提升竞争力的重要途径，标准走在产品和产业的前面，这是近几年高新技术领域出现的新趋势。在数字时代，在先进制造、智慧能源、智慧城市、数字产业、现代服务等众多新赛道成为标准的主导者，可以为自身发展赢取更高的平台，在同类产品的市场竞争中赢得先机。比如华为、三星等企业，除了具备技术和产品优势，都有将成果及时转化为标准从而占领市场的成功经验。

三是通过政府和市场采信进一步提升社会认可度。近年来，中央和地方政府推出一系列政策推进数字化转型及标准化建设工作。为鼓励企业、服务机构、解决方案提供商等各类市场主体参与标准化工作，北京、上海、广东、江苏、山东等多省市纷纷出台政策，鼓励相关方制定国际、国家、行业、地方、团体、企业标准。比如，浙江省创新"标准融资增信"机制，将标准制定纳入企业融资信用评估范畴，助力企业实现"标准"变"信用"，引导自主创新和转型升级，在企业与资本之间搭建对接平台，营造标准化发展的良好生态。

2. 如何高效地开展数字化转型标准研制

开展标准化工作，逐渐建立起适合自身发展的标准化战略是一项持久的工作，大部分单位面临客观存在的标准化人才缺失、专家资源有限、标准化知识匮乏等现状。企业、服务机构、解决方案提供商等相关方，在开展标准研制和推广的过程中，可以通过以下几种方式，提高标准化工作实效。

一是参加标准化组织，把握标准化前沿动态。标准化组织一般由高等院校、科研院所、企业和标准化专家等多方组成。企业、服务机构、解决方案提供商等加入标准化组织，一方面，通过参与标准化工作研讨、宣贯交流等，可以充分了解标准前沿资讯、洞悉行业标准动态、聆听专家之声，对本单位标准化工作进行更为科学的布局，另一方面，可以充分利用标准化组织的工作资源、专家资源，为自身标准研制与推广工作赋能，提升成效。

二是借他山之石，构建有特色的高质量标准。标准研制是一项技术含量很高的工作，需要用标准化语言，把典型实践高度凝练，形成共同的规则、准则。企业、服务机构、解决方案提供商等在标准研制工作中，在技术内容方面，可尽量参考已有的通用标准，结合行业特性、自身优势等进行优化完善，对于原创标准，应充分利用标准化资源，联合产、学、研、用等各方资源共同推进研制。在标准推广方面，可借助具有成熟模式的机构，共同开展标准宣贯、试点应用、结果采信、价值传播等工作，不断提升标准应用的广度和深度。

三是用活人才资源，强化标准工作的创新力。利用好有关标准化组织的专家资源，注重以编促建，在参与或主导标准编制和推广的过程中，加速标准核心内容在企业内的普及和再创新，不断培养企业内部标准化人才队伍。有条件的单位，可以建立专职部门，与业务部门、外部机构等开展深度合作，更加高效地完成牵头或参与的标准研制项目。

Q67：数字化转型一定要长期推进才能见效吗？

点亮智库·中信联

A 数字化转型是一项长期战略，也是一个持续的改革进程，需要关注长期利益，更要高度重视每一项数字化转型行动的价值可实现性和快速变现的可能性，只有不断取得实效，才能更好地破除改革阻力，不断凝聚共识，更加坚定地做到持之以恒。企业应从数字时代可持续竞争合作优势出发，着眼长期价值和绩效提升，构建战略蓝图和总体方法论，在此基础上以价值为导向，建立面向战略蓝图分解和落地执行过程的快速迭代创新和持续改进机制。具体而言，可借鉴《数字化转型 价值效益参考模型》（T/AIITRE 10002）给出的价值效益参考分类，从价值显现度高且可快速实现的场景切入，不断迭代和改进，滴水穿石，久久为功，最后实现从量到质的转变。

Q68：是否应等万事俱备才开展数字化转型?

点亮智库·中信联

A 数字化转型已经成为关乎企业生存和发展的必然选择,用户需求的更迭、技术变革的演进、商业模式的重构、竞争环境的变化都使得企业数字化转型迫在眉睫,绝不可等万事俱备才付诸行动。

数字化转型是利用新一代信息技术进行全方位、全链条、多场景创新的过程,无论是技术创新、产品创新还是模式创新,都具有明显的头部效应,赢者通吃,最先成功者也将会是最大的受益者。对有前瞻远见的企业而言,无论是从生存还是发展的角度,都亟须抢占数字化转型先机,但创新的风险与收益并存,收益越高,风险越大。因此,企业的数字化转型也不能盲目跟风冒进,应该运用系统性的架构和方法,降低转型的风险,提高稳定获取创新成效的能力。一是选择科学、系统的方法论,准确把握数字化转型的基本规律,指导企业系统开展数字化转型的顶层设计、战略布局和落地实施。二是坚持价值导向、能力主线、数据驱动,始终以价值效益作为推进数字化转型工作的出发点和落脚点,以数字能力为主线构建战略动态调整和闭环管控机制,充分发挥数据要素的驱动作用,加快构建基于数据要素的新业务体系、新商业模式。三是与客户、供应商、合作伙伴共同搭建开放式的生态合作体系,共担风险,共享收益,借助生态合作伙伴的资源和能力,提升应对不确定性的合力,降低数字化转型风险,提升转型成功率。

Q69：如何评价企业数字化转型的价值效益?

李　君

A 数字化转型的根本任务是企业价值效益体系的优化、创新和重构。应遵循科学性、实效性、可操作性和可拓展性的原则,聚焦数字化转型的价值效益"有哪些""如何度量"等关键问题，构建一套包含价值效益分类体系、价值效益分级评价标准等在内的数字化转型价值效益评价参考模型。

价值效益分类体系，是指从生产运营优化、产品/服务创新、业态转变等方面，明确数字化转型过程中不断跃升的价值效益的分类维度。

价值效益分级评价标准，是将价值效益由低到高分为若干等级，提出每个等级、每个维度的价值效益评价的标准，并明确数字化转型的价值效益评价的具体过程与实施方法。通过评价工作全面量化梳理和评判企业数字化转型的价值效益，准确把脉存在的问题，开展企业内外部对标分析，从而明确企业数字化转型的重点方向，支持数字化转型推进工作的动态优化和价值效益的持续获取。

第六章

业务转型

——如何加快数字时代的业务模式创新？

Q70：在数字化转型过程中，业务怎么转？

点亮智库·中信联

A 在数字化转型过程中，从业务视角看，企业应从"业务数字化、数字业务化"两个层面入手，推进传统业务创新转型升级，以业务数字化、业务集成融合、业务模式创新、数字业务培育，加快从过去基于技术专业化分工的垂直业务体系转向建立需求牵引、能力赋能的开放式业务生态。

【说明】

在数字经济时代，用户需求的个性化、动态化、不确定性日益突出，企业发展面临的资源、能源和环境刚性约束日益增强，传统的基于工业技术专业化分工取得规模化效率的发展方式已经难以为继，企业迫切需要深化数字技术应用，充分发挥数字能力的赋能作用，推进传统业务创新转型升级（业务数字化），培育发展数字新业务（数字业务化），逐步建立需求牵引、能力赋能的开放式业务生态，快速响应、满足和引领市场需求，获取以创新和高质量为特征的多样化发展，持续开辟价值增长新空间。

企业在进行业务创新转型时，应以培育发展数字业务为引领，螺旋式推动业务数字化、业务集成融合和业务模式创新。在数字化转型初期，企业应以建设关键业务活动的数字场景为重点，依托支持关键业务活动数字化、场景化和柔性化运行的场景级能力，在研发、生产、经营、服务等业务环节部署应用工具级数字化设备设施和技术系统，开展主营业务范围内的关键业务数据获取、开发和利用，持续完善技术使能型的管理模式，提升关键业务活动数字化、场景化和柔性化水平，以获取基于关键业务活动数字化、场景化和柔性化运行带来的增效、降本、提质等价值效益。

在一定的业务数字化的基础上，企业应以建设数字企业为重点，依托支撑主营业务领域关键业务集成融合、动态协同和一体化运行的领域级能力，开展跨部门、跨业务环节的数据获取、开发和利用，持续完善知识驱动型的管理模式，推动形成纵向管控集成、横向产供销集成及面向产品全生命周期的端到端集成的组织，提高企业资源配置全局优化的水平，提升企业主营业务动态协调运行的效率，以获取基于业务集成融合、动态协同和一体化运行带来的企业整体增效、降本、提质，以及新技术／新产品推出、服务延伸与增值、主营业务增长等价值效益。

突破业务集成融合后，应以建设平台企业为重点，依托支持企业及企业间网络化协同和社会化协作的平台级能力，开展全企业、全价值链、产品全生命周期的数据获取、开发和利用，持续完善数据驱动型的管理模式，逐步构建平台企业，发展延伸业务，实现产品／服务创新，以获取基于业务模式创新带来的价值链／产业链整体增效、降本、提质，以及新技术／新产品推出、服务延伸与增值、主营业务增长、用户连接与赋能等价值效益。

条件适宜时，企业应以建设生态企业为重点，依托价值开放共创的生态级能力，开展覆盖企业全局及合作伙伴的生态圈级数据的获取、开发和利用，持续完善智能驱动的生态型管理模式，培育和发展以数据为核心的新模式、新业态，提升生态合作伙伴间业务的智能化、集群化、生态化共建共创共享水平，以提高生态资源按需精准配置效率，获取基于生态圈数字业务培育带来的用户／生态合作伙伴连接与赋能、数字新业务、绿色可持续发展等价值效益。

【案例】

东风汽车公司在两个方向并行发力推进数字化转型，一是面向传统价值链业务开展数字化优化，二是面向未来的新业务开展数字化创新，打造数字时代的业务版图。

在业务数字化方面，重点聚焦研发、制造、营销及后市场四个领域，利用数字化手段进行优化提升，如在研发领域，重点打造前瞻研究平台、先行技术平台、开发平台、验证平台四个平台，实现研发全过程的数字化，大幅缩短产品开发周期并降低成本。

在业务集成融合方面，全面推进营销服务、研发、供应链、财务等各方面的数字化智能化升级，推动产品生命周期管理系统（PLM）、管理运营控制平台（MOCS）、集团网联汽车平台（DCVP）等项目。目前东风技术中心开发的所有乘用车、发动机项目、新能源模块都已在 PLM 系统运行。

在业务模式创新方面，东风商用车完好率中心项目以车联网为基础，紧密连接人、车、服务网络，把分散的服务流程整合为一体，转被动服务为主动服务，实现了故障自动预警、保养智能提醒、资源自动匹配、规则自动检核，减少了因故障导致的停车时间，减少了维修时间，不断提高车辆完好率和用户满意度。

在数字业务培育方面，打造一体化的出行服务平台、管理平台、渠道平台和大数据平台，构建出行生态，推动一站式出行和智慧城市落地，对外集成互联网生态，实现生态统一打通，不断创新数据服务。

Q71：大型企业如何平衡数字化转型培育的新业务与传统主营业务之间的竞争合作关系？

点亮智库 · 中信联

A 数字化转型培育的新业务与传统主营业务之间的竞争主要是对有限资源的竞争，平衡关系的准则主要是衡量资源的投入回报率，总体而言，相比于传统业务，数字新业务可持续发展空间更大，价值模式更有竞争力，但当前不够成熟，存在试错风险。企业领导层应认识到数字化转型的必要性、重要性和紧迫性，认识到这是投入高、有风险、收益大的战略行动，需要建立数字新业务培育的正确期待，不应仅专注于短期利益，而应兼顾长远利益和近期价值成效，在做好总体战略平衡的基础上，积极培育壮大数字新业务，并尽可能做到事事有着落，步步见成效。为了尽可能减少数字新业务与传统主营业务之间的竞争，企业应注重实现二者之间的相互正向赋能，利用传统主营业务的技术、资源等优势支持和推动数字新业务发展，利用数字新业务在新一代信息技术方面的能力为传统主营业务注入新活力、新动能，并持续带来新客户和增长新空间，尽可能实现二者相辅相成、协同发展。

【说明】

数字化转型培育的新业务与传统主营业务之间的竞争主要是对资源的竞争。在企业内部，资金、人力、技术等关键资源要素都是有限的，如果需要在经营传统主营业务的同时培育新业务势必会涉及资源分配的问题。如何进行合理的资源分配来平衡两类业务的需求是企业领导层面临的关键挑战。

　　首先企业要明确"新业务"的界定，新业务既可能是在传统主营业务基础上进行的小步创新，也可能是在与传统主营业务关联性较低的领域进行的大步探索。

　　如果是在传统主营业务基础上进行的新业务培育，那企业可以通过一些业务设计手段来让两类业务产生协同效应，而不是维持对立竞争的关系。一方面，企业可以利用在传统主营业务上的技术优势和资源积累来拓展新业务，让新业务的培育事半功倍。另一方面，企业可以利用信息技术在两类业务之间建立连接，让培育出来的新业务助力传统主营业务的发展，为传统业务注入新的增长活力。

　　如果是在与传统主营业务关联性不高的领域进行新业务培育，那么企业可能会面临着一定的增长困境，即传统主营业务受资源约束，增长乏力，而培育新业务又需要长期、大量的资金和人力等资源的投入，且见效周期长，短期内可能无法转化为收益。在这种"双业务"并驱的模式下，企业传统主营业务是获得和保持当前盈利及增长的核心，它需要为培育新业务提供稳定、可靠的现金流和资金保障。

　　具体来说，尽管传统主营业务可能面临资源约束和增长乏力的问题，但是企业可以利用信息技术来对传统业务进行转型升级，将其做精做细，激活传统业务的增长动能，创造增量发展空间，实现开源。同时，企业可以借助平台的力量，减少经营管理等方面不必要的、非核心的支出，提高生产运营效率，实现节流。最终通过开源节流的方式为新业务发展提供充分的时间和空间。

　　除此之外，做好传统主营业务和新业务之间的平衡，最基本也是最重要的一点是，企业领导层应该深刻认识到数字化转型的必要性、重要性和紧迫性，建立对新业务正确的期待，坚定推动新业务培育的决心。领导层需要明确培育新业务必定是一项前期投入高、投资回报不稳定、收益获取周期不确定的战略性工作，且工作推进过程中会面临诸多挑战和压力，短期业绩表现可能会受到一定影响。因此，领导层应该主动承担新业务培育的风险，并且坚定信心和决心，坚决推动落实新业务培育的举措，同时，发挥带头作用，营造敢想敢做的开放氛围，为转型做好意识和理念层面的铺垫。

【案例】

1. 在传统主营业务基础上进行的新业务培育

北京汉光百货（以下简称汉光）作为一家传统的线下百货商场，从 2018 年开始培育线上业务，打造智慧零售体系。首先，推出"汉光会员卡"小程序来提供一码结算服务，以缩短客户排队付款时间，优化用户体验，同时也将线下收银台从 200 个减少至 18 个，降低运营成本。此外，会员数据信息有助于用户画像和精准营销的开展。之后，汉光推出"汉光百货+"小程序，推广闪购等一系列活动，加速客户的购物决策，并最终实现客户资源从线上到线下的引流，助力传统主营业务发展。由此，汉光线上收入同比增加了 70% 左右，共有超过 10 万的用户从线上转移至线下，复购联单率达 40%，创造了超千万元的营业收入。

2. 在与传统主营业务关联性不高的领域进行新业务培育

大众汽车集团于 2016 年 6 月发布战略规划"TOGETHER Strategy 2025"（以下简称战略 2025），主要包括加快电动汽车发展、研发自动驾驶技术、扩张移动出行业务成为新的利润增长点等。为落实战略 2025，大众集团旗下合资企业一汽大众着重从产品数字化和管理数字化两方面推进传统业务转型。在产品数字化方面，采用模块化生产方式，保持产品技术升级的便利性，进一步缩短汽车的开发、生产和上市周期，同时，采用通用的零部件和总成也可以大大提高研发效率并降低制造成本。在管理数字化方面，一汽大众在加速物流、生产、工程等流程数字化的同时，对财务、人力、营销等职能部门进行数字化转型，提高管理效能，释放人力物力，减少不必要的成本支出。2020 年，大众品牌终端销量超过 128 万辆，奥迪品牌终端销量突破 72.6 万辆，捷达品牌终端销量超过 15.5 万辆，宝来、速腾、迈腾三款车型均进入中国轿车销量排行榜前十名，三大品牌在各自的细分市场居领先地位，成为公司销量增长的稳定器。在保持现有产品和业务稳定增长的同时，一汽大众也在车联网、移动出行等新兴业务领域发力，为企业提供新的利润增长点。2018 年 4 月，公司推出共享出行服务品牌"摩捷出行"，在行业中首创"自由取还 + 网点取还"模式，实现一汽大众在移动出行领域从 0 到 1 的突破，并成为长春、成都等地领先的共享出行服务商。

Q72：生产端数字化转型的基础有哪些？关键因素是什么？

何瑞娟

A　生产端数字化转型的基础包括对数字化转型有充分的认识、数字化转型团队的搭建、持之以恒的资源保证和资金投入、基本的机械化和信息化基础等。关键因素包含强烈的数字化转型意愿、顶层设计引领、复合型人才队伍、试点先行的建设模式等。

【说明】

　　生产端数字化转型需要具备一定的基础。首先，企业对数字化转型要有充分的认识，企业决策层应充分意识到数字化转型的必要性和系统性，要认识到转型不只是转技术，同时也是转战略、转业务、转组织等。其次，企业需要搭建数字化转型团队，数字化转型并非 IT 部门能够实现的，必须由企业的决策层引领，牵头组建涵盖业务、技术的转型团队。最后，企业还应该有持之以恒的资源保证和资金投入，并且应具备基本的机械化和信息化基础。

　　生产端的数字化转型需要重点关注如下几个关键因素。一是强烈的数字化转型意愿。企业决策层在充分认识到数字化转型的价值意义的同时，还需要意识到数字化转型的紧迫性，要具备从认识到行动的强烈意愿。二是顶层设计引领。为避免重复建设，顶层设计已成为生产端高水平建设的紧迫任务，企业必须重视顶层设计规划，确保数字化转型朝着结构化、合理化和价值最大化的方向发展。三是复合型人才队伍。企业需要既了解业务生产，又熟悉智能化及信息化系统建设的复合型人才。四是试点先行、标杆引领的建设模式。数字化转型是长期、复杂、高投入的系统工程，试点探索、逐步推广的模式是数字化转型成功的重要方式。

【案例】

　　为加快数字化发展，中国五矿编制了"十四五"数字化规划，并制定了"统筹规划、试点先行、推广赋能"的三步走落地方案。根据落地方案，中国五矿挑选有强烈转型意愿、有良好信息化基础、具有可推广性和具有代表性的"四有"企业——五矿矿业智慧矿山项目为试点，开展数字化矿山建设工作。试点建设工作从工艺与设备智能化、生产经营管理信息化、分析决策智能化三个层面推进。目前，以"井下电机车远程驾驶系统""自动盘库系统"为代表的第一批项目已实施落地，智能感知及控制层智能化、无人化改造、生产运营层信息系统建设已取得阶段性成果。井下电动铲运机智能化出矿系统已实现了试验区域内的无人化运行。成本核算系统将成本汇总分析管理工作效率提升了 60% 以上。智能仓储系统降低了供需错配，压减了"两金"占用，优化了库存结构。企业正在向本质安全，绿色高效，全感知、全方位、全智能的数字化冶金矿山企业迈进。

结合试点矿山的建设成果，中国五矿以试点矿山为标杆，制定了《中国五矿数字化转型推广方案》，编制了《冶金矿山数字化转型白皮书》，为集团内外数字矿山的推广建设提供指导和借鉴。

Q73：如何选择生产端数字化转型工作的切入点？基于切入点的转型目标如何确定？

窦宏冰

A 选择生产端数字化转型的切入点应符合如下特征：领导关注并支持，涉及的业务部门或上下游认知程度高，转型工作对涉及各方的绩效或业绩的影响总体为正向，数字化基础扎实。确定目标的原则——见效快。

【说明】

数字化转型是企业改革的一种方式，关键词是转型而不是数字化，需要以企业"一把手"为代表的高层推动，这是开展转型工作的前提条件。数字化转型涉及的业务部门或上下游各环节大概率需要对原有的工作制度、工作标准、工作流程和工作方式进行调整，需要各方协同一致。如果转型工作使涉及的某个业务部门或环节原有的权力或利益严重受损，会对转型工作造成严重的影响，则需要进行组织变革或重新设计模式。数字化是数字化转型的必要条件，涉及转型的各个环节自身的数字化水平应较高，方能保证上下游的数据畅通。

数字化转型工作应使全体参与者对工作本身树立信心，应树立数字化转型工作组织者的信用。如同商鞅立木建信，需要让全体参与者快速看到成果，建立信用和信心。信用和信心是开展数字化转型工作的必要条件。

Q74：如何确保生产过程中与产业链上下游的数字化协同？

窦宏冰

A 产业链上下游难以全部属于同一企业，实现数字化协同应至少具备如下条件：数字化水平能满足协同的最低要求，数据接口兼容，数据标准和质量统一，网络安全水平相当。具备条件后，应实现数据要素化，并依托数据要素的交易与流通，推动产业链上下游的协同，促进跨产业链的数据价值利用。

【说明】

生产过程中产业链上下游的数字化水平往往是不平衡、不充分的，这就需要先补齐短板，达到上下游协同的最低要求。再将各环节视为"黑箱"，仅关注每个环节的"输入"和"输出"，建立统一的数据接口标准、数据标准和网络安全标准，确保各环节数据质量水平一致，实现各环节数据的要素化。然后，通过数据要素的交易与流通，实现生产过程中产业链上下游的数字化协同。

Q75：什么是供应链管理的数字化转型？

阮开利

A 供应链是指生产及流通过程中，涉及将产品或服务提供给最终用户的上游与下游企业所形成的网状结构，一个完整的供应链包括原材料供货商、供应商、制造商、分销商、零售商、终端客户、仓储物流服务商等多个主体。

供应链管理的数字化转型，核心是利用信息和通信技术实现供应链各业务环节的深度融合，消除信息盲点，实现数据集成，优化数据质量，推动供应链生态圈的网络化，增强信息互通和业务协作，提升资源共享，促进供应链生态在数字化平台支撑下高效运作。

【说明】

企业级供应链管理包括对整个供应链系统进行计划、协调、操作、控制及优化等，目标是让客户所需的产品或服务在正确的时间、按照正确的数量、在满足客户要求的情况下，送至正确的地点，并使这一过程的总成本最小。这要求构建完整的供应链服务，打通端到端的流程，实现上下游企业之间，以及企业内部各部门各环节之间的业务协同。

随着人工智能、云计算、传感器、预测分析等新兴数字智能技术的应用，数字化的现代智慧供应链成为新环境下的供应链新形态。利用数据和智能技术，可提高供应链的可视性，通过实时深度洞察提出行动建议，提高供应链的运营效率，构建快速响应的供应链，改善客户体验并降低运营成本。

数字供应链将供应商、企业和经销商等连接起来，利用贯穿需求到供应的全价值链信息来提升透明度和效率，帮助企业提升需求管理或预测能力，主动应对潜在的风险，从而解决库存过剩，或者由于库存枯竭而错失销售商机，以及进货量与实际需求不匹配等问题。同时通过计划协同与执行控制，提升供应链运营效率和跨领域协同能力，降低整个链条企业的运营、运输和库存成本，达到成本降低、效益提高、客户满意度提升的效果，以创造竞争优势并抓住商机。

【案例】

某大型国有钢铁集团是新中国第一个恢复建设的大型钢铁联合企业和最早建成的钢铁生产基地。在不断提高产业发展质量和效益的同时,业务急剧扩张,产能不断增加,庞大的供给关系使采购环节的发展严重滞后。

为加快推进智能制造,实现从传统制造向智能制造的转变。集团建设了"客商共享平台""电子招投标交易平台""工业品直采平台",让交易过程中涉及的当事人和各个环节上平台,通过监督管理网络化和操作执行电子化,规范招标采购交易行为,促进采购业务高速发展。集团供应商数量达到 50000 多家,年交易额达到 1000 多亿元,SKU 数量达到近 400 万个,单日订单量峰值达到 140 多个,单日招标次数峰值达到 300 多次,同时,集团的整体采购周期缩短了约 20%,成本降低了约 10%。

Q76:数字化的现代智慧供应链体系有哪些核心内容?

阮开利

A 数字化的现代智慧供应链基于实现端到端的协同,将传统的线性价值链条逐渐演变为动态的价值网络,在这一互联互通的矩阵网络内,涵盖数字化研发、智能工厂、智慧供应、动态履约、客户协同等数字化生态要素,企业能够与生态系统内的任何相关方进行数据和信息的传送与接收,从而实时动态地灵活应对多变的市场环境。

【说明】

数字化的现代智慧供应链体系(见图 6-1),基于多种数智化技术,涵盖产品的互联研发、互联制造、互联供应、互联物流、互联营销和互联服务等方面。

互联研发:未来的产品研发将是"互联"的,企业要提升产品研发环节的协作程度,例如,当一家汽车企业在研发车联网产品时,不仅需要与更多的合作伙伴合作，还要依靠客户驱动创新，将客户纳入产品的设计和使用反馈环节，这对研发过程的协作提出了更高的要求。

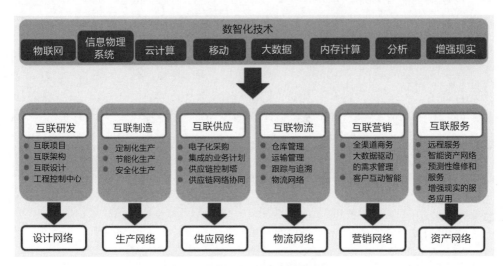

图6-1　数字化的现代智慧供应链体系

互联制造：体现了生产方式从集中控制向分布式增强控制的基本模式的转变，目标是建立一个高度灵活的个性化和数字化的产品与服务的生产模式，比如，基于需求精准对接的个性化定制模式，基于现场连接的智能化生产模式，以及绿色、安全的生产模式，从而实现对生产过程、计划资源、关键设备等方面的全方位管控与优化。

互联供应：特点是通过使用数字技术，实现整个商业网络的搭建、计划、控制和协同等活动的高度集成和高度自动化。互联供应解决方案充分利用互联网和新的互联技术，如移动设备、云和物联网，实现供应链网络协同，来提高整个商业网络的运作效率及竞争力。

互联物流：为企业提供仓储、运输、跟踪和物流网络管理上的创新，实现在企业物流应用环境中跨业务组织之间更高水平的协作和信息透明。通过对货物的跟踪和监控，无论是处于仓储环节还是运输环节，或是处于业务合作伙伴的范围内，都可以在物流生态系统中实现信息透明。

互联营销：这一概念顺应了数字化时代的消费者所需要的完整的、不被中断的、从开始到结束（所谓端到端）的完整的购物和服务体验。这一体验涵盖了整个销售流程，包括售前、售中和售后，支持各个渠道、各种场景里的消费者的无缝体验和商业模式的创新,即对消费者的全数字化接触进行全方位管理。

互联服务:传统的产品服务形式是手工处理和离线处理,随着配有传感器并接入物联网的智能产品的出现,这一现状得以改变。制造商通过物联网远程采集产品传感器的数据并进行分析,可对产品的服务过程进行改造和优化,甚至可以直接修改与配置产品的参数,从而为客户带来新的价值。

Q77:企业的智慧采购包含哪些场景? 国企的招标数字化有哪些创新应用?

李 凯

A 企业的智慧采购主要包含供应商绩效评价、自动询比价、结构化招投标、协议下单和对账开票自动化四类场景。国企的招标数字化创新主要在于结构化招投标的应用。

【说明】

从早期的图灵到如今的阿尔法狗,人工智能技术的发展已经不断证明机器人的逻辑推理能力要比人类强。企业采购管理的数字化要将数字空间的模型算法应用到各种实际的采购业务场景。采购数字化的前提是将现实世界的采购业务映射到虚拟世界,而采购智能化的前提是数字化。

1. 供应商绩效评价

在供应商管理中,企业要想客观真实地评价供应商其实很难,参与评价的人、评价的维度、评价的物资种类、执行力度等因素都会造成评价结果的偏差。基于业务数据和评价规则,构建供应商引入、认证、分级、评价的管理平台,融入企业画像,统一评价标准,明确指标定义,自动计算指标得分,实现与供应商高效互动的绩效评价。

2. 自动询比价

自动询比价适用于金额较小、零星的企业采购，以实现成本控制。平台通过获取海量的供应商的样本数据和评估权重，通过机器学习构建算法模型计算指标得分，自动发布询价，进而智能推荐最适合的供应商，轻松实现按最低价自动定标。向采购商智能推荐优质供应商，向供应商精准匹配并智能推荐商机，撮合交易达成。

3. 结构化招投标

结构化招投标是将国家发布的标准招标文件或企业内部的招标文件范本制作成结构化的文件，最终实现用在线结构化的方式来编制招标文件。传统招标文件的编制具有极强的专业性，即便编制完成，仍然要召集相关专家从商务和技术角度层层审核，投标文件的编制和审查也同样如此。专家投标的评分环节和招标项目的过程，因需要阅读大量的招投标文件，存在效率低和准确度低的问题。通过使用招投标文件制作工具，采取专家智能辅助评标，搭建招标采购监督平台等，可以大大提升招标文件编制和审查效率，提升投标文件编制的效率和质量，减少专家的评审工作量。

4. 协议下单和对账开票自动化

协议下单是通过平台对合同到期预警的监控，实现生产物资供应合同的自动续签，按滚动计划自动下单。合同续签是协议下单的主要应用场景，系统会在合同续签前重新寻源，自动生成新的有效协议，经过供应商确认后，自动发起合同变更。同时，企业对账开票需要耗费大量的精力，平台通过 OCR 识别服务自动识别和抓取发票上的信息，对发票上的物料明细和采购商的物料明细进行自动匹配。对账协同可减少漏错，提升效率。发票协同可实现内外连接，流程闭环。

【解决方案】

国企招标数字化创新——结构化招投标

【痛点问题】公共采购领域主要由法律法规予以规制，企业采购更多的是民事活动。民事活动需要通过技术标准予以规范。国有企业采购具有公共采购的属性，但又和公共采购有很大不同。国有企业日常生产经营性采购由国有企业自行负责，实行采购人负责制。国有企业常用的招标形式分为公开招标和邀请招标。通过对诸多大型国有企业采购招标管理诉求的分析，发现国企招标数字化主要面临如下四个痛点。

（1）招标文件的编制及审查。招标文件是招投标活动的核心文件。招标人依据项目特点和需求，描述招标项目的完整信息。传统的招标文件是线下编制的，这是一项专业性较高的工作，通常需要召集相关专家开展招标文件审核，审查要点多，专家工作量大，还存在专家之间专业理解不同和审查标准不统一的问题，招标文件审查效率和准确性有待提升。

（2）投标。投标是潜在投标人依据招标文件的要求，按照规定的格式和内容，编制并提交响应文件的行为。进入电子化招投标时代后，仍然有大量的投标文件编制需要在线下完成，然后通过文件上传的方式完成在线投标。由于缺乏数字化系统的支撑，无法对文件的完整性和合规性进行审查。

（3）专家评标。评标工作是按相关规定组成评标委员会，对各投标人提交的响应文件进行评审，依据招标文件的评标标准，从资格、商务、技术、价格等维度打分，并最终形成评标报告。在传统的评标工作中（包括一部分电子招投标项目），评标专家需要详细阅读招标文件和投标文件，手工填写评分表，最终汇总形成评标结果。过程中需要进行大量的信息查阅核实和公式计算，工作量大，且效率和准确性有待提升。

（4）招标项目的过程跟踪。招标采购涉及的主体除招标方、投标人、评标专家以外，还包括招标委托方（需求方）、监督部门、主管领导等。需求方委托招标后，不能了解招投标进度，线下沟通时间成本高、效果差，甚至存在双方因采购效率低而推诿责任的现象。监督、管理部门因缺乏线上监管、检查的技术手段，无法对招标过程的规范性进行实时监管。

【解决方案】用友 BIP 采购云平台的电子招投标模块，严格依据《电子招标投标办法及技术规范》设计，符合电子招标投标系统三星级检测认证标准，能够满足国有企业招投标全流程在线化的要求，实现招标流程全程在线，合法、合规、透明。

（1）招标文件制作工具。建立标准招标文件模板库，将国家发布的标准招标文件或企业内部的招标文件范本制作成结构化的招标文件范本（见图 6-2）。

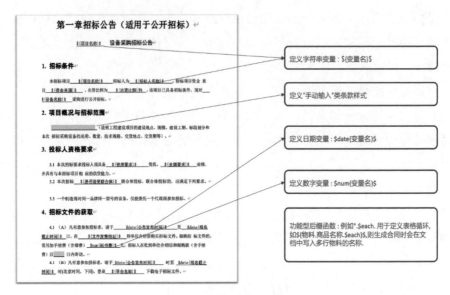

图 6-2　结构化的招标文件范本

招标项目经理基于结构化的标书范本，实现招标文件的在线结构化编制（见图 6-3）：划分标段，填写招标文件获取方式、递交截止时间及开标时间等结构化要素，在线制作评标办法，选择合同模板，选择投标文件格式模板，快速完成结构化的招标文件编制。

图 6-3　招标文件的在线结构化编制

评标办法的结构化制作：以企业现有的评标模式和管理经验为基础，按照招标采购方式、采购组织、采购品类等维度，在系统中细化和固化评标环节、规则、要素指标、评分标准、价格分计算公式。

招标文件智能审核：通过设置结构化招标文件审查要点和审查逻辑，实现招标文件要点的自动检查。

（2）投标文件制作工具。投标人通过使用投标文件制作工具（见图6-4），导入招标文件的相关要求（主要是评标办法和投标文件），实现投标文件各组成部分的结构化编制。投标工具的自动校验功能可实现投标文件完整性、规范性的快速自检。投标工具将编制完成的商务、技术、价格等信息自动合并生成固定格式的投标文件，并加密提交。

平台建立供应商资质业绩共享库，设置投标供应商资质业绩认证与共享规则，共享供应商资质业绩认证结果，实现供应商资质"一次认证，处处引用"。评标专家在评标过程中可在线查看对应的资质业务文件。

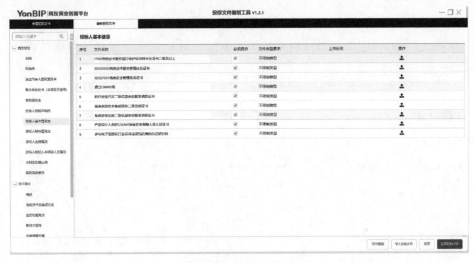

图6-4　投标文件制作工具

（3）专家智能辅助评标。

投标文件目录一致性：自动检查投标文件是否有缺失，如商务文件、技术文件、价格文件和资质业绩文件等，检查每部分需要写入的结构化信息和需要导入的文件信息是否完整，若有缺失则提出异常项。

围串标风险智能识别：基于股权结构、董监高交叉持股、控制关系等信息，分析各投标方之间是否存在关联关系（人与人、人与企业、企业与企业之间），识别潜在的串标行为。通过投标文件之间相似内容的对比分析、投标过程的 IP 地址异常分析等识别供应商围标串标风险。

价格分自动评审：针对供应商的总报价和分项报价进行评审，系统自动分析供应商报价的异常项，供专家判断。通过预置的价格分计算公式，自动计算各投标人的价格评审得分。

一键生成评标报告：按照招标采购方式、采购组织、采购品类等维度配置评标报告模板，建立模板变量和电子招投标系统字段的映射关系，专家评标结束后系统自动生成项目评标报告。

评标过程风险防控：支持定义"针对第一候选人非最高得分供应商""评审流程异常""评审周期异常""专家评分分差分布"等信息为监察指标，在评标过程中进行动态监察，主动预警评标过程中的异常情况。

（4）招标项目跟踪监督。搭建招标采购监督平台，设置招标项目状态可视化界面，统一提供获取招标项目状态信息的渠道。清晰展示所有招标业务的界面（见图 6-5），固化各业务时限，展示招标相关方的业务交互时长、进度状态，实现招标效率可视化。按照授权管理体的规定，给予监督、管理部门在线查询开标、评标现场视频的权限。

图 6-5　招标业务界面

【取得成效】采用招标文件范本模版，减少了人为错误，提升了招标文件编制和审查的效率。应用投标工具,减少了投标人的重复工作量,提升了投标文件编制的效率和质量,通过自动审查投标文件,减少了供应商废标风险。智能识别围串标,降低了专家的评审工作量,提高了评标效率。最大程度降低了评标过程中人为干预的可能性,提升了打分结果的客观性,有效提升了评标工作的质量。

Q78:如何提升各业务条线对数字化转型的认知水平?在管理生产要素的各业务条线对数字化转型的认知水平参差不齐的情况下,能否开展生产端数字化转型工作?

窦宏冰

A 通过"对标对表、强化宣贯、加快实践",形成正向反馈,提升各业务条线对数字化转型的认知水平。

管理生产要素的各业务条线对数字化转型的认知水平参差不齐是常态,在生产端的某个局部具备条件的情况下,应该坚决推进此部分的数字化转型工作。

【说明】

提升各业务条线对数字化转型的认知水平,比较有效的手段是形成正向反馈。让参与者通过自己的实践收获到价值,不在于价值有多大,关键在于让参与者见到,这样才会激励参与者更加深入地主动参与数字化转型工作。"对标对表"和"强化宣贯"的目的是引导业务条线的人员开始实践。

涉及生产要素的各业务条线对数字化转型的认知水平是不平衡的,这是常态。应坚决推进具备条件的业务板块或生产端的某个局部的数字化转型,在实践中,不断总结经验,提升认知水平,取得更好更多的数字化转型实践成果。

227

Q79：生产管理者应如何综合考虑供应链、进度要求、生产设备状态及物流运输等因素，以便更加科学有效地管理生产过程，实现生产制程排程的平衡性和协同性？

严义君

A 实现生产制程排程的平衡性和协同性是生产一线管理者按照客户分类原则、产能平衡原则、工艺流程原则，在人力、质量、成本管控等约束条件下的一种动态管理方式。以客户为中心是企业数字化转型的目标，生产制程排程管理要实现以产品为中心向以客户为中心转变，以业务流程驱动向场景驱动转变，打造线上线下客户的优质体验。这需要促进生产管理模式、业务流程适应数字化转型的要求，以数据价值为基础，建设制造运营管理系统（MOM系统），与企业传统的产品数据管理（PDM）、企业资源计划（ERP）、客户关系管理（CRM）等系统全面融合，实现从订单投放到成品交付的端到端数字链贯通，达成计划排产、生产进度、外协外包、设备监控、质量管理、仓储管理的一体化。

【说明】

一是通过工业大数据的采集与分析，实现生产运营的仿真优化决策。面向生产机台、物流仓储、工控安全等设备，MOM系统提供包括用于过程控制的OLE（OLE for Process Control，OPC）、可编程逻辑控制系统（PLC）、串口通信和网络接口等多种集成方式，对近十年的数控设备支持直接进行数据采集，对部分老旧设备加装传感器后，可通过系统提供的协议转换器进行数据传输。通过工业大数据多维分析，可实现优化仿真和决策支持。

二是实现生产进度、质量及问题管控的可视化。通过MOM系统打通企业内部多个制造车间、企业外部多级委外商和多工序之间的协同关系，实现工厂与工厂之间上下游业务流和信息流的协同，进而通过可视化技术，实现对企业生产计划、物流、质量、异常问题的综合展示。

三是实现基于约束条件的多层级有限资源排产。在综合考虑企业资源限制的情况下，MOM 系统提供具体到工序的、可行的生产能力排程计划。系统排产满足工厂正向排产和逆向排产的需要，综合考虑人力与设备的技能、资质、可用性和任务负荷，以及装配、试验、测试环境（场地）的使用情况，排产到班组、个人及设备，实现有限资源排产。

四是在企业内部实现各生产要素的统一管理。面向"人机料法环测"各生产要素，MOM 系统深度贴合电镀、印制板加工、精密机械加工、普通电装、微组装、总装、总调等多个工艺过程，支持设置分工序的参装件、位号信息，提供个性化的工艺参数、自检参数、辅耗材等信息的维护功能，实现在同一平台协同管理多种制造类型、多种生产要素、多个业务流程。

【解决方案】

中国电科某大型企业智能生产数字化变革

【痛点问题】"十三五"期间，中国电科某大型企业作为国内复杂电子装备的创新引领者和骨干提供商，在生产制造领域还存在着跨车间跨部门多生产线协同不足、对生产设备状态监控维护迟缓、生产排产精确度不够、仓储物流和生产计划不能有效匹配等问题，这些问题在装备研制周期短、性能要求高的新形势下更加凸显，急需通过生产环节的全方位数字化变革推动生产制造向智能生产转变。

【解决方案】该企业秉持"自主平台＋协同制造＋精益管理"的理念，运用工业大数据、物联网等新一代信息技术，通过微服务平台构建起覆盖企业内网、内部工业控制网、互联网的全领域智能生产新模式。该智能生产新模式的整体架构如图 6-6 所示。

构建支撑不同业务场景的网络支持。由企业内网和内部工业控制网服务企业内部不同类型的生产制造车间，通过互联网连接生态链客户和众多供应商，与制造企业内部车间实现协同。

纵向集成构建生产管控数字化价值链。贯通"订单—交付"全流程，以数据为中心，在制造价值链上实现数据的连续传递，通过智能分析贡献数据价值，提升业务环节间的智能协同，实现稳定、精益、高效、柔性的智能生产管理。

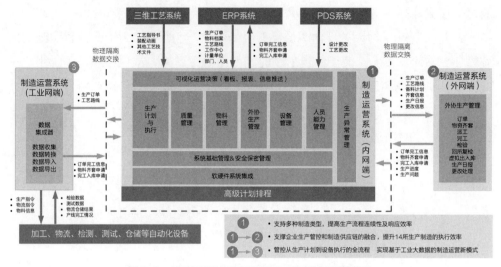

图6-6　中国电科某大型企业智能生产新模式的整体架构

　　横向集成构建全供应链客户交互平台。对全渠道、全供应链、全交互过程的信息进行采集和管理，以客户为中心，实现订单进度、制造工艺、质量检验、合同执行的透明化管理，以提升全供应链的竞争力。

　　构建从生产计划到制造的数字孪生平台。建立工厂生命周期数字化价值链，对生产要素进行虚拟化和数字化，实现基于现有资源约束的最优化排产、生产全过程管控、产品质量全过程监控等车间级的全流程全要素管理。在实际生产之前建立生产系统仿真模型，以检测与评估排程是否平衡和协同，分析可能存在的问题，避免因此造成的成本与时间的浪费。

　　【取得成效】 通过"十三五"期间的生产制造数字化升级，该企业的装备创新能力和交付能力都大幅提升。一是实现了对关键设备的可用性、维修情况、计划执行情况、生产质量信息等的实时监控，大幅度提升了设备管理的水平。二是实现了从生产订单到班组派工的闭环反馈，实现了对变更的及时响应和准确预测。三是车间在制品管理效率大幅度提升，库存、计划进度的准确率预计可达100%。四是对生产计划、质量、物料、产能等进行评价、管控与决策更加及时有效，生产运营决策效率提升20%以上。

Q80：石油石化行业如何通过数字化转型实现业务提质降本增效？

陈　溯

庞大的资产规模、复杂的技术体系、冗长的产业链条决定了石油石化行业的数字化转型不可能仅通过一种方式就能实现提质降本增效，必然是结合各个业务领域不同的发展要求，实现数字化对业务的改造升级。

在油气田勘探领域，主要围绕盆地、油气藏等勘探对象，借助数字孪生技术构建数字盆地，形成数据集成、知识融合、任务协同的研究环境。通过作业现场物联网建设，应用智能控制等技术，实现从井场调查到物探作业、钻探作业等地面、井下数据的全数字化显示、工况智能分析、远程监测和预警，转变生产方式，有效降低作业现场运营成本，提升安全生产、绿色上产的保障能力。

在油气田开发生产领域，主要是以建设"智能油田"为目标，利用物联网、大数据、人工智能等新兴数字技术，从现场作业、综合研究、业务管理、战略决策四个方面，推动生产方式转变和管理流程优化，实现现场作业无人化、油藏研究可视化、生产运营协同化、战略决策科学化。

在油气工程技术领域，主要围绕"油田研究""钻完修井""提高采收率"等核心业务搭建数字化应用场景。通过物联网、人工智能、大数据、云计算等数字技术的深度应用，形成以智能产品研发为核心的"产品＋技术＋服务"业务能力，塑造以数字技术为引领的工程技术体系，实现新技术的快速迭代和作业效能的持续提升，通过转型升级与商业模式创新全面推进业务高质量发展。

在油气田工程建设领域，以 EPCI 全业务链为核心，按照"大一体"的设计理念，利用物联网、大数据、人工智能等数字技术，以数字孪生为支点，全面构建基于模型的企业（MBE），实现全产业链条的一体化管理。通过唯一的三维模型和编码打通工程设计、采办、建造、安装等核心业务价值链，实现内部板块横向集成、外部供应链纵向集成、企业端到端集成，降低板块对接成本，提高劳动生产效率，防范质量安全风险。

在油气集输领域，建设智慧站场是管道传输企业数字化转型的重要方式。通过数字技术的深度应用，一方面，可以减少人员在危险区域（输气站场）

的停留时间和活动人数，降低人员安全风险，有效提高巡检的广度和深度，提早发现系统运行隐患，提高设备的本质安全程度，减少因人员培训不到位或操作人员业务不熟练等人为因素导致的误操作，提高人员操作的本质安全程度；另一方面，可以减少站场办公和生活相关的建筑设施、场站辅助人员和运行操作人员的数量，在一定程度上减少投资和运行成本，由分散巡检模式改变为运检维一体化模式，集中调控、集中监视、集中巡检，进一步降低运营成本。

在炼油化工领域，主要以建设智能工厂为目标，推动企业的数字化转型。智能工厂主要包括互联感知、智能操作、优化运行和智能决策四个层面。互联感知主要是围绕设备装置、安全环保、生产控制、物流仓储、能源管理、生产作业、销售模式等业务开展工业互联网应用，实现数据实时采集；智能操作是在互联感知基础上，智能化地控制各生产业务单元；优化运行是通过数据分析，优化业务流程和控制参数，提升业务效率，降低业务成本；智能决策是利用大数据、人工智能等技术实现对经营决策的智能辅助支持。

在油气销售领域，主要以销售业务为核心，在数字经济、平台经济、"互联网＋"等理念的指导下，依托数字技术，对油气贸销业务进行"互联网化"改造升级，将快消品行业的互联网营销理念引入油气这种大宗商品的销售中，实现对销售全流程的在线管理，拓展"线上＋线下"相融合的销售渠道，提升销售业务量和销售效率。

【说明】

石油石化行业是油气行业和石化行业的统称，覆盖了石油和天然气的采掘、输送、炼制、销售整个过程，业务范围广，产业结构复杂。2014 年以来，原油价格剧烈波动，国际石油公司在油气领域的科研布局纷纷转向以数字技术为支撑的提质增效方向。牛津大学模拟了前 20 项新兴技术对油气项目的经济影响，显示数字技术是最有潜力的高回报技术。据埃森哲预测，未来 10 年，数字化转型带来的油气行业价值为 1.6 万亿～ 2.5 万亿美元。据 IHS 统计，自 2016 年以来，国际石油公司在数字化领域的投入呈几何级数增长。

【案例】

在油气田勘探领域，国内某油服公司自主研发的超高温高压电缆测井系统（ESCOOL），利用物联网实时自动采集及传输数据、自动控制等自动化技术，在面对复杂恶劣的地质环境时，能够准确获取地层各项参数，克服超高温、超高压和高速传输的技术难关，实时上传信息到地面，让油藏无处遁形。该公司现有钻井平台 59 艘、模块钻机 5 座，平台关键设备的管理主要是以人工巡检、自修、月检为主的计划性管理和维护，目前年维修成本约 10 亿元。海上钻井设备智能维护系统借助物联网、大数据、人工智能等技术，集成整合钻井设备的故障维护历史数据及实时运行状态数据，建立智能诊断模型，实现钻机等关键设备的故障智能诊断预测，避免非必要故障的发生，减少非生产时间，将钻机维修成本降低了 10%。

在油气田开发生产领域，渤海某海上油田通过提高海上平台的生产检测和优化控制能力，实现了对开发生产全过程的实时监测、远程操控、预警诊断、主动优化、协同运营和辅助决策。海上操作人员数量精简了 20%，设备故障率降低了 10%，百万人工时事故率降低了 10%。

在油气工程技术领域，某工程技术服务企业，通过对注采工艺及设备的深入研究，建成了覆盖数据采集、方案制定、跟踪评价、工艺调节、审批流转全流程的智能化注采技术体系，实现了注水、油藏、采油的有机联动，电潜泵故障预测准确率达 82%，模型动态拟合率达 85%，注水井生产动态报警准确率达 97.36%，有效改善了油田开发效果，为油田稳油 / 增油、控水 / 降水起到了关键作用。

在油气田工程建设领域，某油气田工程建设公司通过建设设计协同、可视采办、智能制造、仿真安装、数字交付等，实现了全业务链协同可视、产品服务数字化、决策全局洞察，打造了"智能工程"，使设计效率提升了 20%，建造效率提升了 20%，有效降低了海上安装作业风险。

在油气集输领域，2019 年 2 月，广东某管道公司启动了数字化智慧站场建设工作，2020 年 12 月，完成了试点站的数字化改造工作，首次运用数字化智慧站场设计理念完成了在役站场的改造工作，并在集团内首次实现了由传统运维模式向数字化智慧站场管理模式的转变。2021 年，该公司实现了智慧站场建设优化提升，首次完成了数字化智慧站场区域建设工作，改造过程中，同步完成了智慧站场管理模式及制度体系的建立，为运检维一体化管理模式顺利实施奠定了扎实的基础。

在炼油化工领域，惠州某炼化公司按照"5G+ 工业互联网"的思路建设智能工厂，在厂区及周边建立了 13 个 2.6GHz TDD 基站和 6 个 700MHz FDD 基站，实现了 5G 石化专网在 500 万平方米的炼化厂区的稳定覆盖，在厂区内下沉部署 5G UPF 及 MEC 边缘计算云，满足了数据通信高安全、低时延的要求。通过 AR 远程协作、防爆机器人巡检、PDA 终端作业指导、设备状态监测与分析预警、机器视觉监护等工业应用，使产量提高了 3%～5%，运营成本降低了 20%，设备完好率达到 99.9%，吨油能耗明显降低，预防维修率有效提高。

在油气销售领域，某天然气发电公司根据业务属性的不同，建设不同的数字化支撑体系。针对天然气"2B"端销售业务，依托自建的电商平台，实现了液化天然气（LNG）、管道气等产品的在线销售。截至 2020 年年底，累计线上交易量突破 5000 万吨，交易金额近 2000 亿元。对比上线前，客户量增长超过 16 倍，销售区域由原有的 16 个省市扩展到 27 个省市，合同签署过程由线下 2 至 3 天缩减至 0.5 小时以内。针对天然气"2C"端零售业务，建设"海气通"系统，构建了"气源－加气站－导流平台－物流公司－大车司机"生态圈。通过站联盟、车联盟、互联网平台联盟等的合作，仅一年多时间，便覆盖了全国近 70% LNG 重卡客户，服务 LNG 重卡加注 450 万辆次，累计覆盖自营和联盟加气站点 500 余家，有效提升了公司在天然气加注市场的影响力。

Q81：电力运营企业应从哪些方面入手开展数字化转型，以提升数字化运营水平？

张永峰

A 电力运营企业具有重资产、运营周期长、运行较规律等特点，应按照"价值创造、业务赋能"的目标导向，分层次、分业务开展数字化转型，以数据驱动生产经营与决策，提升整体运营效能。以水电运营为例，重点从以下几方面着手。

一是开展新型基础设施建设。运用先进的物联网技术、在线监测技术、智能巡检技术等采集设备的运行数据，提升感知设备状态的能力，及时掌握设备运行情况，提升缺陷管理、检修技改、物资管理的数字化水平。

二是提升水情测报能力。准确掌握各流域来水、气象情况,提升水情气象感知能力,在自动掌握各环节生产运行状态的基础上,通过综合运用不同的模型,及时调整生产策略,达到优化调度的目的。

三是推动集中化、标准化、专业化管控。形成统一的标准和固化的流程,确保电力生产大数据的准确采集。建立集团管控的数据体系,建设数据平台,实现对实时生产数据、过程管理数据的统一采集、管理和使用,达到实时管控、自动汇总的目的,然后通过长期的数据积累,逐步为实现智能分析奠定基础。

四是布局数字营销,以销定产,参与和适应市场竞争,建立报价模型,收集并分析政策、水情、气象、供需变化等信息,打造营销大数据,充分发挥数字化对电力营销的支撑、驱动作用,为客户提供精准服务。

第七章

数据要素

——如何有效激发数据创新驱动的潜能？

Q82：为什么说数字化转型的关键驱动要素是数据？

点亮智库·中信联

A 在农业经济时代，家庭是主要经济单元，资源汇聚的主导要素是土地，经验技能的承载、传播和使用主要靠劳动力。在工业经济时代，尤其是中后期，支持大工业生产的企业是主要经济单元，资源汇聚的主导要素是资本，经验技能的承载、传播和使用主要靠技术。在数字经济时代，响应不确定性需求形成的动态、开放的组织生态及相关的个人或团队是主要经济单元，数据成为资源汇聚的主导要素，经验技能（尤其是不确定性部分）的承载、传播和使用主要靠人工智能。数据要素不仅可以直接转化为现实生产力，而且能够放大其他生产要素的潜力，优化要素投入结构，是驱动数字化转型、实现全要素生产率提升的关键要素。

【说明】

2020 年 4 月，中共中央、国务院印发《关于构建更加完善的要素市场化配置体制机制的意见》。文件中明确将数据作为生产要素之一。

从农业经济、工业经济再到数字经济的转型，可以看到关键驱动要素的变迁。第一次工业革命的典型历史事件是圈地运动，充分说明了农民对土地要素的严重依赖，以及资本主义国家对土地生产要素的疯狂掠夺。第二次工业革命的典型历史事件是德国科技制度的创新和美国福特生产模式的出现，以德国、美国等为代表的国家构建了完善、专业的技术创新体系，积累了大量的科技人才。第三次工业革命的典型历史事件是纳斯达克助力科技企业腾飞，纳斯达克资本市场及风险资本投资等一系列金融资本与产业的无缝对接，成为美国经济快速发展的核心驱动力。进入数字经济时代，已经出现了一些典型事件，如以互联网公司为代表的数字经济体迅速崛起，数字货币的出现，数据主权、跨境数据流动成为国际政治的新议题等，这些都说明数据已经成为驱动转型的关键要素。

从企业层面来说，我国企业也经历了几次大转型（见图 7-1）。第一次转型的触发点是我国改革开放和加入 WTO，我国企业从资源垄断经营转向开放市场竞争，土地、劳动力等要素纷纷投向高增长性业务，产业逐渐实现规模化发展。第二次转型的触发点是深度参与全球产业竞争，依靠全球性的资本投入及科学技术的引进、消化和再创新，形成具有较强市场竞争力的核心业务，产业规模逐步扩大，核心竞争力逐渐增强。当前正在进行的第三次转型即企业数字化转型，其触发点是国际形势的深刻变化，依托数据要素强流动性和传播零边际成本，能够有效打通产业链供应链，加速产业数字化转型发展，培育壮大数字新业务，构建生态化的发展模式，重构和定义产业发展新规则，实现换道超车。

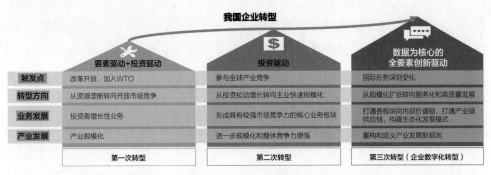

图 7-1　我国企业转型历程

Q83：数据要素在数字化转型中主要发挥哪些方面的作用？

点亮智库·中信联

A 数据要素在企业转型中主要发挥的作用有三个层次。一是作为信息媒介。通过构建信息网络推动实现基于数据的信息透明和对称，可提升企业综合集成水平，提高全社会资源的综合配置效率。二是作为价值媒介。随着区块链等技术的发展，数据已成为一种新的价值媒介，基于数据的价值在线交换，形成数据驱动的信用体系和交换机制，可大幅提升企业的价值创造和传递能力，提高全社会资源的综合利用水平。三是作为创新媒介。用数据科学重新定义生产机理，数据模型成为知识经验和技能的新载体，尤其是以数据模型承载不确定性知识技能，通过模块化、数字化封装和平台化部署，支持社会化按需共享和利用，通过基于数据模型的自学习、跨界学习、网络化学习和生态化共创等，能极大地提升创新能力，缩短创新周期，赋能新技术、新产品、新模式、新业态蓬勃发展，提高全社会资源的综合开发潜能。

【案例】

国家电网在电价持续降低、经营压力增大的严峻形势下，深挖数据资源的价值和潜力，以数字化改造提升传统业务发展水平、促进产业升级，开拓能源数字经济这一蓝海市场。在数据基础建设方面，建立跨部门、跨专业、跨领域的一体化数据资源体系，强化数据分级分类管理，建立最小化的数据共享负面清单，推动数据规范授权、融合贯通、灵活获取，实现"一次录入、共享应用"。挖掘数据的信息媒介作用，在新冠肺炎疫情期间，首创"企业复工电力指数"，及时准确反映各行业复工复产情况，为各级政府科学决策提供数据支撑。挖掘数据的价值媒介作用，积极拓展电力大数据征信服务，利用企业用电数据，积极开展信贷反欺诈、授信辅助、贷后预警等方面的数据分析与应用，破解金融机构对中小微企业"不敢贷""不愿贷"的难题，17家省公司及国网电商公司与金融机构签署战略合作协议，促成了935家中小微企业融资33.8亿元。挖掘数据的创新媒介作用，依托能源工业云网，整合各类数据资源，通过共性数据、服务的抽象提炼，沉淀整合核心业务共性内容，支持业务运营和创新，通过工业云网建设实现了39个核心应用落地，有效支撑了各类设备的智能精益管理、源网荷储友好互动、订单拉动供应链协同、智能家居负荷调控等业务场景。

Q84：数据要素开发利用如何才能更好地服务于数字化转型战略全局？

点亮智库·中信联

A 将数据作为关键资源、核心资产进行有效管理，充分发挥数据作为创新驱动核心要素的潜能，深入挖掘数据作用，是企业推进数字化转型、开辟价值增长新空间必须具备的数字能力。为了避免为数据管理而数据管理，应将数据管理全面融入企业数字化转型全过程，将数据管理纳入数字化转型核心能力体系，以价值效益为导向，系统开展数据管理和开发能力的建设和应用，赋能业务创新转型，构建竞争合作新优势，改造提升传统动能，形成新动能，创造新价值，实现新发展。数据管理和开发能力既包括开展跨部门、跨企业、跨产业的数据全生命周期管理，提升数据分析、集成管理、协同利用和价值挖掘等的能力，也包括基于数据资产化运营，提供数字资源、数字知识和数字能力服务，提升培育发展数字新业务等的能力。

　　数字能力的建设是一项系统工程，应强调系统性、体系性和全局性，按照价值体系创新和重构的要求，从过程维、要素维、管理维三个维度系统开展数据管理和开发能力的识别、建设和应用，形成与之相匹配的 PDCA 过程管控机制，涵盖数据、技术、流程、组织四要素的系统解决方案，涵盖数字化治理、组织机制、管理方式和组织文化等的治理体系，确保数据管理和开发能力更有效地服务于数字化转型战略全局。

Q85：什么是数据战略？所有企业都要制定数据战略吗？

陈　彬

A 一、数据战略的定义

国际数据管理协会（Data Management Association，DAMA）在 DAMA 数据管理知识体系中提到，战略是一组选择和决策，它们共同构成了实现高水平目标的高水平行动过程，包括使用信息以获得竞争优势和支持企业目标的业务计划。国家标准《数据管理能力成熟度评估模型》（GB/T 36073—2018）（Data Management Capability Maturity Assessment Model，DCMM）中数据战略的定义为组织开展数据工作的愿景、目的、目标和原则。

二、数据战略在整个公司战略中的位置及与公司其他战略之间的关系

在企业发展过程中，需要通过制定多元化的业务战略，来支撑公司业务的稳定增长，其中包括人才战略、市场战略、投融资战略及数据战略等，目的是指导建立良性的经营管理机制，保证企业资产的保值增值，稳固投资者关系，实现企业效益的不断提升。

数据战略作为公司极为重要的战略之一，与其他业务战略相互作用、互相支撑、相互促进。例如，人才战略可以确保数据战略管理人才的稳定供应，数据战略则可以为公司在人才筛选及绩效评估等方面提供增效的数据支持；市场战略可以协助公司加快对数据资产进行价值挖掘和变现的进程，而数据战略则可以为公司的市场战略进行数据赋能，提高市场战略布局效率；投融资战略可以为企业数据资产流通注入资金活力，数据战略也可以提高企业的资本市场关注度，促进投融资战略目标的达成。

总之，数据战略提供了一种全新的要素力量，能够赋能其他公司战略的执行更加精准有力，加速企业整体战略目标的达成。

三、数据战略的具体内容

通常，数据战略的具体内容包括数据战略规划、数据战略实施和数据战略评估三个方面。

数据战略规划是公司内部数据资产管理利益相关者达成共识的过程，需要对企业所处的数据战略环境进行分析、评价，提供未来明确的数据发展目标及方向，进而确定长期的发展路径和近期的实施任务。它包括愿景陈述、明确范围、差距分析、路线选择、角色定义、责任划分、战略发布、持续修订等一系列内容。

数据战略实施是将数据战略规划阶段所确定的意图性战略转化为具体的组织行动，并通过指挥、协调、控制及资源保障来确保实现战略预定目标的过程。它包括实施路径、工作方法、保障计划、任务实施、过程监控、指导协调等一系列内容。

数据战略评估是指通过对影响并反映数据战略管理质量的各要素的总结和分析，来判断数据战略是否实现了预期目标，它包括对目前战略制定后的内外部环境变化的分析，对目前战略的实施结果进行评估，以及对目前战略做必

要的修改。

四、数据战略的必要性

不论超大型企业、中型企业还是小微企业,都需要制定数据战略并有效执行,但针对不同规模的企业,数据战略的呈现形式及落地执行方式会不一样。对于大型或超大型企业,因为要协调内部相关部门,形成可持续执行的发展思路和工作任务,通常需要制定体系化的数据战略,并由专门的部门或团队负责制定、宣贯、解释、推广、评估和修订,同时对数据战略的落地执行进行监督。而对于中小型企业来说,可能无法确保对数据战略工作的充分投入,其数据战略往往体现为数据计划或是重点任务,通过这样计划性、纲领性的形式,明确企业数据管理工作的总体思路、重点方向、关键举措及执行策略等。

综合来看,数据战略的制定需要确保其符合企业自身特征及不同发展阶段的要求,无论对于哪种规模的企业,都需要进行阶段性的战略复盘,持续迭代修订数据战略,才能保证其与企业整体发展战略的一致性。

【案例】

随着数据量的增长,南方电网数据管理逐渐面临着"数难找、数难要、数难用"等问题:一是数据混乱,系统繁多;二是众多平台没有打通,存在数据孤岛,数据无法有效共享;三是跨系统的数据缺乏关联,难以整合;四是数据质量难衡量,问题难发现,整治难固化;五是数据安全无保障,线下分享、迁移存隐患;六是缺乏长效的数据运营机制,数据供给及时性差,数据价值无法得到充分发挥。综上所述,南方电网亟待从战略规划到落地实施体系化地开展数据资产管理,全面夯实数据基础,促进价值释放。

为此,南方电网总部制定了大数据发展规划和数据资产管理专项规划,分别明确了数据业务和数据管理未来的发展方向和蓝图愿景。南方电网各分子公司承接总部规划要求,也分别制定了各自的数据战略,在保持战略一致性的同时将其纳入自身业务发展特色要求。

南方电网公司为了保障数据战略的有序执行,从以下三个方面建立了战略落地保障机制。

　　首先，在制度层面建立了数据管理制度和标准规范体系（见图7-2），明确了管理和监管要求，形成了具体流程规范。一是构建了企业级大数据管理制度与标准图谱，以公司《数据资产管理办法》为总纲领，完成了元数据、主数据、数据资产目录、数据质量、数据应用、数据共享开放等8个领域的管理细则制定，确保数据资产全生命周期管理各干系方"有法可依、有章可循"，保障数据管理各项工作有序开展。二是制定了企业级数据标准体系，以南方电网六大业务域为基本范围，明确了企业级数据质量规则，编制了《统一数字电网模型设计规范》等8份企业技术标准。通过管理制度和标准规范的制定，将公司数据战略要求落实到具体流程和日常工作中，确保全公司均遵循统一规范。

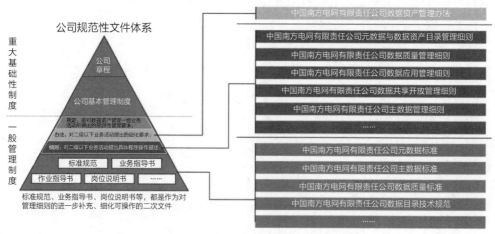

图7-2　南方电网公司数据管理制度和标准规范体系

　　其次，承接战略规划要求，将战略目标分解，形成年度工作行动计划，明确任务目标、责任人和里程碑要求。2016年年底，南方电网总部数字化部启动了数据资产管理前期研究项目，重点对公司数据管理现状进行了摸底，设计了发展蓝图，初步奠定了公司后续数据管理的基础。2017年，南方电网公司着手完善了数据管理制度体系，先后编制了《公司数据资产管理办法》和《公司数据共享开放指导意见》，并分别于次年5月和同年7月正式下发执行，初步形成了公司的"上位法"。2018年，南方电网公司量身定制了21项数据资产管理重点工作（"21项行动计划"），组织了全网元数据梳理等数据管理各领域的工作，进一步稳固了公司数据管理的基础。2019年，南方电网总部数字化部启动了数据资产管理专项规划工作，建立了数据资产管理整体框架，明确了未来3年至4年的数据资产管理发展方向。2020 年，南方电网公司组织制定并落实了进一步提升公司数据质量的行动方案，同时组织开展了数据认责机制构建、全域数据标准制定、数字经济研究等工作，促进数据价值释放。2021 年，南方电网公司围绕数据"要素化、资产化"首创能源行业数据资产管理体系，经包括中国工程院院士陈晓红在内的 9 名业内专家评审后，一致认为已达国内国际数据管理领域领先水平。

最后，建立了年度数字化考核机制与指标体系，通过设置量化指标来实现对各分公司战略落地成效的评价和考核。一是考核评价网络安全综合防护的能力和效果，通过安全监控覆盖率、安全告警响应处置及时率、配套工具实用合规率等指标考核提升整体网络安全防御能力和水平的情况。二是考核评价数字化基础平台、业务平台、数据分析应用的建设和实用化水平，包括应用系统上云数量、人工智能组件数量、客户服务平台与数字政府或第三方应用对接场景数量、大数据技术与业务的融合程度、公司数据中心自助分析应用场景数量、需求被满足情况等指标，对全公司各个部门和分子公司落实数据战略的具体成果进行全方位考核，驱动各方发挥主观能动性，大力推动数据管理工作落地见效。三是考核评估各单位数据管理体系建设的水平，包括团队建设覆盖情况、标准制度建设、数据管理机制、数据服务能力、数据认责、数据采集接入、数据质量管理七个方面指标，促进数据管理体系的逐步完善，支撑数据价值的有效释放。

南方电网公司通过在全网范围内制定数据战略并推动落地实践，在体系建设、氛围营造、技术能力、统一标准、管理制度、平台建设六个方面都取得了一系列的工作成果。一是建成了公司数据资产管理体系，指导公司数据资产管理工作常态化开展，全面提升了公司数据资产管理相关的技术能力。二是建立了公司数据资产管理制度体系，编制了《统一数字电网模型设计规范》等八份企业技术标准，其中《电网企业数据认责管理模型》已成为行业标准，同时，参与在编国家标准1 项，申请行业标准 3 项，参与申请国际标准 1 项。三是建设了数据资产管理平台，取得了良好的应用效果，实现了公司内部的数据文化传播和氛围营造。四是完成了全网数据盘点，为相关大数据应用建设提供了统一的数据存储、计算、分析、可视化等技术支撑，大数据计算利用率超过了 60%，存储资源浪费减少了 30%，大幅提升了资源利用率，大大降低了大数据应用建设成本。五是在传统的数据处理基础上引入人工智能，大幅降低了人力成本，减少了 80% 的人力，管理的数据规模达到约 1.5PB，通过强化企业自身业务及数据对外共享开放，实现了数据增值、变现。

Q86：数据中台、数据平台、数据湖三者之间的关系和区别是什么？

王 晨 丁小欧

A 一、从数据平台到数据湖

数据平台通常运用数据采集、数据存储、数据管理、数据运算、数据应用等技术，属于一种底层的数据处理基础设施，通常会配套大数据运营管理工具，以提升传统数据中心的数据计算和应用能力。

数据湖的前身是数据仓库。在较长的时间里，企业对业务系统进行抽取、转换和加载（ETL）操作得到的数据会放到数据仓库，形成一个集成的、相对稳定的数据集合，并从中实现业务规律的发现、管理和利用。数据仓库为企业的信息化发展做了很大的贡献。由于数据仓库中的数据模型都是关系模型，因此数据的抽取和放回都相对容易。但数据仓库通常是面向特定领域的应用，实时数据处理、非结构化数据处理的能力有局限性。随着数据集成、数据清洗、元数据管理等技术的不断发展成熟，构建企业级的数据集成平台成为可能。正是在已有了充足的数据管理研究及技术的基础上，数据湖的概念才被提出，其理念是一个能汇聚各种原始数据的"大仓库"。

数据湖要解决的问题是如何让高度多样化的数据变得易用，并为用户提供有效的知识。早期，在数据湖概念被提出时就有这样的比喻：数据仓库像是经过净化、包装后便于消费的"瓶装水"，而数据湖是一个处于更自然状态的大水体，数据湖里的数据从不同源头流入，填满了湖体，不同角色类型的用户都可以提取、评估、使用数据湖中的内容。因此，从数据仓库到数据湖的衍化，反映的是从同构数据管理到异构数据管理的需求提升，以及数据处理和计算能力的提升。Gartner也曾预测：在一个系统中处理多种异构数据是未来数据处理的必然趋势。

相比于数据平台作为基础支撑设施，数据湖具有超出大数据平台、更贴近业务需求的技术特性，例如数据发现、元数据管理、数据血缘追踪、存取独立、版本控制，以及面向新需求的数据集成和数据清洗等，因此在概念上，数据湖处在数据平台的上面一层，代表了统一管理全量、异构数据的一项技术。目前对数据湖的概念也有不同的解读，许多分析认为数据湖应该"具有大数据的能力，提供数据库的体验"。数据湖在不同的情景下，也有完全不同的实践方式，下面举两个典型产品的例子。

一个是 Databricks 的 Delta Lake 产品。Databricks 对数据湖的理解与数据仓库十分相似，核心是对数据进行物理集成。Databricks 给出的方案是抽取原始数据放入一个实体的数据湖里，即 Delta Lake。Delta Lake 是 Spark 计算框架和存储系统之间带有 Schema 信息数据的存储中间层，使 Spark 能支持数据更新和删除功能、支持事务，并提供了数据版本管理。Delta Lake 实现的底层存储结构是弹性分布式数据集 RDD，而不是数据仓库所用的关系型数据结构，虽然有这样的区别，但 Delta Lake 的总体功能与数据仓库非常相似。

另一个是华为云的智能数据湖 FusionInsight。华为云发布了智能数据湖 FusionInsight，其重点理念就是"湖仓一体"，即让数据湖实现之前数据仓库中的功能，并把数据仓库的特征应用在数据湖里，实现仓、湖互联互通，打破数据孤岛。华为提出了河图引擎（HetuEngine），实现跨域跨源的统一 SQL 访问，基于一份数据进行批、流、交互式融合分析，实现湖、仓数据的互通协同计算，数据免搬迁，也降低了数据访问的门槛。河图引擎的底层还有数据存储层和数据存储引擎。河图引擎的理念就是屏蔽数据基础设施的复杂度，让用户像使用数据库一样使用大数据。

从实现异构原始数据的集中式管理开始，数据湖就为企业的数据处理提供了更强的能力，让企业向实现有效的数据治理及商业智能化又近了一步。

二、从数据湖到数据中台

长期以来，企业都是在大数据平台上直接构建应用的，但这个过程中存在大量的、共性的操作。企业在数据化的过程中也会遇到诸多瓶颈和痛点，例如数据孤岛众多、数据资产化程度低、数据服务响应效率与业务需求严重不匹配等。我们认为可以将一些技术和操作固化下来，就像从应用体系中剥离出来中间层形成数据库一样，这个中间层就是数据中台。因此，数据中台是位于底层存储平台与上层数据应用之间的一个体系。数据中台实现的是从后台获取基础支持，让前台更灵活敏捷地响应用户需求。数据中台也是实现企业全面数据化的一个解决方案。

（一）数据中台与数据平台的区别

相比于数据平台中对不同信息系统、数据操作功能的简单聚集，数据中台是在数据平台概念上的升级，其涵盖了数据湖的功能，包括了数据汇集、数据集成、数据治理等，也包括了数据资源管理和数据服务。目前通常认为，数据中台的需求不是来源于外部，而是来源于企业内部、来源于企业对自身发展的长远规划，数据中台的建立，也体现了以发展的方法去解决企业面临的问题并突破瓶颈的思路。

大数据平台通常更关注基础技术，关注平台的大数据处理能力，而数据中台关注的核心是数据服务能力。这两者的区别有以下几个方面：在数据关系方面，数据平台上存在数据隔离，而数据中台实现了全域数据连通；在业务响应方面，数据平台的响应通常离业务端较远，且缺乏柔性，而数据中台则能贴近业务端实现更敏捷精准的响应支持；在服务形式方面，数据平台常以数据集的形式提供数据应用，而数据中台则以数据 API 的形式提供数据服务；在技术方面，相比于传统大数据平台的数据采集、存储、集成、清洗等，数据中台的技术要点在于数据治理、资产管理、数据服务等；在面向的用户对象方面，大数据平台通常针对的是企业数据中心的技术人员，而数据中台不面向技术人员，其规划、建设和使用均需要企业里不同角色的人员参与。

（二）数据中台与数据湖的区别

正如上一段所言，数据中台更关注贴近业务的数据服务能力。因此，数据中台与数据湖的不同之处在于，数据湖更偏向于技术层面，是多源异构大数据存储和管理的一种较新的优势解决方案，而数据中台从目标上更贴近于业务，更强调数据应用能力。数据湖的技术可以为数据中台所用，数据中台在具有对海量多样的数据进行存储、管理和版本维护等能力之后，可以将原始的数据转化为有效的数据资产，实现数据资源的沉淀和复用。

数据平台和数据湖都有一定的通用性，业界也已经出现了较为成熟的产品。但数据中台与数据平台和数据湖的一个重要的区别在于：企业无法采取像购买数据平台和数据湖产品来直接使用的方式去购买现成的数据中台。因为不同企业的数据管理成熟度和发展水平是不同的，并且不同企业的发展目标、发展需求也不尽相同。因此，数据中台的构建需要企业自身的长期、深入参与，尤其在数据资产管理和数据服务部分。从这里可以看出，数据中台不是一套软件、不是一个数据平台，而是一系列数据操作组件的有机结合及数据资源的整合。数据中台更强调将数据服务提供给业务系统，强调将数据能力渗透到各个业务环节。

（三）数据中台的技术特点

数据中台的主要技术包括数据汇聚、数据开发、数据体系构建、数据资产管理和数据治理、数据服务五部分，同时，辅以数据安全管理和数据运营管理。

企业往往期待数据中台汇聚全域数据，中台数据汇聚部分的任务就是将原始数据从底座平台中抽取出来进行集中式的存储管理，这部分涉及的技术要点有实时接入、离线批量采集、异构数据源管理、数据同步等。

在将数据汇聚到数据中台后，它们还无法被业务直接使用。因此，接下来需要数据开发和数据体系构建技术的支持。数据开发部分旨在提出数据加工及过程管理工具，能够根据业务需求，让原始数据转换成新的形态，实现数据到资产的转变，核心技术包括实时和离线开发、算法开发、智能调度等。面对汇聚的原始数据，数据体系构建要做的是对数据进行定义和分层建模，最终呈现出完整、规范、准确的数据体系，以支撑数据应用。

数据资产是数据中台的核心，对数据资产进行合理的规划，才能保证为数据应用提供高质量、准确可靠的结果数据，进而有效提升业务价值。其技术要点是为元数据、数据质量、数据资产目录等提供管理和分析。

数据服务是数据中台最具标志性的技术功能，也是数据中台的能力出口，搭建了连接前台业务和数据的桥梁。虽然可以预设数据中台能够提供一些通用的标准服务，但为了满足企业多样的实际诉求，数据中台须通过服务创建、授权赋能、调度等功能，具备快速定制服务的能力。

【说明】

1. 数据资产

企业拥有或控制的、能够为企业带来未来经济利益的，以物理或者电子方式记录的数据资源，如文件资料、电子数据等。

2. 数据资产管理

规划、控制和提供数据及信息资产的一组业务职能，包括开发、执行和监督有关数据的计划、政策、方案、项目、流程、方法和程序，从而控制、保护、交付和提高数据资产的价值。

3. 建立数据中台的条件

数据中台的建设和规划，离不开对数据应用能力的评估。企业的数据应用能力越高，代表数据对企业的业务支撑能力越强。虽然数据中台对企业有着重要的作用，但目前不是所有的企业都需要建立数据中台。当一个企业的数据规模积累到一定规模，并且数据体系已经达到一定的复杂度时，也就到了数据中台能发挥更大价值的时候。因此，对企业来说，数据中台不是必需品，而且数据中台具有很长的建设周期和复杂的建设过程。

当企业考虑建立数据中台时，需要提前思考准备两件事，即数据资产梳理和数据治理规程。对于前者，企业需要预先对自身的数据资产状态、数据质量等进行评估，具备数据资产形成过程可追溯的能力，持续、迭代的数据资产管理和运营能够支撑企业最大化地释放数据的价值。对于后者，由于目前尚无数据中台的建设标准，企业需要为数据中台的建设思考并制定一整套符合自身情况的标准及较为完备的治理规程。这样才能让数据中台发挥真正的作用。以数据资产梳理和治理规程构建为代表的工作，不仅需要企业提前统筹规划，而且需要在数据中台的建设过程中进一步地细化和迭代更新，才能让数据中台发挥真正的作用。

Q87：如何更加有效地开展数据管理？

王 晨

数据管理涵盖数据采集、存储、处理、治理、集成、访问等数据全生命周期的管理能力。数据资产是企业合法生成和治理形成的，由企业控制和管理，并且具有分析价值的数据资源，是数字化转型的基础生产资料和驱动要素。只有将数据作为关键资源、核心资产进行有效管理，才能充分发挥数据作为创新驱动核心要素的潜能，深入挖掘数据价值，开辟价值增长新空间。

【说明】

数据管理的主要价值是通过数据要素资产化管理，提供来源更全面、格式更规范、质量更高的持久存储数据，更加有力地支持数据要素价值挖掘，充分激活数据创新驱动的潜能。为加强数据要素的开发利用，按照数据生命周期，数据管理过程包括数据采集、数据存储、数据处理、数据治理、数据集成与访问等方面。

（1）数据采集。通过完善数据采集的范围和手段，利用传感技术、网络爬虫技术、数据同步技术等，实现设备设施、业务活动、供应链/产业链、产品全生命周期、生产全过程乃至产业生态相关数据的自动/半自动采集，完成数字化体系中最为基础的感知工作，并通过网络传输、物理拷贝等方式完成数据向边缘侧或云端存储介质的传递，解决企业"有什么数据"的问题，其业务覆盖面、采集频率、测量精度等决定了数据资产的基础质量。

（2）数据存储。数据采集完成后，以数据后续持续使用为目的，需要将数据存储在能长期保存的介质上。根据不同的数据类型，可以选择文件系统、关系型数据库、图数据库、时序数据库等不同的数据管理系统存储。按照不同的使用目的，可选择数据库、数据仓库、大数据平台分别处理在线事务处理（OLTP）、联机分析处理（OLAP）、大数据分析等不同的工作负载，最终提供数据资产的对外访问能力。

（3）数据处理。数据处理任务本质上是完成数据集到新的数据集的转换，而这种转换的目的是通过对数据的加工，使数据中所包含的信息进一步显性化，例如对单件销售数据进行分类统计形成各品类销量的对比数据，或是对时间序列数据进行频域变换得到其谱特征，这些都是通过对数据的处理得到新的二次数据的过程，最终丰富了企业的数据资产体系，并进一步提升了数据资产在业务层面的可用性。

（4）数据治理。数据治理以数据为对象，通过一系列的框架和方法指导企业开展数据资产管理工作，回答数据在哪里、数据是什么、数据谁负责等核心问题，必须将管理和技术紧密结合，重点内容涵盖数据治理战略（包括数据治理的规划、方向、目标、原则等）、数据治理组织架构（包括数据治理委员会、数据治理归口管理部门、数据治理岗位人员等）和数据治理制度流程（包括元数据管理、数据模型管理、数据标准管理、数据质量管理等）。

（5）数据集成与访问。从数据资产管理的角度，数据集成技术立足于降低多源异构数据访问的复杂性，通过采用数据接口、数据交换平台等，使多源异构数据实现在线交换、数据同步、数据连接和集成共享。在大数据场景下，数据湖等技术还提供了使用不同的数据模型和差异化的访问接口的异构数据管理引擎的统一访问能力。此外，数据中台等架构体系进一步提出，可以通过数据服务的方式，为集成好的业务数据提供服务化接口甚至自然语言等访问方式，以提升数据资产的易用性。

除了上述五方面，数据安全问题也是数据管理中不可忽略的重要方面，包括数据的分级分类、隐私保护、权限管理、访问行为审计、数据加密等，主要解决数据资产安全使用的问题。

Q88：如何搭建企业数据治理的组织体系？

程宏斌　李晓燕

A 企业数据治理涉及范围广、牵扯部门多，需要多方协调、通力协作才能达成治理目标。企业要结合现阶段数据管理成熟度及要达到的数据管理目标，以及通过数据治理要实现的业务目标，搭建数据治理组织体系，明确组织机构和角色分工是数据治理成功的重要保障。

对于单体企业，搭建数据治理组织体系建议考虑以下几种模式。

一是由独立部门承担数据治理工作。成立独立的数据管理部门，与企业其他部门平级，承担数据治理工作的统筹规划及管理。成立平级部门代表领导数据意识强，且后续工作的推进能够得到强有力的保障支持，业务部门配合程度较高。同时，设置独立部门意味着会有绩效指标的考核，可围绕企业业务战略确定部门 KPI,提高企业战略执行度。当然,也会面临一些风险,通常情况下,企业内部新成立的部门存在关键角色人员需要培养(而不是有成熟人员)的情况,各项规章制度及行为准则需要建立,见效周期可能会较长,需要较好的数据文化氛围来确保部门工作的有效执行,并获得业务部门的支持。

二是由 IT 部门牵头成立数据治理团队。在企业 IT 部门下成立二级部门承担数据治理工作。数据治理前期规划设计需要较强的信息化支撑,IT 部门对企业实际的信息化蓝图及规划、当前现状、信息技术等比较熟悉,能够对数据治理工作提供支持,数据治理组织体系可复用信息中心积累的人员能力、技术能力等来实现未来数据管理的执行落地。当然,多数企业 IT 部门离企业业务相对较远,存在为了信息化而信息化的问题,可能数据治理组织与业务的衔接也相对被动,对于数据治理工作的推动协调会比较困难,这种情况下要求牵头人高度重视业务的衔接。

三是由业务部门牵头组建数据治理团队。考虑数据治理的本质是服务于企业的业务,可以选择企业内话语权较高的业务部门牵头组建治理团队,如基于银行业务监管的特点,数据治理团队可由风险管理部门牵头组建。这种方式的好处是牵头部门话语权高,对企业内业务范围了解广,能够很好地协调业务参与,数据治理相关工作执行效率高、落地效果好,可切实地解决企业业务问题,较快看到业务价值。可能遇到的问题是较缺乏数据治理相关的专业技术人员,需要引入数据治理专业人才。

对于集团型企业,建议集团各层级建立自己的数据治理组织体系,下级单位数据治理组织体系的建设要考虑集团或上级单位对数据治理组织建设的整体管控要求,同时也要结合自身实际情况进行拓展,满足自己的业务。

另外,数据治理组织内部需要根据实际的数据管理业务,设计相关角色,可分为决策层、管理层、执行层。决策层主要是数据治理指导委员会,承担定义企业数据治理战略及目标,对重大事项进行审核、仲裁、决策等的职责,建议由企业一把手、企业数据架构咨询专家承担;管理层主要是数据治理执行官角色,主要承担与企业数据标准、质量、安全,及元数据、主数据、数据仓库等相关的管理流程及制度规范的建立,以及数据治理制度的执行监控与评价等,建议由信息部门负责人、业务部门领导、元数据专家、数据仓库架构师等承担;

执行层主要角色是数据管理相关人员，根据数据规划及管理要求落实数据管理工作，建议由元数据管理员、主数据管理员、数据模型管理员、数据质量分析师、数据安全管理员、数据开发员等专门管理人员及业务负责人参与。

数据治理组织体系的建设应与业务发展及数据管理能力相匹配。前期组织体系往往是随着项目产生的，组织职责划分、角色分工是基于当前项目的需要，后期随着业务发展及数据治理工作的开展也要做职责及分工的细化完善或调整优化。数据治理组织体系的建设不应随着某个数据治理项目的结束而结束，而是一项需要长期投入的企业活动，数据治理组织需要构建常态化的管理机制。

【案例】

某大型装备集团已成为全球领先的装备制造企业。该集团将数字化列为发展战略，抓住智能化、数字化机遇以助力制造强国转型。随着业务的发展，集团及各事业部已建成 200 多套系统，积累了大量的数据，有 TB 级的结构化数据，也有 PB 级的视频、图像等非结构化数据，分散在不同的存储系统中，数据未实现全面融合，以据孤岛问题严重，带来了重复开发、不能很好地支持决策、成本浪费等问题。例如，该集团每天有 200 多人从 120 多个业务系统中人工导出、整合数据，来满足各个业务口统计日报、周报、月报的需求；对外销售的设备中，有六七十万台实现了在线化，亟须对海量的设备数据进行管理及应用；全国近 20 个园区的总水电消耗量均有记录，需要对各园区生产订单及设备耗能数据进行关联分析，对设备重新排产，控制耗能成本等。该集团为了达到汇聚一切数据以提升企业运营管理效率、售后服务能力的业务目标，启动了数据中台建设。首先，认识到只有做好数据治理组织保障和人才队伍建设，才能做好数据资产盘点、数据整合及数据应用，其次，积极开展了数据治理组织体系建设，以推动数据治理工作的有效规划及落地。

该集团结合自身组织结构特点和当前数据管理职能，响应数据治理与应用需求，搭建了集团级数据治理组织体系（见图7-3），该集团设计的数据治理组织结构分为四层，分别是数据治理领导组、数据治理委员会、数据治理工作组、数据治理执行层。

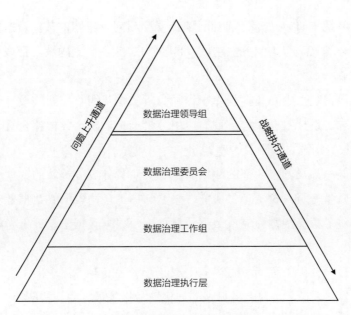

图 7-3   集团级数据治理组织体系

该集团职能总部及各事业部的数据治理委员会负责对该集团当前数据管理能力进行综合评估,根据评估结果,数据治理领导组达成了一致意见,采取"一次规划、分步实施、以点带面"的原则,制定了"数据中台搭建""应用全面展开""数据中台持续改进"三个阶段的推进计划。

数据治理工作组负责制定与元数据、主数据、数据质量、数据架构设计、数据仓库、数据服务等相关的标准规范、管理流程、评价考核办法,包括以下内容。

(1) 标准规范定义了各类数据的分类标准、编码规则、命名规范、数据集成规范等。

(2) 管理流程清晰地定义了数据维护、发起、修改、停用等全生命周期的管理流程规范,明确了数据的归口管理部门及责任人。

(3) 评价考核办法清晰地定义了评价考核机制,定义了数据质量评估及如何运算的规范,指标的统计维度及展现方式等,通过将数据治理工作与绩效考核关联,督促数据责任部门及责任角色投入工作。

数据治理执行层负责按照数据治理工作组的要求,开展具体的落地工作,包括以下内容。

(1)大数据能力中心数据架构师负责依据集团业务目标做整体数据架构设计,包括数据模型设计、数据流设计。

（2）业务系统 IT 人员及事业部业务专员负责对该集团的数据资产进行全面盘点，最终梳理了 12 个 L1 业务主题域，119 个 L2 业务子主题域，形成了该集团的数据资源目录。

（3）大数据能力中心数据仓库工程师负责依据集团数据架构设计成果，结合数据应用需求，设计数仓模型、数据应用分析指标，制定数据整合规范，实现关键数据的采集、清洗、加工及入库。

（4）职能总部及各事业部的数据质量专员负责各业务板块的数据质量，如商务总部数据质量专员负责梳理供应商、采购订单、合同、价格数据业务规则，以及定义数据质量检查规则并完成数据质量检查，根据数据质量评价考核办法，提升数据质量。

（5）大数据分析工程师负责根据生产经营管控及业务需求的指标，构建制造仪表盘、设备仪表盘，实现业务日报、周报、月报等报表的分析应用。

该集团最终制定了关于元数据的管理制度（包括《企业元数据管理规范》《企业元数据采集、命名标准》《企业贴源层、DW 层、DM 层模型标准》等）、主数据标准（共 22 类，包括《物料主数据标准》《供应商主数据标准》《组织机构主数据标准》等）、数据管理规范（共 20 多项，包括《主数据管理标准规范》《数据质量规则定义规范》《数据服务上架、下架流程规范》《数据访问权限申请流程规范》等）等，实现了 6.2PB 的三现数据、50TB 的四表数据、78TB 的设备互联数据、90TB 的在外设备数据"入湖"，为后续数据资产沉淀及分析应用奠定了基础。该集团一期建设制定了符合自身发展需求的数据治理组织体系，相关角色也制定了一系列管理规范及制度来指导、保障数据治理工作的开展。一期数据分析的试点建设初步解决了部分人员手工制作业务报表低效重复的问题，通过在线管理的设备数据与业务数据融合分析，为提升售后服务能力和业务模式创新奠定了数据基础，也为各园区生产订单及设备能耗数据的关联分析和成本控制等奠定了数据基础。

总体来说，初步达到了在宏观层面把数据资产"摸清楚、管起来"，在单业务微观层面"用起来、活起来"的效果，以此将逐步开展对业务场景的全链路赋能。该集团数据治理工作还在继续，后期，该集团也会对自身业务发展与数据管理能力进行再评估，并以此为依据对数据治理组织职责及分工进行细化完善，来保障下一阶段"挖掘数据价值，提升数字化产品质量""打通业务壁垒，实现订单全生命周期可视化管控"等业务目标的实现。

Q89：如何有效推动数据要素流动共享和资产化运营?

田春华　王　晨

A数据资产化运营是合理配置、充分交换（流动）、有效利用数据并创造价值的所有活动。更好地实现数据资产化运营的前提就是有效促进数据按需流动，无法流动的数据很难创造价值，因此应避免过度关注数据本身的价值，而主要强调数据流动到不同场景中的应用价值，形成在数据资产化运营中按贡献分配的新机制。此外，数据流动和资产化运营是一项新事物，需要技术、组织能力、经济、法律等多方面的共同努力：技术层面需要建立流通平台与机制（包括服务、管理、技术保障等），构建数据安全与防护的技术体系；组织能力层面需要构建完备的数据治理体系，保障数据供给侧的质量，为数据资产化运营奠定基础；经济层面需要建立合理的数据应用价值评价体系，通过价值流来推动数据流；法律层面需要构建数据确权体系，对数据的所有权、管理权、使用权、经营权、知晓权等进行明确界定。只有经过多个方面的系统推进，才能更有效地推动数据流动，促进数据的资产化运营。

【说明】

数据的价值属性需要在数据的应用和流通中体现，数据流动范围越广，应用价值就越大。数据资产化运营可为数据创造更多的附加价值，让数据真正流动起来，实现价值的倍增效应，加速数据价值变现。数据资产化运营的关键在于数据价值的变现，通过分析挖掘数据，并应用到相关的业务场景，将数据变现为用户价值、企业价值或社会价值。为加速数字经济发展，需要大力推进数据流动，不断提高数据资产化运营的水平。具体而言，需要从技术、组织能力、经济、法律等多个层面共同努力。

在技术层面，需要建立流通平台与机制（包括服务、管理、技术保障等），构建数据安全与防护的技术体系。我国已经形成政府大数据、互联网大数据、行业大数据三大类数据资产，因此，以数据资产化运营手段唤醒单个组织内部的数据，可以帮助蕴藏在不同组织内相对隔绝的数据碰撞出新的可能性，承担起经济调结构、稳增长的重任，深度参与供给侧结构性改革，实现从数据资源汇聚到数据资产化运营、数据价值变现的路径演变。在缺乏流通平台（及背后的交易规则、定价标准等）的情况下，数据交易通常是一对一形式，定价困难、交易效率低、成本高，制约了数据资产的流动。通过流通平台，构建多对多的交易机制，将大幅提升数据的可得性。此外，通过培养数据安全意识和提高安全防护水平，避免数据泄露，从技术角度解决数据流通面临的诸多问题，将促进数据价值的充分释放。

在组织能力层面，需要构建完备的数据治理体系，保证数据供给侧的质量，为数据资产化运营奠定基础。数据治理试图通过一系列的框架和方法，引导企业有效开展数据管理工作，解决数据在哪里、数据由谁负责等问题。数据治理不只是一项技术工作，更需要管理和技术的紧密结合，是"七分管理、三分技术"。不同机构对数据治理体系的划分不完全相同，但至少包含以下三项内容：数据治理战略，包含数据治理的规划、方向、目标、原则等；数据治理组织架构，一般在决策层成立数据治理委员会，由"一把手"挂帅，管理层设立数据治理的归口管理部门，操作层则明确相应的岗位和人员；数据治理制度流程，旨在推进企业内部的数据管理制度建设，涉及元数据管理、数据模型管理、数据标准管理、数据质量管理等方面。

在经济层面，需要建立合理的数据价值评价体系，通过价值流来推动数据流。数据资产具有无形资产的属性，具有无消耗性、增值性、依附性、价值易变性等特征。数据只有应用在具体场景中，才会体现价值，同样的数据在不同的场景中会表现出不同的价值。因此，数据资产的价值评估方法和现有资产有很大的不同。数据资产的价值评估基于两个主要因素：数据成本和数据收益。数据成本主要是针对数据拥有方，是数据拥有方制定数据价格的主要出发点。数据收益主要是针对数据使用方，可探索在数据资产化运营中，根据不同的应用场景，形成按贡献分配的价值评价和分享机制，从而更有利于促进数据按需流动和更有效地实现资产化运营。

在法律层面，需要构建数据确权体系，对数据的所有权、管理权、使用权、经营权、知晓权等进行明确界定。数据已经成为一种重要的生产要素，如果数据可确定为资产，那就要从法律层面解决数据确权的问题。一是数据资产的产权方，或者实际控制人，这与数据产生的物理装置的所有权和商务约定有密切关系，数据的生产者不一定是数据的拥有者。在设备代运维或租赁模式下，设备状态监测数据的产权方应该是设备所有者，而不是业主，但工艺过程数据归业主；在工业服务模式下（例如提供工业气体服务，而不是空压机），设备状态监测数据和工艺过程数据的所有权都归服务提供商。二是数据采集的合法合规性，即通常说的"合法正当原则""知情同意原则""必要性原则"。三是使用场景和手段，即便企业对数据拥有 100% 的产权，或者合法合规的实际控制权，也不能对数据不分场景地任意使用，因此，数据管理的一项重要工作就是定义数据的使用场景，"什么样的数据可以应用于什么场景？谁来使用？使用的前提条件？"都需要认真思考，需要必要的规章制度。四是数据安全责任，包括存储安全管理、关键信息匿名化、访问权限管理等，在技术上，区块链是一种可行的选择，它可在网络上实现去中心化的分布式数据存储，并且当智能合约中的条款被触发时将会自动执行条款内容。

Q90：如何建设数据资产管理体系？

刘国杰　刘云平　陈　旭　田春华

A **一、数据资产管理体系建设**

数据资产管理是指规划、控制和提供数据资产的一组业务职能，包括开发、执行和监督有关数据的计划、政策、方案、项目、流程、方法和程序，从而控制、保护、交付和提高数据资产的价值。数据资产管理需要充分融合业务、技术和管理，以确保数据资产保值增值。数据资产管理体系建设需要从以下几个方面进行。

（一）制定数据资产管理战略规划

从管理层、领导层出发，自顶向下全局制定数据资产管理规范，形成全面的标准规则体系和执行调度流程。战略规划是数据资产管理成为企业战略核心任务应用的重要部分，是数据资产得到一定程度外部应用的指导蓝图。

（二）完善数据资产管理组织架构

典型的组织架构主要由数据资产管理委员会、数据资产管理中心和各业务部门构成。数据资产管理委员会是数据资产的决策者，由公司主管领导和各业务部门领导组成，负责领导数据资产管理工作，决策数据资产管理的重大工作内容和方向。数据资产管理中心是数据资产的管理者，由平台运营人员组成，负责牵头制定数据资产管理的政策、标准、规则、流程，协调冲突，以及数据资产管理平台的整体运营、组织、协调。各业务技术部门是数据资产的提供者、开发者与消费者，分别履行各自的职责。

（三）开展数据资产管理培训宣贯

培训宣贯是实施数据资产管理的重要组成部分，是数据资产管理理论落地实践、流程执行运作的基础，是数据资产管理牵头部门在技术部门和业务部门之间顺利开展工作的重要保障。企业要利用现有资源，合理安排员工参与数据资产管理培训，促进员工的有效培训和自我提高，提升人员的职业化水平，强化工作的标准化、规范化。

二、数据资产管理的职能

包括数据规范管理、元数据管理、主数据管理、数据模型管理、数据质量管理、数据价值管理、数据共享管理、数据安全管理等方面。

（一）数据规范管理

指数据规范的制定和实施的一系列活动，是保障数据的内外部使用和交换的一致性和准确性的规范性约束，通常可分为基础类数据规范和指标类数据规范。通过统一的数据规范制定和发布，结合制度约束、系统控制等手段，可提高企业数据资产的准确性、一致性、完整性、规范性、时效性和可访问性。

（二）元数据管理

指为获得高质量的、整合的元数据而进行的规划、实施与控制行为，是数据资产管理的重要基础。元数据管理描述了数据在使用流程中的信息，已逐渐成为数据资产管理发展的关键驱动力。

（三）主数据管理

指一系列的规则、应用和技术，用以协调和管理与企业核心业务实体相关的系统记录数据。通过对主数据值进行控制，使企业可以跨系统使用一致的和共享的主数据，获取来自权威数据源的、协调一致的高质量主数据，降低成本和复杂度，从而支撑跨部门、跨系统的数据融合应用。

（四）数据模型管理

指在信息系统设计时，参考业务模型，使用规范化的用语、单词等数据要素来设计企业的数据模型,并在信息系统建设和运行维护过程中,严格按照数据模型管理制度,审核和管理新建数据模型。数据模型的规范化管理和统一管控,有利于指导企业数据整合,提高信息系统的数据质量。

(五)数据质量管理

指运用相关技术来衡量、提高和确保数据质量的规划、实施与控制等的一系列活动,使企业可以获得干净、结构清晰的数据,是企业开发大数据产品、提供对外数据服务、发挥大数据价值的必要前提,也是企业开展数据资产管理的重要目标。

(六)数据价值管理

指从度量价值的维度出发,选择各维度下有效的衡量指标,开展针对数据连接度的活性评估、数据质量价值评估、数据稀缺性和时效性评估、数据应用场景经济性评估,优化数据服务应用的方式,从而最大可能地提高数据的应用价值。

(七)数据共享管理

指开展数据共享和交换,实现数据内部价值与外部价值的一系列活动,包括数据内部共享、外部流通与对外开放。重视数据资产的管理、运营、流通可以为企业带来未来的经济利益,同时也是数据保值增值的重要手段。

(八)数据安全管理

指按照相应的法规及监督要求,评估数据安全风险,制定数据安全管理的制度规范,进行数据安全分级分类,完善数据安全管理的相关技术规范,保证数据被合法合规、安全地采集、传输、存储和使用,建立完善的、体系化的安全策略,实现全方位的安全管控。

三、数据资产管理的过程

包括数据资产盘点、数据资产目录管理、数据资产识别、数据资产确权、数据资产应用、数据资产变更、数据资产处置等生存周期的过程,以及数据资产评估、数据资产审计、数据资产安全管理等与风险控制和价值实现相关的过程。

(一)数据资产盘点

通过盘点数据资产,检查数据资产状态,发现数据资产目录与数据资产不一致的问题，更新数据资产目录信息，确保数据资产信息的一致性、完整性。

（二）数据资产目录管理

通过数据资产目录记录企业所有被识别的数据资产信息，支撑数据资产识别、应用、变更、盘点和处置等的全过程管理。

（三）数据资产识别

企业应依据管理目标，梳理现有的数据资源，基于业务应用和市场需求，识别数据资产及信息要素，并登记数据资产信息，确保其准确有效。

（四）数据资产确权

通过技术手段进行数据资产权属的标识，便于应用过程中的规范使用、维权追溯。数据资产确权应基于电子认证、区块链等技术手段，通过单一或多方机构鉴证，确认数据资产权属，可参照 GB/T 33770.2—2019 国家标准。

（五）数据资产应用

围绕业务场景，在确保安全、合规的前提下，识别数据应用的途径和渠道，建立相关机制，对数据资产应用过程进行管理，促进其经济价值和社会价值的实现。

（六）数据资产变更

当数据资产管理活动或业务需求触发数据资产变化时，应通过变更管理流程确保变更活动有序实施，并及时更新数据资产目录，确保数据资产目录信息与实际情况保持一致。

（七）数据资产处置

在符合相关法律法规和标准规范的前提下，通过数据资产的销毁、转移等，优化数据资产配置，降低运营管理成本，挖掘剩余资产的利用价值。

（八）数据资产评估

开展数据资产的评估，梳理数据资产的现状，评价数据资产的质量，评估数据资产的价值，以促进数据资产的质量提升和价值实现。数据资产的评估方法主要包括收益法、市场法与成本法。

（九）数据资产审计

监督企业数据资产管理过程的执行，评价数据资产管理的风险，为数据资产管理和应用提供保障。

（十）数据资产安全管理

建立管理手段与技术手段相结合、面向数据生存周期的数据资产安全管理机制，制定数据资产安全管理流程，明确企业人员的管理要求，确保数据资产安全可控。

【说明】

资产是指由企业过去的交易或者事项形成的、由企业拥有或者控制的、预期会给企业带来经济利益的资源。

数据资产是指以数据为载体和表现形式，由特定主体合法拥有或者控制的，能进行计量、能持续发挥作用并且能带来直接或者间接经济价值的数据资源。

元数据是描述数据的数据，按用途不同分为技术元数据、业务元数据和管理元数据。

主数据是指用来描述企业核心业务实体的数据，是企业的核心业务对象、交易业务的执行主体。

数据模型是现实世界数据特征的抽象，用于描述一组数据的概念和定义，抽象地描述了数据的静态特征、动态行为和约束条件。

【案例】

无人化和智能化运行是水电行业必走的数字化转型之路，东方电气集团东方电机有限公司基于 K2Assets 工业数据智能平台，开发了水电机组智能诊断平台。水电机组属于定制化装备，不同机组在部套结构、形态采集和 IT 系统各方面存在较大差异。诊断平台面临的一个重要挑战就是数据模型不统一，造成了专家知识模型无法大规模应用。另外一个挑战是缺乏有效的数据创新协同机制，因为缺乏数据的安全保护措施，导致水电站现场数据无法共享，远程专家缺乏充足的现场数据做模型研发或验证；因为缺乏分析模型的保护机制，远程专家也不愿意将研发的模型推广到水电站本地运行。

针对以上问题，该公司联合有关单位，推进在基于工业互联网架构的云边协同计算机制和数据分类分级保护机制的支持下，通过构建设备资产数字化管理模型，实现专家知识模型上下文的标准化，从而解决了模型的大规模部署应用问题，具体包括以下几方面内容。

（1）领域对象模型（见图7-4）。结合故障诊断方法和FTA（Failure Tree Analysis），在应用场景详细设计和分析的基础上，构建了46类信息对象类模型，包括了机组故障诊断的核心业务信息对象关系。由此规范了分析模型与工业App的数据接口规范，保证不同组织开发模型的适配性。

（2）设备对象模型。将水电站、水力发电机组、水轮机、推力轴承等机组、设备、部套的测点、运行数据进行了资源化管理，建立水电站数字孪生模型，制定了设备资产对象的数据结构、数据质量和数据治理的标准，并按照设备型号进行了设备模板的定义，保证了分析模型输入数据的统一性和规范性。在部署运行时，只需要将水电机组的实际数据源与标准数据模型进行映射，并基于设备类型选择合适的工业App和分析模型。

（3）编码规范。结合产品BOM（Bill Of Material）结构和机组状态感知目标，制定详细的通用机组测点编码规范，涵盖了东方电机所有的产品类项目，且充分考虑了通用性和扩展性，形成了《DFEM-IDS-GF-008 东方电机智能诊断系统测点命名规范（试行）1.0》等内部规范。

（4）数据分享与安全保护机制。针对控制型（短时内敏感）、状态监测型（原始数据敏感）、经营型（关键指标敏感）等不同特点的数据，设计了对应的脱敏与分享机制。在系统架构上，实现了管理区与生产区的单向隔离、生产区外传数据的敏感性消除、互联网通道传输数据的加密，保证了数据的安全可控。对于知识模型，采用加密机制，有效保护了知识产权。这些核心技术奠定了协同创新的基础。

通过以上几种手段，实现了以智能诊断为抓手，融合新兴技术，赋能设备的智能化、智慧化发展，打造了"云+端"远程监测与智能诊断云平台，以智能诊断为核心，将机组故障诊断工业模型软件化，构建了智慧机组的大脑与数据中心，为水电机组用户提供了可持续改善的设备运维闭环管理解决方案，提高了水电机组运行的安全性，提升了运维效率，降低了机组运维成本。

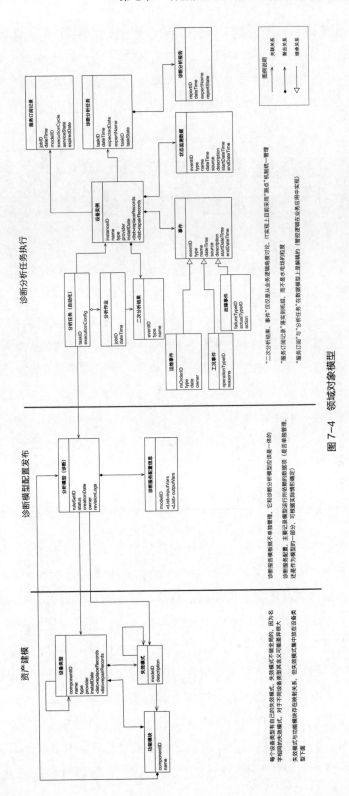

图7-4　领域对象模型

东方电机有限公司在智慧水电领域利用该平台加速了水电运维与运行知识的沉淀，已累计沉淀 100 多个行业模型，实现了某省中小水电站的区域性部署应用。同时，该平台可广泛应用于重资产行业的智能化运行和智能运维管理，已经在多个行业龙头企业落地，助力装备密集型企业和相关产业链的数智化转型。

Q91：如何界定数据知识产权？

杜牧真　高富平　王　晨　武　婕

A 数据知识产权的界定可以参考著作权、专利权的法理逻辑，即单纯的原始数据不作为新的知识产权处理，而只有将原始数据经过智慧加工（包括但不限于数据统计查询、变换、计算、处理、可视化及分析等），在特定领域形成新的、具有独创性的数据集，并能以某种形式复制而成新的智力成果，该数据集和加工方法才能成为数据知识产权。如果数据产权拥有者、数据控制者与数据加工者为同一主体，则数据知识产权所有者是明晰的。如果主体不同，数据控制者在进行数据处理时，应当获得原始数据所有权人的授权，否则，若原始数据的来源存在瑕疵，会影响数据知识产权的有效形成。

【说明】

数据经过筛选、分析、组织、结构化等加工变为具有价值性、实用性的衍生数据后，就可称为信息。从产生与被产生的角度来看，数据是提炼出具有价值性的信息的基础，要产生有实用性的信息，需要先对事实进行记录，形成数据，再经过后期加工才能够成为信息。从内涵外延上看，信息与知识产品之间主要体现为包含与被包含的关系。知识产品一定是具有价值性的信息，无论是强调实用性的技术发明，还是不侧重强调实用性但强调美学价值的作品，都是能带来价值的，然而，并非所有有价值性的信息都能够被认定为知识产品，从而被纳入知识产权的范围来进行保护。例如，著作权要求作品具有独创性，那么对事实进行简单描述的信息，虽有价值性，但却因缺乏独创性从而不能被认定为作品。再如，专利法只保护科学发明，而不保护科学发现，因此，虽然科学发现这一事实也是一种信息,但却不能被认定为知识产品。

数据与知识产权的关系大体呈现出以下几种情形:

(1)当数据经过加工成为有价值性的衍生数据,即信息后,如果满足独创性的要求,则可构成作品,获得著作权保护,如果满足新颖性、创造性、实用性的要求,则可纳入专利权保护范围;

(2)由于著作权法规定了汇编作品有著作权,因此,即使数据从整体来看不一定符合独创性要求,但如果在选择、编排、结构上,体现出了加工者别出心裁的独创性时,则可以被认定为汇编作品而获得知识产权保护;

(3)在从整体上看,数据因不符合知识产品的构成要件而不能获得知识产权保护的情况下,由于构成数据的基本单位由文字、图像、声音组成,它们可能会因符合知识产品的构成要件而获得知识产权保护,此时,虽然该数据不能以整体的形式被认作知识产品而获得知识产权保护,但其中的构成单位可能会获得知识产权保护。

除了大家所熟知的受到著作权法和专利法保护的艺术作品、专利、软件著作权等,企业在数字化转型过程中更多遇到的是现有业务系统的数据、设备所采集的实时数据、外部用户或者供应商数据等。这部分数据经过什么样的加工后可能获得知识产权保护呢?其形态包括但不限于:(1)元数据,即描述和解读数据的数据,包括技术层面的数据模型及业务层面的数据语义描述等;(2)特征数据,包括依据领域知识或统计分析结果从原始数据中抽取的用于特定问题分析的特征变量,新生成的特征变量、特征值,包含特征信息的数据片段等;(3)二次加工数据,指根据业务知识设计并经过统计查询获得的指标体系(如总额、均值、同比、环比)、通过计算或者变换得到的新变量、通过分析计算得出的潜变量等;(4)分析结果数据,依靠数据分析模型得出的数据分析结果,例如高价值用户分类、设备故障模式、产销量预测等;(5)知识数据,通过基于模型的自动/半自动方式或者人工提炼总结的方式获得的规则库、故障树、知识图谱等。在加工过程中,特定的数据可视化呈现方式、数据治理方法、数据集成方法、分析模型(包括模型参数)等则可能形成数据加工过程的知识产权。

数据与知识产品并非是对立、非此即彼的关系,数据产权与数据知识产权也不是非此即彼的关系,将会存在法律竞合的情形,即一项数据,可能既受到数据产权的保护,又受到知识产权的保护。但如果数据的所有权存在争议,或者数据的加工者未获得数据所有者的合法授权,在这种情况下,不明晰的数据产权则会影响数据知识产权的确认。

综上所述，数据知识产权仍应按照现行的知识产权法来界定。而根据现行知识产权法，只有满足独创性表达或者形成了满足"三性"的技术方法才能够获得版权或专利保护，而在其他情形下，只有在数据控制者具有合法利益时，才应当保护数据的合法利益。因此，有关客观世界的事实数据本身的加工处理很难纳入知识产权保护范围，只是处理、分析方法和具有创新的分析结果，才有可能纳入知识产权保护范围。

Q92：如何建立产品全生命周期的产品数据体系，为生产过程质量控制、产品质量追溯提供数据支撑？

严义君

A "质量就是效益，质量就是生命"，数字化转型背景下应建立全新的质量应对策略，在"数据＋算法"定义的世界中，全新的质量应对策略可以从生产线延伸到企业内部，进而贯穿产业链上下游，更需要拓展到软件领域，并和硬件的质量管理协同。生产线侧，可通过大数据建模技术，构建各类产品不同批次器件装机数量、试验数据、供应链信息及过程返修、报废、损失等全要素质量数据的管理与分析模型，打通各类设备的集成接口，打通生产线各类信息系统的集成接口，实现生产线侧产品质量大数据的采集和管理。企业侧，需要建立覆盖管理层、生产/研发部门、质量部门、采购部门和IT部门的质量信息管理系统，与企业ERP、PLM和MES系统采集积累的大数据相结合，及时为企业和供应链厂商以可视化方式展现制造和质量的相关问题，帮助企业采取预防性先期产品质量策划（APQP），以降低质量成本，提高生产效率。通过可视化技术、三维轻量化技术进行产品模型的轻量化处理，用全要素质量模型对其进行相应特征的关联标定，形成产品的质量孪生体，对外提供三维沉浸式的质量数据共享服务。

【说明】

一是贯通物理车间边缘侧设备和各类信息系统的集成接口，实现生产过程质量数据的全面采集。在边缘侧面向数控机床、物流仓储远程 IO、工业网关等设备接入，全面支持多种数控系统通信协议。

二是通过工业大数据处理技术，实现各应用系统和硬件设备数据的结构化融合。生产管理平台、智能工艺平台、智能物流平台等系统和生产过程中的计划装机数据、工艺参数、供应链数据、测试测量数据及过程返工返修、损失和报废等数据，有结构化数据、半结构化数据和非结构化数据，可基于 Hadoop 架构，对大量的异构数据进行分布式存储、处理和分析，实现对各类大数据的预处理、存储、计算、分析、挖掘，原始数据和处理后的数据都会存储在数据池中，对各种数据进行清洗并转换为数据分析可以识别的格式。

三是建立虚拟车间模型，通过数字孪生的虚实同步与交互，实现产品生命周期质量数据的模型化。全面整合专业场景搭建能力，搭建产品装配、测试、实验过程的全三维动态环境和三维产品的可视化场景。进而通过将三维场景与结构化的质量大数据相互关联，实现产品生命周期质量数据在不同生产阶段、相应产品特征上的挂接，形成模型化的产品质量数据孪生体。

四是通过建立产品研制数字孪生质量模型，实现质量态势监控、模型化质量追溯、设备监控的功能。通过产品质量指标定义、基础分析、维度分析、度量分析、多维分析和指标预警，构建产品研制质量的全层级指标体系。通过可视化的方式，对外提供质量指标、数据的共享服务，帮助管理者以沉浸式的方式，实时掌控产品质量的关键进展和异常问题，并对关键设备进行实时监控，确保生产质量。

【解决方案】

中国电科某大型企业产品质量数字孪生应用

【痛点问题】"十三五"期间，中国电科某大型企业经过长期的信息系统建设和持续的工程应用，目前已形成了以 PDM 系统为核心的工程信息化、以 ERP 系统为核心的管理信息化、以 MOM 系统为核心的制造过程信息化体系。但其产品质量数据的整合与应用能力尚不能满足产品研发节奏快、综合性强的高要求，体现在：

（1）对生产过程的质量监控仍以数据报表或统计图为主，缺乏"所见即所得"的三维数字孪生手段，要了解现场质量情况，管理人员仍需要花费大量时间深入一线；

（2）对 ERP、MOM、WMS 等业务系统和生产现场的各类设备所产生的质量数据综合利用不足，没有可视化、沉浸式的方式将生产质量数据、过程产品状态、设备情况等进行综合展示。

【解决方案】该企业以装备总装过程数字化质量管控为背景，构建装备总装产品质量数字孪生体系架构，研究精准、实时的产品质量数字孪生模型，实现在三维环境下的产品、质量信息、相关设备的实时展示，实物漫游，以及各类设备的生产质量、物料、状态等信息的互动，以支撑数据驱动的总装质量数字化管控，实现透明、均衡、高效的装备总装生产质量管理。

（1）构建质量全要素数字孪生模型。实现对装备总装工艺过程的构建，进而对装备总装各工序过程的装备模型进行建模，并构建相关过程的装机元器件数据模型、质检项模型、测试测量数据模型及实验数据模型，最后构建总装工艺过程涉及的设备模型，设备模型尺寸、运动范围、运动路径基本与实际一致，具体动作简化处理。

（2）实现与异构信息系统和硬件设备的接口适配和信息采集。该车间有 ERP、MOM、WMS、SCADA 等系统，设备主要有双阴机器人装配系统、组件自动化装配、电连接器自动化装配、激光剥线设备、阵面翻转工装、重载 AGV 和少量数控机床。通过平台侧连接 Web Service，实现与信息系统质量数据的对接，集成来料批次、来料质量数据、工序过程质检结果、物料在库质量及生产计划进度等数据。通过 MQTT、OPC-UA、HTTP 等边缘连接技术，实现对各硬件设备过程质量数据（包括测试测量数据、调试数据、实验数据等）的采集。

（3）实现基于大数据的多维质量数据融合。通过各种方式采集到的结构化、半结构化和非结构化数据，首先通过集成接口加载到基于 Hadoop 的数据池中进行统一存储，其次结合总装业务需要，通过大数据处理手段，对数据池中的数据进行抽取、清洗、转换，将企业关键业务数据统一存储到数据仓库中，完成质量大数据融合。

（4）实现质量数据孪生的虚实同步与交互。按照与总装生产计划 1：1 的数量，进行产品模型和生产过程模型实例化,构建实例化过程中产品模型与实物产品的映射关系,通过物理世界与虚拟世界的映射,将数据及模型推送至三维引擎,并设定动作设置、路径设置、渲染烘焙及应用发布。

(5)实现产品研发质量的数字孪生应用。某装备产品研发质量数字孪生总体架构如图 7-5 所示,在三维环境下实时展示各实例化产品(半成品)及其质量信息、实物制造过程漫游,以及与各类设备相关的生产质量、物料、状态等信息的互动,辅助管理者在此数据孪生环境下加强质量管控。

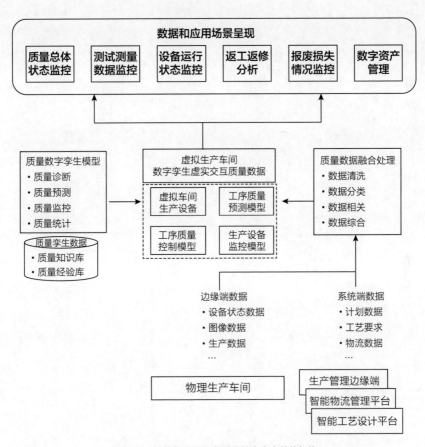

图 7-5　某装备产品研发质量数字孪生总体架构

【取得成效】通过"十三五"期间装备总装产品质量数字孪生体系的构建与应用,该企业装备总装产品质量稳定性大幅提升,工序一次通过率达 98.5%,有力支撑了装备批量生产的顺利开展和按期交付。

该项目建设形成了一套基于数字孪生的装备总装产品质量数据集成平台,积累了一套产品总装和相关设备设施的三维模型，并通过工程应用，构建了总装车间过程质量仿真、虚拟装配、同步模拟等能力，提升了装配质量，消除了无用动作，促进了型号混线生产能力的提升，为企业装备总装车间数字化、透明化工厂的建设提供了示范经验。

第八章

安全可靠

——如何提升数字化转型的安全保障水平?

Q93：数字化转型安全体系建设的关键点有哪些？

杨 晨

A 伴随数字化转型的深入发展，企业从封闭走向开放，安全形势日趋严峻，必须统筹安全技术体系、管理体系、运营体系的建设，加快从过去静态被动、单点防御的安全体系向主动防御、立体全面的安全体系转型，持续强化网络、数据、系统、平台、人员等的安全能力建设。现阶段，数字化转型安全体系建设的重点主要包括工业控制系统安全防护、人员安全可靠、数据安全保护、体系化的网络安全防控方案等。

【说明】

工业控制系统安全防护是指提升工业控制系统的安全态势感知、安全防护、应急处置等能力，夯实工控安全保障。

人员安全可靠是指负责建设、运维等的人员要忠诚可靠，不会泄露企业数据信息和破坏系统运行。

数据安全保护是指企业要通过技术、管理等手段对所拥有的重要数据、个人信息等进行安全保护，满足相关法律法规及政策的需求。

体系化的网络安全防控方案是指企业推进实施数字化转型时，要同步规划、同步建设、同步运行网络安全方案，采取必要的技术措施、管理机制确保数字化转型安全。

Q94：在发展数字经济的过程中，如何做好数据安全建设？

杨帅锋 于辰涛

A "数据驱动"是数字经济发展的本质，"数据安全"是数字经济发展的内在要求。做好数据安全建设，筑牢数据安全底座，是数字经济又快又好发展的根本保障。应从以下五个方面加强数据安全建设。

一是明底数，全面开展数据分类分级。将数据作为一种重要的资产，根据数据的形态、来源、用途等，对数据进行分类标识，基于数据遭泄露或破坏后对生产经营、经济运行、社会稳定、人民生命财产安全、国家安全等造成的影响和后果对数据进行分级，定期梳理，形成数据资产分类分级清单台账，全面掌握数据家底。同时，利用数据标签化、敏感数据识别、数据智能分类分级判定等技术手段，实现数据自主分类定级。

二是知风险，建立数据安全监测与应急能力。不仅要对数据的传输、提供、加工、使用、出境、委托处理等数据处理活动进行风险监测分析，还要对数据操作行为、分布位置、流动路径、人员访问等进行实时监控，多维度搭建风险分析模型，全天候全方位感知数据安全风险态势，并及时预警处置，进行风险消减或应急响应，避免风险扩大或造成严重安全事件。

三是护重点，紧抓重要数据和核心数据保护。大数据时代，数据实时大量产生，数据规模呈指数级上升，大量数据的流动、使用等给数据安全带来了新的风险和挑战。现阶段对全量数据进行细粒度全面防护，无疑是不现实的。因此，数据安全更强调分级防护，特别是对重要数据、核心数据要实施差异化的加密、脱敏、水印、审计等防护措施，避免"一刀切"造成防护不足或成本浪费。此外，要转变防护思维，采用技管结合、动静相宜、分类施策、分级定措的思路，积极构建以数据为中心的分类分级防护体系。

四是促共享，充分发挥数据要素价值。在数据所有权明晰的基础上，坚持以安全保发展、以发展促安全的原则，加快隐私计算、数据溯源、区块链等关键技术、产品的研发和规模化部署应用，推动数据有序流通和安全共享应用，发挥数据要素价值，推动数据变现。

五是常评估，构建以评促防的闭环保护机制。面向数据处理系统、平台、接口及数据库等，定期开展数据安全风险评估，及时排查隐患，加强整改落实。同时，自行或委托第三方开展数据安全合规评估、防护能力评估、出境安全评估等，强化数据安全合法合规建设，推进安全能力达标，不断提升安全保护水平。

【案例】

联想集团信息化建设投入比较多，信息化建设时间比较长。如今，网络速度大幅提高，云系统广泛应用，系统的便利性在提升，数据安全问题却变得更为复杂。联想集团的业务遍及全球 180 个市场，营业额超过人民币 4000 亿元，企业运转的每个环节都在产生大量的数据，而且这些数据还可能分散在全球各地，并且每个市场都可能有不同的数据安全和隐私的法律和法规。如何安全地管理好这些海量的分散的数据，特别是隐私数据，成了联想集团在企业运营上必须面对的重要课题，稍有不慎，就可能"被抓""被罚"，为企业的运营带来风险。联想集团非常重视数据安全能力建设，取得了一系列的成果，为企业的健康运营提供了良好的保障。

（1）建设了全公司统一的数据中台，实现了按数据分类进行的集中管理，建立了企业数据资产台账，使数据价值的挖掘能力和信息共享程度得到了极大的提升。在建设数据中台之前，数据分散在上千套大大小小的系统中，对数据的类型也没有统一的规划。联想集团数据中台将上千套系统的数据集成到统一的大数据平台中，使用多种集成技术采集来自各个系统的数据，按照业务主题形成数据湖。在这个基础上打造了数据分析模型，构建数据服务层，为上层业务应用提供数据服务。各系统的数据按照业务主题进入数据中台。数据主题是对数据分类的基本形式。每个系统的每一种数据源都会对应专属的数据主题，这样能够捕捉并保存原始的数据。同时，对数据进行多种分类和标签管理，在后续安全访问时，不同的标签对应不同的安全等级设置。对需要特别处理的敏感信息，需要按照分类单独标识和设置。

原有系统和新建系统都可以使用数据中台所提供的数据服务 API，信息的流动和共享变得简单明了。随着业务的进行，业务系统将进一步丰富数据中台的数据。

（2）建立了完善的数据风险监控和管理机制，提升了风险应急处理能力。首先，我们建立了完整的数据消费申请流程。在数据中台中，用户可以按照业务需求浏览和发现系统所能提供的数据。如果需要使用，可以提出申请，经过多级审批后，用户即可访问或者在其他系统中调用数据 API 访问这些数据。根据所访问的数据级别，系统会自动确定审批级别。保密级别越高的数据，所需的审批层级通常也越多。其次，在数据访问上，我们记录了完整的访问日志，并利用人工智能技术进行日志分析，自动分析用户或外部系统访问数据的必要性。同时，安排人员对数据的访问进行审查，审查时要求数据使用的用户或系统提供使用场景及实际的数据消费方式和管理方式，这样能够及时发现并解决问题，逐步降低数据风险，稳步构建数据安全城池。最后，我们打造了完善的企业内部培训系统，形成了一系列的数据安全和隐私保护的在线课程，对员工进行完整的培训。员工是数据的使用者和系统的建设者，只有让员工充分认识到数据安全的重要性，了解数据处理的安全要求和政策，才能确保数据被正确使用，数据安全才有保障。

（3）在数据管理上，按照数据的重要程度，将数据分配到多个"数据环"中。越靠近中心的数据，重要程度越高，保护级别也越高。除企业运营产生的海量数据外，联想集团的设备也会产生海量的数据。2020 年，联想集团销售了超过 7000万台 PC，加上手机、服务器等各种设备，每年销售的设备数量以亿计算。这些设备产生了海量的数据，这些数据的重要程度各不相同，我们对这些数据实施了分类管理。核心业务数据、能够标识客户的隐私数据的安全保护最为严格，在存储、传输和应用测试过程中，严格进行了加密、脱敏处理。特别是在客户业务管理上，实施了全公司层面的"限制客户过滤系统"。在任何一个销售系统、服务系统中为客户提供产品或服务时，系统都会在后台自动检查这个客户是否在"限制清单"中并且给出意见，对于"限制客户"，联想集团无法提供产品和服务，对于标识为"潜在限制客户"的，必须由客户过滤审查团队进行核实，审批通过后方能进行业务交易。

（4）数据只有使用起来才能产生价值，才能增值。企业按照地区、部门和岗位进行职责划分，因此数据的产生、使用和存储都具有很大的离散性和独立性。但在业务处理过程中，我们又需要一个全貌，所需的数据往往会超出本岗位人员的职责范围。也就是说，数据消费的范围比数据产生的范围通常要大很多。如何促进数据的共享，如何实现安全的共享，成为数据管理的重要课题。联想集团在数据中台建设和业务流程建设上充分保证和促进了数据的共享。首先，数据中台的重要目的是集中和共享数据。新建设的系统能够从数据中台获取的数据，均从数据中台获取，对于无法从数据中台获取的数据，需要进行业务分析，判断能否将所需的业务数据纳入数据中台。通过不断迭代，数据中台的数据将会不断丰富，其他系统获取数据就会更加全面和容易。其次，在业务流程设计上，联想集团强调设计端到端（End to End）的完整的流程。因此，在流程设计时，要充分考虑上下游完整的价值链条，确保站在价值链条的任意一个节点上，用户都能获取到所需的全貌数据。同时，自身流程节点所产生的数据又能给整个流程或其他流程和系统所用，充分确保了数据的共享性，提升了数据的使用价值。

（5）建立了统一的、定期的数据使用和安全评估机制。首先，在数据中台中，建立了完善的监控管理面板，对数据和接口的访问进行实时监控。系统会自动评估数据使用情况，如果发生数据流量异常，系统会自动报警，然后数据安全管理人员会介入、识别查证。其次，定期对接口和数据的使用情况进行统计和评估，如果发现异常，将进行深入分析。最后，对新上线的系统、新增加的功能和接口，都进行代码、网络集成、数据访问和使用等多方面的安全审查，只有通过安全审查的系统、功能和接口才能上线。

这些数据安全能力建设工作取得了诸多成效。一是信息部门和各业务部门处理数据安全和数据隐私问题的工作量降低了80%。通过了解当地的法律法规，形成企业的规章制度，制作简单易懂的课件，每年定期向员工提供在线培训，定期进行认证考试，使全体员工充分知晓数据安全和数据隐私的重要性，降低了企业的运营风险，降低了识别数据隐私和数据安全问题的处理时间。二是客户过滤审查时间减少了90%。以前没有统一的客户过滤审查系统，需要花费大量的时间研究能否给这个客户提供产品和服务。现在系统会自动调用审查系统的服务，下单时自动检查，大大节省了处理的时间，极大地降低了企业的运营风险。三是数据安全水平大大提升，隐私数据得到了良好的保护，大大降低了企业可能存在的数据隐私运营风险。

Q95：在企业数字化转型中，如何提升数据安全治理能力？

杨 晨 李 俊 李 尧 赵金元

A 数据安全治理可参照DSMM等相关标准规范，从差距分析、治理评估、组织管理、策略设计、技术建设、数据安全审计、持续改进等方面开展差距分析，找出与行业最佳实践的差距，进行有针对性的能力提升建设，以满足数据安全保护、合规性、敏感数据管理三个需求目标。具体来说包括如下方面：一是要组建专门的数据安全组织团队，作为数据安全治理的统筹规划部门；二是要全面梳理数据资产，掌握数据资产分布、数据责任确权、数据使用流向等；三是要制定安全策略作为数据资产管控的安全规则，主要通过数据分类分级与重要数据识别，区分人员角色权限及场景，制定有针对性的安全策略；四是要通过数据安全管理体系、技术体系、运营体系的有效配合，将安全规则落地；五是要对数据的访问过程进行审计，判断是否符合所制定的安全策略，并且对数据的安全访问状况进行深度评估，判断在当前的安全策略有效执行的情况下，是否还有潜在的安全风险。数据安全治理是一个持续改善的过程，提升数据安全治理能力需要持续上述流程，实现闭环反馈。

Q96：在企业数字化转型中，如何设计数据安全保护体系？

杨　晨　李　俊　李　尧　赵金元　刘丕群

A 设计数据安全保护体系，需要遵循"管理＋技术"的理念，设计覆盖安全组织、制度、人员、流程和技术的全方位防护体系，以数据为中心构建安全体系架构。具体包括：一是要建立数据安全管理部门，明确数据安全管理机构、主要责任人、人员职责、关键岗位；二是要建立数据安全保护制度标准，包括数据分类分级防护、数据安全审计、数据安全评估、数据安全监测、数据安全应急演练等；三是要从通用安全的角度保护数据安全，如系统安全、接入设备安全、供应链安全等；四是要从数据全生命周期开展数据分级保护，除传统存储态数据的容灾备份等措施外，更应关注数据流动、数据使用分析等过程的安全，根据不同数据安全级别配备差异化的技术能力，以提升全生命周期的数据安全保护能力。

Q97：在企业数字化转型中，如何做好联网设备的安全防护？

杨　晨　李　俊　李　尧　赵金元　陈　艳

A 企业在数字化转型中，为做好联网设备的安全防护，可从以下四个方面开展工作：一是建立联网设备的安全策略，为联网设备配备唯一的安全身份，以实现设备身份的真实性验证及数据安全传输等，同时，根据业务需要配置设备安全控制级别，根据级别限制设备的网络连接，实现联网设备的细粒度网络权限访问控制功能；二是部署终端安全防护工具，规范联网设备的安全使用，要求员工不得擅自更改联网设备的软硬件配置，不得擅自安装软件，加强对设备登录账号及口令的管理，关闭不必要的端口，停用不必要的服务，做好联网设备的基本安全策略配置，并确保相关安全配置的有效性；三是加强企业网络安全防护，根据业务的重要性对企业网络进行分区管理，部署防火墙、入侵检测、漏洞扫描、行为分析、安全审计、恶意代码防范、边界完整性检查等，保障企业网络的安全，进而保障网络中联网设备的安全；四是定期开展设备信息安全的检测和评估，从技术和管理两个方面保证设备的可用性和安全性，加强网络安全监测与监控，定期进行安全加固与升级。

Q98：在企业数字化转型中，如何建立工业信息安全防护体系？

杨　晨　李　俊　李　尧　赵金元　高智伟

A 企业在数字化转型中，为建立工业信息安全防护体系，可从以下四个方面开展工作：一是建立工业信息安全管理制度，明确工业信息安全管理部门，企业主要负责人要落实工业信息安全管理职责；二是自行或依托专业机构，对工业企业的 OT/IT 系统进行深入研究，分析企业系统、网络、业务、流程及管理方面的特点,对标国家工业信息安全方向的法律法规、标准要求等,对企业生产业务系统进行风险评估,分析企业工业信息系统及网络中的脆弱环节、威胁和风险,从而凝练企业的工业信息安全需求;三是结合企业数字化转型中信息系统、网络、生产业务、工艺流程、安全管理等方面的需求,围绕设备安全、控制安全、网络安全、工业互联网平台安全、数据安全、管理安全等方面,建立企业工业信息安全综合防御体系,部署包括资产管理、漏洞检测、配置核查、边界防护、入侵检测、态势感知、终端安全、安全审计、数据保护等在内的一体化的安全措施,实时监控企业关键生产设备及重要业务系统的安全状态,及时发现、处置、阻断各类网络安全问题;四是对企业已有的工业设备、工控系统、网络设备等,在实际建设企业工业信息安全综合防御体系时,要结合企业的系统、网络、业务、流程、管理等方面的特点和网络安全需求,对既有的系统、网络、产品等进行部分定制化开发改造,在条件具备的情况下,针对企业的不同业务场景,建设仿真验证平台,利用专用攻击工具及渗透测试等技术手段,对企业网络安全防护能力进行验证,并根据验证结果对企业工业信息安全综合防御体系进行动态调整。

Q99:企业数字化转型中的网络安全防护要求与关保、等保的关系是什么?

杨　晨　李　俊　李　尧　赵金元　张浏骅

A 等保是普适性的制度,是关保的基础,关键信息基础设施是等级保护制度的保护重点。等保和关保是网络安全的两个重要方面,不可分割,企业当前应当在第三级(含)以上网络中确定关键信息基础设施,按照等保的要求开展定级备案、等级测评、安全建设整改、安全检查等强制性、规定性工作,待与关键信息基础设施相关的制度、标准规范出台后,再按照相关要求有针对性地执行。

Q100：在企业数字化转型中，如何建立安全可靠工作的人才队伍？

杨 晨 李 俊 李 尧 赵金元 高智伟

A企业在数字化转型中，为建立安全可靠工作的人才队伍，可从以下三个方面开展工作：一是完善安全相关部门的岗位设置，依托标准和技术培训，从管理和技术两个方面建设人才队伍，逐步形成一批专职从事安全可靠工作的人才队伍，设立网络安全领导小组，推动企业内部安全可靠方向的规划设计、研究立项、监督检查、绩效考核、跨部门协作等各项工作，设立或指定管理部门，负责与安全可靠相关的发展规划、规章制度等文档的起草，组织协调监督检查、绩效考核、风险评估、合格测评、应急演练、技术培训等各项安全管理活动，设立或指定技术部门，成立工作小组，推进安全开发、安全运维、安全研究、攻防对抗、威胁分析等相关工作；二是建立需求牵引的多层次安全可靠人才联合培养机制，包括产教融合、校企合作、安全竞赛、攻防演练等新模式，加大队伍激励和建设力度，吸纳不同层次的从业人员，不断引入复合型、创新型高端人才，提供更适合企业所属行业的专业知识培训，创造更有利于人才成长的环境，同时，举办企业安全可靠技能培训、安全意识教育等，提升内部员工的安全技能和安全意识，通过安全考核与奖惩机制优化全员安全人才梯队；三是构建"小核心、大外围"的人才使用机制，加强与外部专家的合作交流，企业建立经过内部评估的、人员相对固定的外部专家团队，为项目评审、规划编写等工作提供咨询，以保证相关工作的质量，减少开展安全可靠工作的盲目性。

参考文献

[1] 点亮智库中信联数字化转型百问联合工作组. 数字化转型百问 [M]. 一辑. 北京：清华大学出版社，2021.

[2] 周剑，陈杰，金菊，等. 数字化转型：架构与方法 [M]. 北京：清华大学出版社，2020.

[3] 工信部两化融合管理体系联合工作组. 信息化和工业化融合管理体系理解、实施与评估审核 [M]. 北京：电子工业出版社，2015.

[4] 周剑，陈杰，李君，等. 信息化和工业化融合：方法与实践 [M]. 北京：电子工业出版社，2019.

[5] 北京国信数字化转型技术研究院，中关村信息技术和实体经济融合发展联盟. 企业数字化转型指数 [R]// 北京大学大数据分析与应用技术国家工程实验室. 数字生态指数 2020：52-55.

[6] 姜奇平，左鹏飞. 数据生产力的增长理论：从规模经济到范围经济 [M]// 中国信息化百人会. 数据生产力崛起：新动能新治理. 北京：电子工业出版社，2021：59-78.

[7] 周剑，李蓓. 创新模式的迁移：从试验验证到模拟择优 [M]// 中国信息化百人会. 数据生产力崛起：新动能新治理. 北京：电子工业出版社，2021：48-58.

[8] 周剑，金菊. 实施组织层面的"转基因工程"：通向数字时代的"入场券" [M]// 中国信息化百人会. 数据生产力崛起：新动能新治理. 北京：电子工业出版社，2021：81-90.

[9] 中关村信息技术和实体经济融合发展联盟. 数字化转型　参考架构：T/AIITRE 10001—2021[S].

[10] 中华人民共和国工业和信息化部. 信息化和工业化融合　数字化转型　价值效益参考模型：GB/T 23011—2022[S]. 北京：中国标准出版社，2022.

[11] 中关村信息技术和实体经济融合发展联盟. 数字化转型　新型能力体系建设指南：T/AIITRE 20001—2021[S].

[12] 中华人民共和国工业和信息化部. 信息化和工业化融合管理体系　新型能力分级要求：GB/T 23006—2022[S]. 北京：中国标准出版社，2022.

[13] 中华人民共和国工业和信息化部. 信息化和工业化融合管理体系　评定分级指南：GB/T 23007—2022[S]. 北京：中国标准出版社，2022.

[14] 中关村信息技术和实体经济融合发展联盟. 数字化转型　成熟度模型：T/AIITRE 10004—2021[S]. 北京：清华大学出版社，2021.

[15] 中关村信息技术和实体经济融合发展联盟. 数字化转型　成熟度评估指南：T/AIITRE 20003—2022[S]. 北京：清华大学出版社，2022.

[16] 中华人民共和国工业和信息化部. 信息化和工业化融合管理体系　基础和术语：GB/T 23000—2017[S]. 北京：中国标准出版社，2017.

[17] 中华人民共和国工业和信息化部. 信息化和工业化融合管理体系　要求：GB/T 23001—2017[S]. 北京：中国标准出版社，2017.

[18] 中华人民共和国工业和信息化部. 信息化和工业化融合管理体系　实施指南：GB/T 23002—2017[S]. 北京：中国标准出版社，2017.

[19] 中华人民共和国工业和信息化部. 信息化和工业化融合管理体系　评定指南：GB/T 23003—2018[S]. 北京：中国标准出版社，2018.

[20] 全国信息化和工业化融合管理标准化技术委员会. 信息化和工业化融合生态系统　参考架构：GB/T 23004—2020[S]. 北京：中国标准出版社，2020.

[21] 全国信息化和工业化融合管理标准化技术委员会. 信息化和工业化融合管理体系　咨询服务指南：GB/T 23005—2020[S]. 北京：中国标准出版社，2020.

[22] 中华人民共和国工业和信息化部. 工业企业信息化和工业化融合评估规范：GB/T 23020—2013[S]. 北京：中国标准出版社，2013.

[23] Assessment framework for digital transformation of sectors in smart cities：ITU-T Y. 4906[S].

[24] Methodology for building digital capabilities during enterprises' digital transformation：ITU-T Y Suppl. 52[S].

[25] 张辰源，陶飞. 数字孪生模型评价指标体系 [J]. 计算机集成制造系统，2021，27（8）：2171-2186.

[26] 中国电子技术标准化研究院，树根互联技术有限公司. 数字孪生应用白皮书（2020 版）[R].

[27] 中国信息通信研究院. 区块链白皮书（2020 年）[R].

[28] 全国信息技术标准化技术委员会. 物联网　术语：GB/T 33745—2017[S]. 北京：中国标准出版社，2017.

[29] 洪学海，蔡迪. 面向"互联网＋"的 OT 与 IT 融合发展研究 [J]. 中国工程科学，2020，22（4）：6.

作者团队简介

点亮智库（DigitaLization Think Tank，DL）是由社会组织、研究院所、企业等组成的智库联合体，设立由中关村信息技术和实体经济融合发展联盟、北京国信数字化转型技术研究院等组成的联合秘书处，致力与相关各方共创共享数字化转型理论体系、方法工具、解决方案和实践案例等，以体系方法让创新变得简单，以创新驱动高质量发展。

中关村信息技术和实体经济融合发展联盟（简称中信联）是一家活动范围覆盖全国的社团组织，是全国两化融合管理体系贯标工作的总体公共服务机构，是中央和地方国有企业数字化转型工作支撑单位，是国家数字化转型伙伴行动首批联合倡议单位，主要提供信息技术和实体经济融合相关领域的学术交流、标准化、会议会展、国际合作、成果转化等服务。

北京国信数字化转型技术研究院（简称国信院）是一家新型研发机构，致力打造数字化转型领域的高端智库，持续优化 DLTTA 架构与方法体系，构建并完善数字化转型标准体系，通过搭建"产学研用"协作平台汇聚社会资源，共同开展研发攻关、案例研究、成果转化、人才培养和交流合作等工作，为企业、服务机构、科研院所、社会团体、政府部门等相关各方推进数字化转型提供理论体系、方法工具、解决方案和实践案例。

DLTTA 系列成果：《数字航图——数字化转型百问（第二辑）》

文档编号：DLTTAT20230001CN

本成果版权属于点亮智库（DigitaLization Think Tank，DL），授权中关村信息技术和实体经济融合发展联盟发布和使用，受法律保护。转载、摘编或利用其他方式使用本成果文字或者观点的，请注明来源。

DLTTA 为点亮智库研究品牌—点亮智库架构与方法体系（DigitaLization Think Tank Architecture）。DLTTA 系列成果致力为企业、服务机构、科研院所、社会团体、政府部门等相关各方提供涵盖数字化转型理论体系、方法工具、解决方案和实践案例等的方法论。

与本成果内容相关的任何评论可发送至电子邮箱 baiwen@dlttx.com。